面向新工科普通高等教育系列教材

U0162460

多传感器数据智能融合理论与应用

戴亚平　马俊杰　王笑涵　编著

机械工业出版社

本书知识点明确、结构紧凑、思路清晰，通过理论与实例结合的方式，深入浅出地介绍了多传感器数据智能融合的理论与应用技术。

全书共11章，包括多传感器数据融合概述、数据融合结构与算法概论、贝叶斯推理方法、证据理论算法与数据融合、模糊理论及其在数据融合中的应用、人工神经网络与数据融合算法、遗传算法及其在数据融合中的应用、粒子群算法及其在数据融合中的应用、智能视频监控系统的数据融合算法、深度学习及其在数据融合中的应用、多传感器数据融合机器人平台的设计与实现。每个章节中都配有必要的实例，目的在于让读者结合实例更加快捷地掌握多传感器数据智能融合方法的设计与实现。

本书面向大专院校与科研机构中学习多传感器数据智能融合理论的中、高级用户，以及对该理论有一定基础的工程技术人员，旨在帮助读者快速掌握智能数据融合算法设计与实现的技巧和方法，强调对高年级大学生、研究生的实践能力培养。

图书在版编目（CIP）数据

多传感器数据智能融合理论与应用 / 戴亚平，马俊杰，王笑涵编著．—北京：机械工业出版社，2021.3（2025.1重印）
面向新工科普通高等教育系列教材
ISBN 978-7-111-67529-7

Ⅰ．①多…　Ⅱ．①戴…　②马…　③王…　Ⅲ．①传感器-数据融合-高等学校-教材　Ⅳ．①TP212

中国版本图书馆CIP数据核字（2021）第025946号

机械工业出版社（北京市百万庄大街22号　邮政编码100037）
策划编辑：尚　晨　　责任编辑：尚　晨　陈崇昱
责任校对：张艳霞　　责任印制：单爱军

北京虎彩文化传播有限公司印刷

2025年1月第1版·第7次印刷
184mm×260mm·10.25印张·250千字
标准书号：ISBN 978-7-111-67529-7
定价：49.00元

电话服务
客服电话：010-88361066
010-88379833
010-68326294

网络服务
机　工　官　网：www.cmpbook.com
机　工　官　博：weibo.com/cmp1952
金　　书　　网：www.golden-book.com
机工教育服务网：www.cmpedu.com

封底无防伪标均为盗版

前　　言

“多传感器数据融合”是工程类学科的一门重要的专业课程，在自动化、人工智能、机器人、电气工程、机械工程、航天工程等工科专业都会设置。在数据融合技术中既包含数学与工程科学相结合的理论知识，又包含理论与工程设计实践紧密结合的具体应用。随着人工智能的快速发展，智能化的数据融合技术的发展也日新月异。党的二十大报告强调，要开辟发展新领域新赛道，不断塑造发展新动能新优势。本书正是为了配合快速发展的智能化时代，针对多传感器数据融合的智能化新方法与新理论的教学而编写的。

在现实社会中，在面对某一确定的检测需求时，用一个传感器探测得到的结果，和用多个传感器探测得到的结果不尽相同。即便是多传感器得到了多个探测结果，如何对这些探测结果进行有效融合，以得出合乎实际的输出结果，也是一项富有挑战性的工作。在当前实际应用的多传感器探测系统中，多类传感器在数据融合之前需要先进行时空配准；在数据融合过程中，也分别有传感器级别、决策级别等不同级别的数据融合。本书在介绍基本数据融合方法的基础上，进一步介绍智能化算法在多传感器数据融合中的应用。

本书主要包括以下几个方面：介绍多传感器系统数据融合的基本架构与理论体系；介绍基于概率论的智能化方法，例如基于证据理论、贝叶斯理论、模糊数学理论等方法的传感器数据融合技术；也介绍基于遗传算法、神经网络、粒子群等仿生学类的智能化方法在数据融合中的应用；结合当今人工智能发展的热点，介绍深度学习理论在数据融合中的应用。在分析各种算法理论体系的基础上，给出这些技术在目标识别（检测、估计、分类和辨识）与跟踪中的应用实例。

本书的一些基本概念与理论方法，结合信号获取的物理手段后，可应用于一些实际工程中，如天气预报，使用遥感进行地球资源勘探，机动车辆的交通管制，目标分类与跟踪以及战场态势估计等。随着机器人技术的快速发展，人们对数据融合在这些领域的应用也越来越感兴趣，因为它能够集合视觉信号、声音信号、位置信号，让机器人快速做出合理的决策与判断。本书的最后一章主要描述了一个搭载了多类传感器的机器人系统应用平台，在这个平台上，可以对各类数据融合算法进行验证实验。

本书主要面向工科院校与科研机构中学习多传感器数据融合理论的中、高级用户，可作为大、中专院校相关专业的教学和参考用书，也可供有关工程技术人员和软件工程师参考。本书由北京理工大学自动化学院的戴亚平、马俊杰、王笑涵编著，北京理工大学自动化学院的多届研究生参与了“灵智”系列服务机器人系统的开发，在此对他们的大力帮助与辛勤工作一并表示感谢。

由于时间仓促，加上编者水平有限，书中不足之处在所难免，欢迎读者联系1282892958@qq.com批评指正，编者将不胜感激。

编　者

目　录

前言
第1章　多传感器数据融合概述 …… 1
1.1　多传感器数据融合基本描述 …… 1
1.2　多传感器数据融合的基本原理描述 …… 2
1.3　数据融合技术的应用领域 …… 2
1.3.1　数据融合技术在机器人领域的应用 …… 2
1.3.2　数据融合技术在图像处理领域的应用 …… 2
1.4　数据融合研究的国内外现状简介 …… 3
1.5　本书主要内容 …… 4
参考文献 …… 4
习题与思考 …… 5
第2章　数据融合结构与算法概论 …… 6
2.1　多传感器的数据融合架构 …… 6
2.1.1　集中式融合结构 …… 6
2.1.2　分布式融合结构 …… 7
2.1.3　混合式融合结构 …… 8
2.2　多传感器系统的多层次融合分析 …… 8
2.2.1　多层集中式的数据融合结构 …… 8
2.2.2　多层分布式的数据融合结构 …… 9
2.2.3　多层混合式的数据融合结构 …… 9
2.3　多传感器数据融合中的卡尔曼滤波理论 …… 10
2.3.1　卡尔曼滤波简介 …… 10
2.3.2　序贯式卡尔曼滤波融合算法 …… 11
2.4　本章小结 …… 12
参考文献 …… 12
习题与思考 …… 13
第3章　贝叶斯推理方法 …… 14
3.1　贝叶斯法则及其应用 …… 14
3.2　贝叶斯网络 …… 17
3.2.1　贝叶斯网络的数学模型 …… 17
3.2.2　贝叶斯网络中的有向分离 …… 19
3.2.3　贝叶斯网络的结构学习 …… 21

3.3 贝叶斯网络推理计算应用实例 …… 28
3.4 本章小结 …… 33
参考文献 …… 33
习题与思考 …… 34
第4章 证据理论算法与数据融合 …… 36
4.1 DS算法概述 …… 36
4.2 DS算法的理论体系 …… 36
4.2.1 识别框架 …… 36
4.2.2 支持度、似然度、不确定区间 …… 37
4.2.3 Dempster合成规则 …… 40
4.3 证据理论与贝叶斯判决理论的比较 …… 41
4.4 证据理论在图像融合中的应用举例 …… 42
4.4.1 基本概率赋值的获取 …… 44
4.4.2 学生端坐状态实验 …… 45
4.4.3 学生左顾右盼状态实验 …… 47
4.4.4 学生埋头状态实验 …… 49
4.4.5 复杂状态实验1 …… 50
4.4.6 复杂状态实验2 …… 52
4.4.7 与基于贝叶斯方法的行为分析与推理决策的比较 …… 54
4.5 本章小结 …… 57
参考文献 …… 58
习题与思考 …… 58
第5章 模糊理论及其在数据融合中的应用 …… 60
5.1 概述 …… 60
5.2 模糊控制器的组成及其基本原理 …… 62
5.2.1 模糊控制器组成 …… 62
5.2.2 模糊计算原理 …… 63
5.3 一种球杆系统模糊控制器的设计与仿真 …… 64
5.3.1 球杆系统模糊控制器设计步骤 …… 64
5.3.2 球杆系统模糊控制器设计 …… 64
5.3.3 球杆系统模糊控制器仿真 …… 66
5.3.4 球杆系统模糊控制器改进与仿真 …… 68
5.4 多传感器模糊融合推理 …… 70
5.5 本章小结 …… 73
参考文献 …… 73
习题与思考 …… 73

第 6 章　人工神经网络与数据融合方法 ………………………………………… 75
6.1　人工神经网络简介………………………………………………………… 75
6.2　BP 神经网络的结构与原理 ………………………………………………… 77
6.2.1　BP 神经网络的结构 …………………………………………………… 77
6.2.2　BP 神经网络算法的数学表达 ………………………………………… 78
6.3　BP 神经网络与多传感器数据融合算法 ………………………………… 80
6.4　Hopfield 神经网络原理及应用 …………………………………………… 82
6.4.1　Hopfield 神经网络原理 ……………………………………………… 82
6.4.2　基于 Hopfield 神经网络的路径优化 ………………………………… 84
6.5　本章小结…………………………………………………………………… 86
参考文献 ……………………………………………………………………………… 86
习题与思考 …………………………………………………………………………… 86
第 7 章　遗传算法及其在数据融合中的应用 ………………………………… 87
7.1　遗传算法简介……………………………………………………………… 87
7.2　遗传算法的基本操作……………………………………………………… 88
7.2.1　选择 …………………………………………………………………… 88
7.2.2　交叉 …………………………………………………………………… 88
7.2.3　变异 …………………………………………………………………… 89
7.3　遗传算法的实现与应用举例……………………………………………… 89
7.3.1　求函数 $y=x^2$ 在区间[0,31]范围内的最大值 ……………………… 90
7.3.2　一种基于多参数融合适应度函数的遗传算法…………………………… 93
7.3.3　遗传算法在空中目标航迹关联融合中的应用…………………………… 94
7.4　本章小结…………………………………………………………………… 99
参考文献 ……………………………………………………………………………… 99
习题与思考…………………………………………………………………………… 100
第 8 章　粒子群算法及其在数据融合中的应用……………………………… 101
8.1　粒子群算法介绍 …………………………………………………………… 101
8.2　基于动态权值的粒子群算法在多传感器数据融合中的应用 ………… 103
8.3　一种自适应模型集的交互多模型辅助粒子滤波算法 ………………… 104
8.3.1　机动目标跟踪模型介绍 ……………………………………………… 105
8.3.2　交互多模型辅助粒子滤波算法 ……………………………………… 107
8.3.3　算法特点分析 ………………………………………………………… 108
8.4　本章小结 …………………………………………………………………… 111
参考文献……………………………………………………………………………… 111
习题与思考…………………………………………………………………………… 112
第 9 章　智能视频监控系统的数据融合算法………………………………… 113
9.1　智能视频监控系统介绍 …………………………………………………… 113

9.2 多传感器图像融合方法 …… 115
9.2.1 基于多分辨率像素融合 …… 115
9.2.2 HOG 算法介绍 …… 116
9.2.3 HOG 特征融合 …… 117
9.3 基于 HOG 特征融合的人体检测 …… 118
9.3.1 视觉激活度 …… 118
9.3.2 融合梯度方向直方图 …… 119
9.4 运动目标的视频检测与跟踪算法 …… 120
9.4.1 多个运动目标的跟踪问题描述 …… 120
9.4.2 运动目标跟踪中的多特征数据融合方法 …… 122
9.4.3 分块多特征融合的多目标跟踪 …… 123
9.5 本章小结 …… 124
参考文献 …… 124
习题与思考 …… 124
第 10 章 深度学习及其在数据融合中的应用 …… 125
10.1 引言 …… 125
10.2 卷积神经网络 …… 126
10.2.1 卷积操作 …… 126
10.2.2 池化操作 …… 128
10.2.3 空洞卷积 …… 129
10.2.4 非线性激活函数 …… 130
10.2.5 反向传播算法 …… 130
10.2.6 卷积神经网络的发展历程 …… 131
10.2.7 深度学习开发框架 …… 131
10.3 长短期记忆网络 …… 132
10.3.1 遗忘门 …… 133
10.3.2 输入门 …… 133
10.3.3 输出门 …… 134
10.4 生成对抗网络 …… 135
10.4.1 简介 …… 135
10.4.2 生成对抗网络的优化目标函数 …… 135
10.4.3 生成对抗网络对目标函数的优化 …… 136
10.4.4 一些经典的生成对抗网络模型 …… 136
10.5 深度学习在多传感器数据融合中的应用 …… 138
10.5.1 文本情感分析中的多特征数据融合方法 …… 138
10.5.2 图像融合中的多特征数据融合方法 …… 141
10.6 本章小结 …… 143

参考文献…………………………………………………………………………………… 143
习题与思考………………………………………………………………………………… 144
第 11 章　多传感器数据融合机器人平台的设计与实现 …………………………… 145
11.1　多传感器数据融合机器人平台的软件设计……………………………………… 145
11.1.1　机器人操作系统简介 ………………………………………………………… 145
11.1.2　基于 ROS 的机器人软件设计方法 ………………………………………… 147
11.2　多传感器数据融合机器人平台的硬件设计……………………………………… 149
11.2.1　总体硬件方案 ………………………………………………………………… 149
11.2.2　关键硬件设备选型 …………………………………………………………… 151
11.3　基于机器人平台的多传感器数据融合研究……………………………………… 152
11.4　本章小结…………………………………………………………………………… 153
参考文献…………………………………………………………………………………… 154
习题与思考………………………………………………………………………………… 154

第1章　多传感器数据融合概述

近年来，多传感器数据融合技术在智能制造、机器人、天气预报、交通管制、战场态势估计、目标分类与跟踪等民用和军事领域中得到了广泛的重视和应用，吸引了越来越多的研究人员关注。多传感器数据融合结构的设计，主要依据特定的应用场合、传感器的分辨率以及可以利用的信息处理资源等因素来进行，本章将对多传感器数据融合技术的基本定义、发展现状、应用领域等方面进行综合论述。

1.1　多传感器数据融合基本描述

数据融合是一个多级、多层面的数据处理过程，主要完成对来自多个信息源的数据进行自动检测、关联、相关及估计的融合处理[1]。数据融合是一个多学科交叉的研究领域，有些学科相对成熟，有理论基础支持其具体应用，如贝叶斯推理、多传感器数据采集、多目标跟踪方法等；也有些学科还在不断探索和完善之中，如智能化方法、启发式推理理论等。

多传感器数据融合中的数据处理方法，与经典信号处理方法相比较存在本质上的区别。数据融合所处理的多传感器信息具有更复杂的形式，并且可以在不同的信息层次上出现，每个层次都可以对检测数据进行不同程度的融合。例如，在数据层（像素级）、特征层和决策层[2]都可以进行数据的融合处理。目前所提到的数据融合也主要包括传感器级、特征级和决策级三种融合方式，表1.1对这三种方式的优缺点、主要理论支撑和应用领域进行了总结归纳。

表1.1　不同层次的数据融合

融合层次	传感器级融合	特征级融合	决策级融合
主要优点	原始信息丰富，能提供其他融合层次所不能提供的详细信息，且精度最高	实现了对原始数据的压缩，减少了大量干扰数据，易实现实时处理，并具有较高的精确度	所需要的通信量小，传输带宽低，容错能力比较强，可以应用于异质传感器
主要缺点	所要处理的传感器数据量巨大，处理代价高，耗时长，实时性差；原始数据易受噪声污染，需要融合系统具有较好的容错能力	在融合前要先对特征进行相关处理，把特征向量分类成有意义的组合	判决精度降低，误判决率升高，同时，数据处理的代价比较高
主要理论支撑	IHS变换、PCA变换、小波变换及加权平均等	聚类分析法、贝叶斯估计法、信息熵法、加权平均法、D-S证据推理法、表决法及神经网络法等	贝叶斯估计法、专家系统、神经网络法、模糊集理论、可靠性理论、逻辑模板法等
应用领域	主要应用多源图像复合、图像分析和理解	主要用于多传感器目标跟踪领域，融合系统主要实现参数相关和状态向量估计	其结果可为指挥控制与决策提供依据

雷达与红外探测仪在传感器层次上的融合示意图如图 1.1 所示。

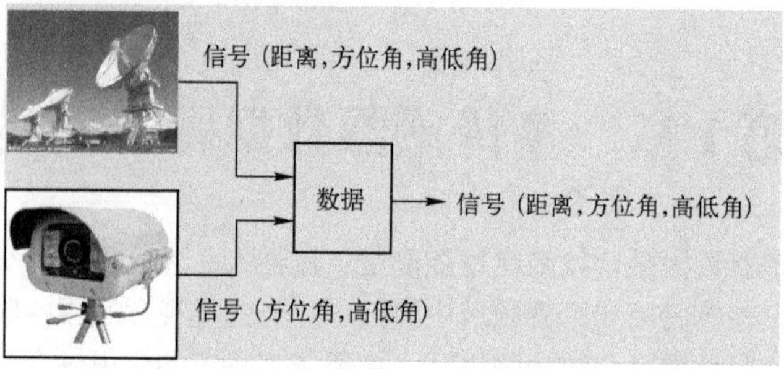

图 1.1　两类传感器的数据融合示意图

1.2　多传感器数据融合的基本原理描述

多传感器数据融合的基本原理就像人脑综合处理信息的过程一样，它充分利用多个传感器资源，通过对各种传感器及其观测信息的合理支配与使用，将各传感器在空间和时间上的互补与冗余信息依据某种优化准则组合起来，产生对观测环境的一致性解释和描述。

多传感器数据融合与经典的信号处理方法之间有着本质的差别，其关键在于数据融合所处理的多传感器信息具有更复杂的形式，而且通常在不同的信息层次上出现。这些信息抽象层次包括传感器层、特征层和决策层。

1.3　数据融合技术的应用领域

1.3.1　数据融合技术在机器人领域的应用

机器人是一门涉及技术领域非常广泛的学科，其中传感器和控制技术是其核心技术。机器人的感知系统是由多数量、多种类的传感器来完成的，因此，多传感器信息的融合技术在机器人领域，尤其是在智能机器人领域，有着广泛应用。智能机器人的特点是：能认识工作环境、工作对象及其状态，并能根据人给予的指令或者自行感知到的外部环境，独立地决定工作方法。它可以利用操作机构和移动机构实现任务目标，并能适应工作环境的变化。多传感器、多信息融合系统与传统概念的机器人有机结合，构成了智能机器人。

智能机器人的“智能”特征就在于它具有与外部世界（对象、环境和人）相协调的工作机能。视觉、力觉、触觉等外部传感器和机器人各关节的内部传感器信息融合使用，可使机器人完成如景物辨别、定位、避障、目标物探测等重要功能，并通过与环境模型的匹配完成路径规划、作业任务。机器人还可以通过不断修正环境模型而具有一定的学习功能，依据多传感器信息融合处理后的结果，由机器携带的“控制算法”向执行机构送出适当的指令，来完成并完善机器人的动作。

1.3.2　数据融合技术在图像处理领域的应用

多传感器图像融合是指对来自多个传感器的信息进行多级别、多方面、多层次的处理与综合，弥补了单一传感器获取的图像数据在几何、光谱、时间和空间分辨率等方面所存在的局限性和差异性缺陷，满足现实应用中不同观测和研究对象的要求。

图像融合技术的主要研究内容是如何加工、处理以及协同利用多源图像数据信息，使得不同形式的信息相互补充，从而最终获得对同一事物或目标的更客观、更本质的认识。与单源图像数据相比，多源图像数据所提供的信息具有冗余性、互补性及合作性。多源图像数据的冗余性表示它们对环境或目标的表示、描述或解析结果相同。冗余信息是一组由系统中相同或不同类型的传感器所提供的对环境中同一目标的感知数据，尽管这些数据的表达形式可能存在差异，但总可以通过变换，将它们映射到一个共同的数据空间，这些变换的结果反映了目标在某一方面的特征，合理地利用这些冗余信息，可以降低误差和减少整体决策的不确定性，从而提高识别率和精确度；互补性是指信息来自不同的自由度且相互独立，它们也是一组由多个传感器提供的对同一个目标的感知数据。

多源图像融合富含多种传感器信息，为多源图像数据处理的分析与应用提供了全新的途径，可以减少或抑制单一信息对被感知对象或环境解释可能造成的多义性、不完整性、不确定性和误差，最大限度地利用各种信息源提供的信息，从而大大提高了在特征提取、分类、目标识别等方面的有效性。由此，图像融合技术可被认为是多源图像处理和分析中非常重要的一个分支。

1.4 数据融合研究的国内外现状简介

信息融合技术是从 20 世纪 80 年代以来逐步发展起来的一门新兴技术。美国是信息融合技术研究起步较早、发展最快的国家之一。20 世纪 70 年代初，在美国国防部资助开发的声呐信号理解系统中，融合技术得到了最早的体现。自 20 世纪 80 年代以来，美国政府对多光谱信息融合技术和战略监视系统一直给予高度重视，美国国防部从海湾战争中感受到该技术的巨大应用潜力，逐年加大投资力度，在 C3I（指挥、控制、通信和情报）系统中又增加了计算机（Computer），建立了以数据融合技术为核心的 C4I 系统。

各发达国家也致力于为信息融合设计混合的传感器和处理器，同时进行各种信息融合系统的研制。由于具有宽阔的时空覆盖区域、较高的测量维数、良好的目标空间分辨率，以及较强的故障容错与系统重构能力，信息融合系统的概念一经提出，就引起西方各国国防部门的高度重视，并将其列为军事高科技研究和发展领域中的一个重要专题。

我国对信息融合理论和技术的研究起步于 20 世纪 80 年代末期，到 20 世纪 90 年代初，这一领域的研究在国内开始逐渐升温。为跟踪国际前沿技术，我国政府将信息融合技术列为“863”计划和“九五”规划中的国家重点研究项目，并将其确定为发展计算机技术及空间技术等高新产业领域的关键技术之一。

21 世纪是一个智能互联的世纪，随着机器人、人工智能、认知科学和人机交互技术的迅猛发展，给多传感器数据融合技术带来了更大的发展空间。如何运用最前沿的人工智能相关理论来处理多传感器数据融合中的各项技术难题，成为当下富有挑战性的科研课题。

1.5 本书主要内容

本书介绍了传统数据融合技术中的各种融合方法，重点讲述卡尔曼滤波与数据融合方法、贝叶斯方法、D-S 证据理论方法、模糊推理方法、遗传算法、粒子群方法、神经网络方法以及深度学习方法。这些方法可以划分为物理模型法、参数分类法与智能化方法如图 1.2 所示。

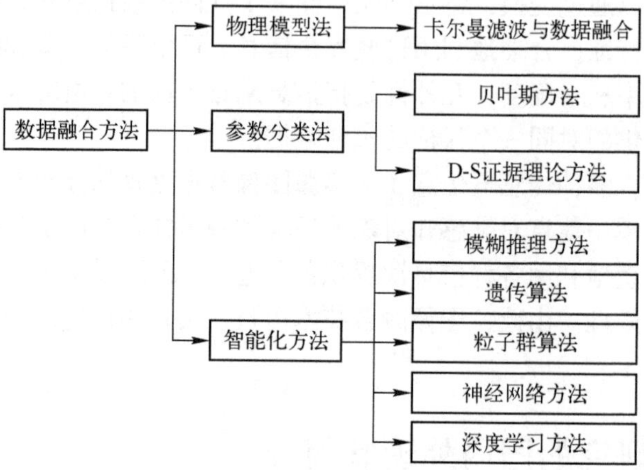

图 1.2　数据融合方法的划分

上面提到的这些数据融合方法可以应用在以下几个方面：多传感器系统在智能武器中的应用；在雷达、红外传感器、图像传感器所获得的数据的融合处理技术中的应用；在多个目标识别（检测、估计、分类和辨识）和跟踪中的应用。在解释一些能够产生信号的物理现象和数据融合技术时，会涉及智能计算相关的数学知识，本书尽量使用最简单的数学运算来描述一些数据融合方法的内在原理，同时也注重使用一些非数学的解释来帮助读者理解某些概念。

参考文献

[1] KLEIN L A. Sensor and data fusion concepts and applications [M]. Bellingham: Society of Photo-Optical Instrumentation Engineers (SPIE), 1993.

[2] 杨建勋，史朝辉．基于模糊综合函数的目标识别融合算法研究［J］．火控雷达技术，2004（04）：11-13.

[3] 黄漫国，樊尚春，郑德智，等．多传感器数据融合技术研究进展［J］．传感器与微系统，2010，29（03）：5-8.

[4] 祁友杰，王琦．多源数据融合算法综述［J］．航天电子对抗，2017，33（06）：37-41.

习题与思考

1. 应用数据融合技术为什么能提获得性能方面的提升，请从信息的冗余性、互补性及合作性三方面予以考虑。

2. 自动驾驶技术的飞速发展为多传感器融合带来了巨大的发展机会，请查阅相关资料，了解数据融合技术在自动驾驶三大技术模块（感知、定位、决策与控制）中的应用情况，并分析总结各模块应用的数据融合技术分别属于何种层级。

3. “多传感器数据融合”中的“多”指什么？请查阅资料，了解异构数据融合、同构数据融合、多源数据融合的概念与区别。

第2章　数据融合结构与算法概论

传统的数据融合模型通常分为两层：低处理层和高处理层。低处理层包括传感器级别的直接数据处理、目标检测、分类与识别、目标跟踪等；高处理层则包括对现场的态势估计与决策等。本章介绍的数据融合结构与算法，是基于传统的数据融合模型中的低处理层来进行讨论的，建立了多种融合系统体系结构，以满足多传感器数据融合的需要。这些不同融合结构的区别，主要在于对传感器数据直接处理程度的不同，以及对融合数据分辨率的要求不同。本章主要介绍集中式、分布式与混合式融合架构，以及基于卡尔曼滤波融合方法的算法理论支撑。

2.1　多传感器的数据融合架构

多传感器信息融合按结构划分，可以分为集中式、分布式以及混合式三大类。在空中目标跟踪领域，集中式和分布式融合通常也分别被称为量测融合和航迹融合。集中式融合对融合中心的处理能力及通信带宽要求较高，一旦融合中心失效则整个系统就会瘫痪。分布式融合系统对通信带宽和融合中心计算能力的要求则相对较低，同时还具有较强的生存能力和可扩展能力。

2.1.1　集中式融合结构

集中式融合是将所有的传感器获得的测量信息，直接输送到中央处理单元进行统一处理。例如，在使用雷达和红外等多类检测设备（传感器）对运动目标进行跟踪的过程中，其跟踪算法多数用的是卡尔曼滤波，集中式融合就是将所有雷达、红外等传感器所获得的数据，不经过处理，直接传送给计算中心进行数据融合处理，获得经过融合处理后的新的目标测量数据；针对新的目标测量数据，运用卡尔曼滤波方法进行跟踪运算。集中式融合估计的流程示意图如图2.1所示。

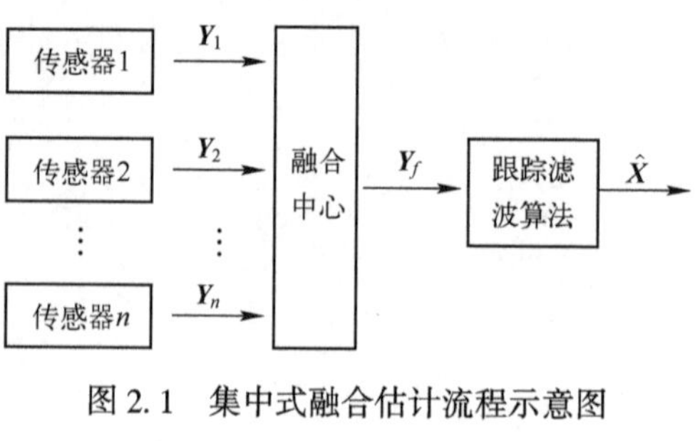

图2.1　集中式融合估计流程示意图

假定所有的传感器经过了时空配准，都被放置于同一个坐标系的原点，每个传感器获得的目标测量数据为 $\boldsymbol{Y}_i=(x_i,y_i,z_i)^{\mathrm{T}}$，其中 $i=1,2,\cdots,n$ 为传感器个数。融合中心将对这 n 个测量值进行数据融合计算，计算后新的测量值 $\boldsymbol{y}_f=fusion(\boldsymbol{Y}_1,\boldsymbol{Y}_2,\cdots,\boldsymbol{Y}_n)$。

系统的状态方程与观测方程如式（2.1）所示：

$$\begin{cases}\dot{\boldsymbol{X}}(t)=\boldsymbol{A}\boldsymbol{X}(t)+\boldsymbol{W}(t)\\ \boldsymbol{Y}_f(t)=\boldsymbol{H}\boldsymbol{X}(t)+\boldsymbol{V}(t)\end{cases} \tag{2.1}$$

其中，$\boldsymbol{A}$ 表示状态转移矩阵；$\boldsymbol{H}$ 表示状态观测矩阵；$\boldsymbol{W}(t)$ 表示状态噪声；$\boldsymbol{V}(t)$ 表示噪声。根据卡尔曼滤波公式，则可以获得被跟踪目标的航迹状态估计值 $\hat{\boldsymbol{X}}$。针对卡尔曼滤波这样有确定性数学模型的跟踪滤波算法，计算中心对于来自多传感器的数据，可以由公式 $\boldsymbol{Y}_f=fusion(\boldsymbol{Y}_1,\boldsymbol{Y}_2,\cdots,\boldsymbol{Y}_n)$ 进行融合计算，其融合方法有多种，例如，简单的加权平均法、序贯式融合滤波算法等。

2.1.2 分布式融合结构

分布式融合是将各传感器在完成对常量或缓变参数的测量后，首先进行自身的局部参数估计，然后再把局部参数估计值传给融合中心，由融合中心来完成最终的参数估计。在分布式融合结构中，每个传感器都可独立地处理其自身信息，之后将各决策结果送至数据融合中心，再进行融合。与集中式融合相比，分布式融合系统所要求的通信开销小，融合中心计算机所需的存储容量小，扩展了多传感器测量系统参数估计的灵活性，增强了系统的生存能力且融合速度快，但这是以损失融合中心信息的完整性为代价的。

随着通信技术、嵌入式计算技术和传感器技术的飞速发展和日益成熟，具有感知能力、计算能力和通信能力的微型传感器开始得到应用。由这些微型传感器构成的分布式传感器网络（Distributed Sensor Network，DSN）成为近年来一个重要的研究领域。20 世纪 80 年代，R. Wesson 等最早开始了分布式传感器网络的研究，主要是对分布式传感器网络结构的研究。目前，国外各科研机构投入巨资，启动了许多关于 DSN 的研究计划。

一个分布式多传感器系统包括一系列传感器节点和相应的处理单元，以及连接不同处理单元的通信网络。每个处理单元连接一个或多个传感器，每个处理单元以及与之相连的传感器被称为簇。数据从传感器传送至与之相连的处理单元，在处理单元处进行数据集成。最后，将处理单元的信息进一步相互融合以获得最佳决策。

在分布式融合系统中，融合节点有预处理的功能，信息在经过预处理后再传送给融合中心产生融合结果。由于对信息进行了压缩与处理，这种融合方式降低了对通信带宽的要求和造价，利用高速通信网络就可以完成非常复杂的算法，并得到更好的融合结果。分布式融合估计的流程示意图如图 2.2 所示。

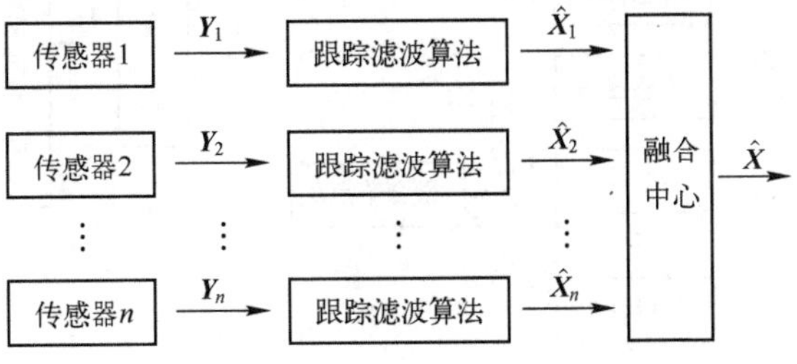

图 2.2　分布式融合估计流程示意图

2.1.3 混合式融合结构

在混合式融合中，既包含集中式融合，也包含分布式融合，它可以由两种融合方式组合而成。混合式融合估计的流程示意图如图 2.3 所示。

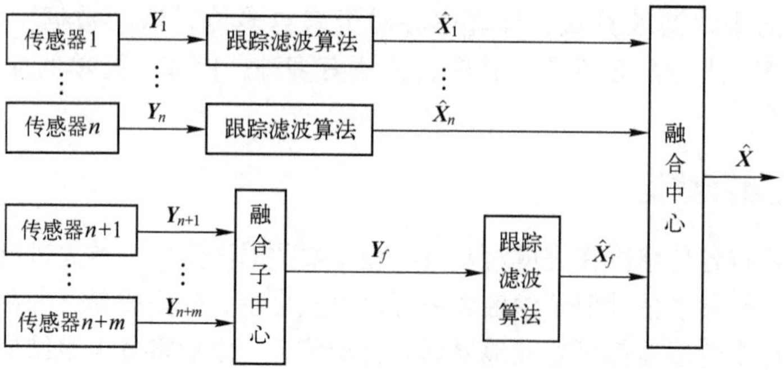

图 2.3　混合式融合估计流程示意图

2.2 多传感器系统的多层次融合分析

2.2.1 多层集中式的数据融合结构

随着传感器数目的增多，将构成更为复杂的融合系统，考虑到地域分布、传感器精度等多种因素，构成了多层次的数据融合结构。图 2.4 给出了多层的集中式数据融合结构，经过层层集中融合后，最终给出一个融合输出，该融合输出将作为唯一的传感器检测值，进入跟踪滤波算法的计算中。

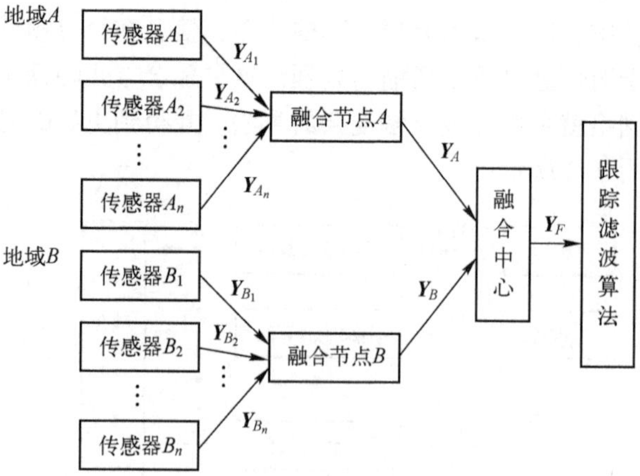

图 2.4　多层集中式融合结构

2.2.2 多层分布式的数据融合结构

图 2.5 给出了多层分布式的数据融合结构，每个传感器对信息进行处理后，再进行节点融合输出，最后将节点融合后的结果输送到融合中心，得到一个融合后的结果，该结果就是最终的状态变量。

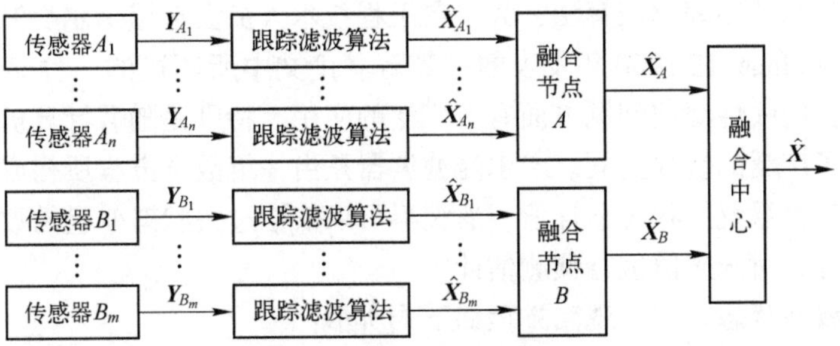

图 2.5　多层分布式融合结构

2.2.3 多层混合式的数据融合结构

图 2.6 给出了多层混合式的数据融合结构，一部分传感器经过信息处理后，对其进行节点融合输出，再将节点融合后的结果输送到融合中心；另一部分传感器则直接进行观测值的节点级融合，得到一个融合结果后进行滤波估计输出。将两部分进一步融合后得到一个结果，该结果就是最终的融合后的状态变量。

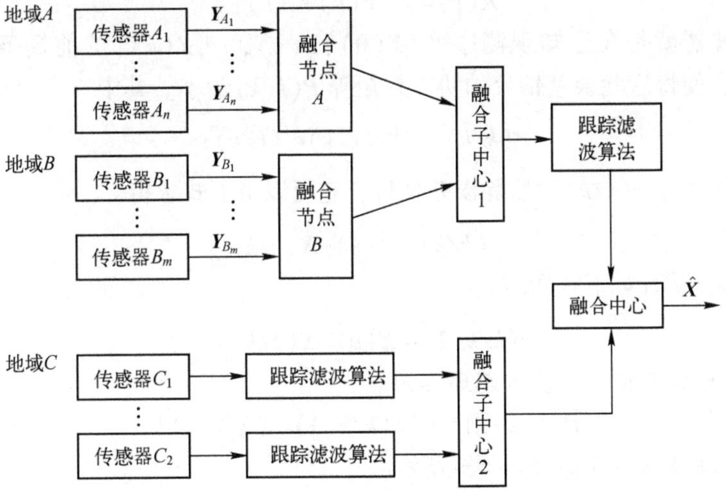

图 2.6　多层混合式的数据融合结构

2.3 多传感器数据融合中的卡尔曼滤波理论

2.3.1 卡尔曼滤波简介

针对传感器信息的跟踪滤波算法，大多数工程技术人员会选用卡尔曼滤波算法。卡尔曼滤波算法是 R. E. Kalman 在 1960 年发表的一篇著名论文中所阐述的一种递归解算法。该算法在解决离散数据的线性滤波问题方面有着广泛的应用，特别是随着计算机技术的发展，给卡尔曼滤波提供了广泛的研究空间。卡尔曼滤波器是由一组数学方程所构成，它以最小化均方根的方式，来获得系统的状态估计值。滤波器可以依据过去状态变量的数值，对当前的状态值进行滤波估计，对未来值进行预测估计。

一个离散的线性状态方程和观测方程如下式所示：

$$\begin{cases}\boldsymbol{X}(k)=\boldsymbol{A}\boldsymbol{X}(k-1)+\boldsymbol{W}(k-1)\\ \boldsymbol{Y}(k-1)=\boldsymbol{H}\boldsymbol{X}(k-1)+\boldsymbol{V}(k-1)\end{cases} \tag{2.2}$$

其中，$\boldsymbol{X}(k)$为状态向量，$\boldsymbol{Y}(k)$为观测向量；$\boldsymbol{W}(k)$为状态噪声，或称为系统噪声；$\boldsymbol{V}(k)$为观测噪声。假定$\boldsymbol{W}(k)$和$\boldsymbol{V}(k)$为互不相关的白噪声序列，分别符合$N(0,Q)$和$N(0,R)$的正态分布。

系统噪声的协方差矩阵为

$$\boldsymbol{Q}(k)=E\{\boldsymbol{W}(k)\boldsymbol{W}^{\mathrm{T}}(k)\} \tag{2.3}$$

观测噪声的协方差矩阵为

$$\boldsymbol{R}(k)=E\{\boldsymbol{V}(k)\boldsymbol{V}^{\mathrm{T}}(k)\} \tag{2.4}$$

卡尔曼滤波器就是在已知观测序列$\{\boldsymbol{Y}(0),\boldsymbol{Y}(1),\cdots,\boldsymbol{Y}(k)\}$的前提条件下，要求解$\boldsymbol{X}(k)$的估计值，使得后验误差估计的协方差矩阵$\boldsymbol{P}(k/k)$最小。其中

$$\boldsymbol{P}(k/k)=E\{\boldsymbol{e}(k/k)\boldsymbol{e}^{\mathrm{T}}(k/k)\} \tag{2.5}$$

在式（2.5）中，$\boldsymbol{e}(k/k)$为后验误差估计，它可以由下式求得：

$$\boldsymbol{e}(k/k)=\boldsymbol{X}(k)-\hat{\boldsymbol{X}}(k/k) \tag{2.6}$$

定义先验误差估计如下式所示：

$$\boldsymbol{e}(k/k-1)=\boldsymbol{X}(k)-\hat{\boldsymbol{X}}(k/k-1) \tag{2.7}$$

可以得到先验误差估计的协方差矩阵为

$$\boldsymbol{P}(k/k-1)=E\{\boldsymbol{e}(k/k-1)\boldsymbol{e}^{\mathrm{T}}(k/k-1)\} \tag{2.8}$$

假定卡尔曼滤波的后验估计如下式所示：

$$\hat{\boldsymbol{X}}(k/k)=\hat{\boldsymbol{X}}(k/k-1)+\boldsymbol{K}(k)[\boldsymbol{Y}(k)-\boldsymbol{H}\hat{\boldsymbol{X}}(k/k-1)] \tag{2.9}$$

将式（2.9）代入到式（2.6）中，得到

$$\boldsymbol{e}(k/k)=\boldsymbol{X}(k)-\hat{\boldsymbol{X}}(k/k)=[\boldsymbol{I}-\boldsymbol{K}(k)H]\boldsymbol{e}(k/k-1)-\boldsymbol{K}(k)\boldsymbol{V}(k) \tag{2.10}$$

将式（2.10）代入到式（2.5），可得

$$\boldsymbol{P}(k/k)=\boldsymbol{E}[\boldsymbol{e}(k/k)\boldsymbol{e}^{\mathrm{T}}(k/k)]$$

$$
\begin{aligned}
&= E\{[\boldsymbol{I}-\boldsymbol{K}(k)\boldsymbol{H}]\boldsymbol{e}(k/k-1)\boldsymbol{e}^{\mathrm{T}}(k/k-1)[\boldsymbol{I}-\boldsymbol{K}(k)\boldsymbol{H}]^{\mathrm{T}}\} - \\
&\quad E\{\boldsymbol{K}(k)\boldsymbol{V}(k)\boldsymbol{e}^{\mathrm{T}}(k/k-1)[\boldsymbol{I}-\boldsymbol{K}(k)\boldsymbol{H}]^{\mathrm{T}}\} - \\
&\quad E\{[\boldsymbol{I}-\boldsymbol{K}(k)\boldsymbol{H}]\boldsymbol{e}(k/k-1)\boldsymbol{V}^{\mathrm{T}}(k)\boldsymbol{K}^{\mathrm{T}}(k)\} + \\
&\quad E\{\boldsymbol{K}(k)\boldsymbol{V}(k)\boldsymbol{V}^{\mathrm{T}}(k)\boldsymbol{K}^{\mathrm{T}}(k)\}
\end{aligned}
\tag{2.11}
$$

假设：随机信号 $\boldsymbol{W}(k)$ 与 $\boldsymbol{V}(k)$ 与已知的观测序列 $\{\boldsymbol{Y}(0),\boldsymbol{Y}(1),\cdots,\boldsymbol{Y}(k)\}$ 是正交的，则有 $E[\boldsymbol{W}(k-1)\boldsymbol{Y}(k-1)]=0$，$E[\boldsymbol{V}(k-1)\boldsymbol{Y}(k-1)]=0$。

式（2.11）可以化简为

$$\boldsymbol{P}(k/k)=[\boldsymbol{I}-\boldsymbol{K}(k)\boldsymbol{H}]\boldsymbol{P}(k/k-1)[\boldsymbol{I}-\boldsymbol{K}(k)\boldsymbol{H}]^{\mathrm{T}}+\boldsymbol{K}(k)\boldsymbol{R}(k)\boldsymbol{K}^{\mathrm{T}}(k) \tag{2.12}$$

对式（2.12）求导，并令其为零，可得到

$$\boldsymbol{K}(k)=\boldsymbol{P}(k/k-1)\boldsymbol{H}^{\mathrm{T}}[\boldsymbol{R}(k)+\boldsymbol{H}\boldsymbol{P}(k/k-1)\boldsymbol{H}^{\mathrm{T}}]^{-1} \tag{2.13}$$

同理，可得到

$$\boldsymbol{P}(k/k-1)=\boldsymbol{A}\boldsymbol{P}(k-1/k-1)\boldsymbol{A}^{\mathrm{T}}+\boldsymbol{Q}(k) \tag{2.14}$$

因此，可以得到状态估计如下式所示：

$$\hat{\boldsymbol{X}}(k)=\hat{\boldsymbol{X}}(k/k-1)+\boldsymbol{K}(k)[\boldsymbol{Y}(k)-\boldsymbol{H}\hat{\boldsymbol{X}}(k/k-1)] \tag{2.15}$$

状态预测估计为

$$\hat{\boldsymbol{X}}(k/k-1)=\boldsymbol{A}\hat{\boldsymbol{X}}(k-1/k-1) \tag{2.16}$$

进一步计算得出误差的协方差矩阵如下式所示：

$$\boldsymbol{P}(k/k)=[\boldsymbol{I}-\boldsymbol{K}(k)\boldsymbol{H}]\boldsymbol{P}^{-1}(k/k-1) \tag{2.17}$$

由此可以获得卡尔曼滤波的递推公式如图 2.7 所示。

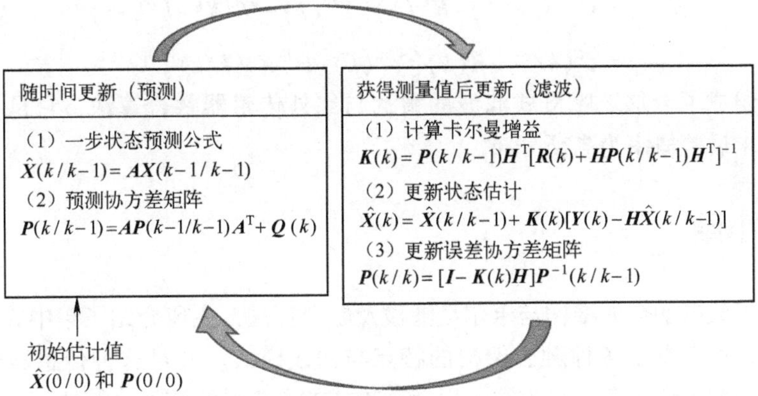

图 2.7　卡尔曼滤波的递推公式

2.3.2　序贯式卡尔曼滤波融合算法

序贯式卡尔曼滤波融合算法，可以用两类传感器（雷达和红外）的数据融合作为例子。假定雷达和红外传感器的数据已经经过了时空配准，序贯算法的示意图如图 2.8 所示。

图 2.8　两类传感器的序贯式卡尔曼滤波融合算法示意图

如果雷达和红外传感器分别获得了空中目标的测量值，首先利用卡尔曼滤波求取雷达数据的滤波误差协方差矩阵 $\boldsymbol{P}^R(k/k)$ 和状态滤波值 $\hat{\boldsymbol{X}}^R(k/k)$，然后用 $\boldsymbol{P}^R(k/k)$ 来替换红外传感器的预测协方差矩阵 $\boldsymbol{P}^{IR}(k/k-1)$，用 $\hat{\boldsymbol{X}}^R(k/k)$ 来替换红外传感器的状态预测值矩阵 $\boldsymbol{X}^{IR}(k/k-1)$，最终获得全局的状态滤波值 $\hat{\boldsymbol{X}}(k/k)$ 与全局的误差协方差矩阵 $\boldsymbol{P}(k/k)$。序贯式卡尔曼滤波融合算法描述如下。

（1）对雷达传来的数据进行卡尔曼滤波计算：

$$\boldsymbol{P}^R(k/k-1)=\boldsymbol{A}^R\boldsymbol{P}^R(k-1/k-1)(\boldsymbol{A}^R)^{\mathrm{T}}+\boldsymbol{Q}^R(k)$$

$$\boldsymbol{K}^R(k)=\boldsymbol{P}^R(k/k-1)\boldsymbol{H}^{\mathrm{T}}[\boldsymbol{R}^R(k)+\boldsymbol{H}^R\boldsymbol{P}^R(k/k-1)(\boldsymbol{H}^R)^{\mathrm{T}}]^{-1}$$

$$\boldsymbol{P}^R(k/k)=[\boldsymbol{I}-\boldsymbol{K}^R(k)\boldsymbol{H}^R][\boldsymbol{P}^R(k/k-1)]^{-1}$$

$$\hat{\boldsymbol{X}}^R(k/k-1)=\boldsymbol{A}^R\hat{\boldsymbol{X}}^R(k-1/k-1)$$

$$\hat{\boldsymbol{X}}^R(k)=\hat{\boldsymbol{X}}^R(k/k-1)+\boldsymbol{K}^R(k)[\boldsymbol{Y}^R(k)-\boldsymbol{H}^R\hat{\boldsymbol{X}}^R(k/k-1)]$$

（2）由于红外传感器获得的数据是二维的，仅有高低角和方位角，为了与雷达测量数据保持一致，在红外测量数据中，需要将雷达数据中的径向距离作为红外观测数据的补充，以保证红外测量数据与雷达测量数据的一致性，假定雷达获得的径向距离与红外测得的两个角度之间是相互独立的。

（3）进行卡尔曼滤波计算，得到最终的输出：

$$\begin{aligned}\boldsymbol{K}(k)&=\boldsymbol{P}^{IR}(k/k-1)(\boldsymbol{H}^{IR})^{\mathrm{T}}[\boldsymbol{R}^{IR}(k)+\boldsymbol{H}^{IR}\boldsymbol{P}^{IR}(k/k-1)(\boldsymbol{H}^{IR})^{\mathrm{T}}]^{-1}\\&=\boldsymbol{P}^R(k/k)(\boldsymbol{H}^{IR})^{\mathrm{T}}[\boldsymbol{R}^{IR}(k)+\boldsymbol{H}^{IR}\boldsymbol{P}^R(k/k)]\end{aligned}$$

$$\begin{aligned}\hat{\boldsymbol{X}}(k)&=\hat{\boldsymbol{X}}^{IR}(k/k-1)+\boldsymbol{K}^{IR}(k)[\boldsymbol{Y}^{IR}(k)-\boldsymbol{H}^{IR}\hat{\boldsymbol{X}}^{IR}(k/k-1)]\\&=\hat{\boldsymbol{X}}^R(k/k)+\boldsymbol{K}(k)[\boldsymbol{Y}^{IR}(k)-\boldsymbol{H}^{IR}\boldsymbol{X}^R(k/k)]\end{aligned}$$

以上方程组成了卡尔曼序贯式滤波的雷达与红外传感器融合算法，它是一个次优的算法，该算法要求后验概率为高斯分布。

2.4　本章小结

本章介绍了数据融合的结构与卡尔曼滤波及融合算法，主要介绍了集中式、分布式与混合式融合架构，可以看出各种融合架构的特点与构成模式。针对这种传感器层级的数据融合，本章简单介绍了卡尔曼滤波方法，以及序贯式的卡尔曼滤波融合算法。

参考文献

[1] 康耀红．数据融合理论与应用［M］．西安：西安电子科技大学出版社，1997.

[2] 何友，王国宏，陆大绘，等．多传感器信息融合及应用［M］．2 版．北京：电子工业出版社，2007.

[3] 韩崇昭，朱洪艳，段战胜．多源信息融合［M］．2 版．北京：清华大学出版社，2010.

[4] 乔向东，李涛．多传感器航迹融合综述［J］．系统工程与电子技术，2009，31（02）：245-250.

[5] CHEN H, KIRUBARAJAN T, BAR-SHALOM Y. Performance limits of track-to-track fusion versus centralized estimation: Theory and Application [J]. IEEE Transactions on Aerospace and Electronic Systems, 2003, 39 (02): 386-400.
[6] 乔向东, 李涛, 张志伟, 等. “集中式融合的性能一定优于分布式融合的性能” 存疑 [J]. 空军工程大学学报 (自然科学版), 2010, 11 (05): 53-59.
[7] 王祁, 聂伟. 分布式多传感器数据融合 [J]. 传感器技术, 1997, 16 (05): 8-10.

习题与思考

1. 分布式、集中式、混合式融合方式，各有什么优缺点?
2. 标准卡尔曼滤波算法具有一定的应用前提条件，试给出这些主要条件。
3. 现实生活中，举例说明应用多传感器数据融合来提高结果可信度的例子。

第3章　贝叶斯推理方法

贝叶斯推理方法是一种统计方法，在数据融合中属于统计融合算法，其理论基础是贝叶斯法则。在给定证据的条件下，贝叶斯推理能提供一种计算条件概率（即后验概率）的方法。贝叶斯网络是一种源自图形化的建模工具，它将有向无环图与概率理论相结合，用于不确定性推理。本章首先介绍贝叶斯法则与贝叶斯融合计算方法，然后介绍贝叶斯网络，最后给出相关的应用实例。

3.1　贝叶斯法则及其应用

首先，我们回顾一下条件概率公式，假设在某一条件 H 发生的条件下，求任意另一事件 E 发生的概率，可以用如下公式表示：

$$P(E \mid H)=\frac{P(EH)}{P(H)} \tag{3.1}$$

我们称 $P(E \mid H)$ 为事件 H 发生的条件下，事件 E 的概率。其中

$$P(EH)=P(E \cap H) \tag{3.2}$$

将式（3.1）改写成

$$P(EH)=P(E \mid H)P(H) \tag{3.3}$$

式（3.3）称为概率的乘法公式。

假设事件 $H_1,H_2,\cdots,H_n$ 的并集是整个样本空间，即 $H_1,H_2,\cdots,H_n$ 是事件 H 的一个划分，则任一事件 E 可以表示为 E 与所有假设事件 H_j 交集的并集。

$$E=EH_1 \cup EH_2 \cup \cdots \cup EH_n \tag{3.4}$$

因为各 EH_j 是互斥的，所以可以把各 EH_j 所对应的事件概率求和：

$$P(E)=\sum_{j=1}^{n} P(EH_j) \tag{3.5}$$

在式（3.3）中，用 H_j 代替 H，并对所有的 j 求和，有：

$$P(E)=\sum_{j=1}^{n} [P(E \mid H_j)P(H_j)] \tag{3.6}$$

式（3.6）称为全概率公式。

在贝叶斯推理中，我们主要关心的是，在给定证据 E 的情况下，假设事件 H_i 发生的概率。这可以用下面的公式来表达：

$$P(H_i \mid E)=\frac{P(EH_i)}{P(E)} \tag{3.7}$$

将式（3.3）和式（3.6）代入式（3.7）中，就导出了贝叶斯推理法则：

$$P(H_i \mid E)=\frac{P(E \mid H_i)P(H_i)}{\sum_{j=1}^{n}[P(E \mid H_j)P(H_j)]} \tag{3.8}$$

式中，$P(H_i \mid E)$为在给定证据E的情况下，假设事件H_i发生的概率；$P(E \mid H_i)$为假设事件H_i发生的条件下，任一事件E出现的概率；$P(H_i)$为假设事件H_i发生的先验概率；$\sum_{j=1}^{n}[P(E \mid H_j)p(H_j)]$为出现任一事件$E$的全概率，即在各种假设事件$H_i$都可能发生的情况下，出现$E$的概率和。

例 3.1 某工厂有 4 条流水线生产同一种产品，4 条流水线的产量分别占总产量的 15%、20%、30%、35%，且这 4 条流水线的不合格品率依次为 0.05、0.04、0.03 及 0.02。

(1) 现在从该厂产品中任取一件，问恰好抽到不合格品的概率为多少？

(2) 若该厂规定，出了不合格品要追究有关流水线的经济责任。在出厂产品中任取一件，结果为不合格品，但该件产品是哪一条流水线生产的标志已脱落，问厂方如何处理这件不合格品比较合理？第 4 条流水线应该承担多大责任？

解 (1) 假设：A={任取一件,恰好抽到不合格品}，B_i={任取一件,恰好抽到第i条流水线的产品}，$i=1,2,3,4$

于是，由全概率公式可得

$$\begin{aligned}P(A) &= \sum_{i=1}^{4}[P(A \mid B_i)P(B_i)]\\ &= 0.05\times0.15+0.04\times0.20+0.03\times0.30+0.02\times0.35\\ &= 0.0315 = 3.15\%\end{aligned}$$

由题意可知，$P(A \mid B_i)$分别为 0.05、0.04、0.03 及 0.02。在实际问题中，这些数据可以从过去生产的产品中统计出来。

(2) 从贝叶斯推理的角度考虑，可以根据$P(B_i \mid A)$的大小来追究第i条流水线的经济责任。如对于第 4 条流水线，由贝叶斯公式可知：

$$P(B_4 \mid A)=\frac{P(A \mid B_4)P(B_4)}{\sum_{i=1}^{4}[P(A \mid B_i)P(B_i)]}$$

而$P(A \mid B_4)P(B_4)=0.02\times0.35=0.007$，从而得$P(B_4 \mid A)=\frac{0.007}{0.0315}\approx0.222$。由此可知，第 4 条流水线应负 22.2%的责任。同理，可以计算出第 1、2、3 条流水线分别负 23.8% 25.4%和 28.6%的责任。

同样，我们可以用来自两个传感器的不同类型的测量数据提高矿物的检测率，见下面的例子。

例 3.2 金属检测器（MD）能检测出大于 1 cm 且只有几克重的金属碎片的存在，地下探测雷达（GPR）能利用电磁波的差异从土壤和其他背景中发现大于 10 cm 的物体。金属检测器只能简单地区分物体中是否含有金属，而地下探测雷达却具有物体地分类功能，因为它能对物体地多个属性有所响应，如尺寸、形状、物体类型及内部结构等。试验证通过融合来自两个传感器的数据就可以提高对矿物的检测率，这些传感器能够响应各独立物理现象所产生的信号。

解 可以用贝叶斯推理来计算被测物体是属于哪类的后验概率。因为这里主要检测矿物，所以简单地将物体的类别限定为矿物和非矿物。设矿物类为 O_1，非矿物类为 O_2，并且做如下假设：

$$P(O_1)=0.2,\text{即物体为矿物的概率为 }0.2$$

$$P(O_2)=0.8,\text{即物体为非矿物的概率为 }0.8$$

其中，定义金属检测器和地下探测雷达这两个传感器所观测到的数据，1：代表矿物，0：代表非矿物。

再进一步假设：

$$P_{MD}(1\mid O_1)=0.8$$
$$P_{MD}(1\mid O_2)=0.1$$
$$P_{GPR}(1\mid O_1)=0.9$$
$$P_{GPR}(1\mid O_2)=0.05$$

用贝叶斯方法来进行数据融合的过程如图 3.1 所示。

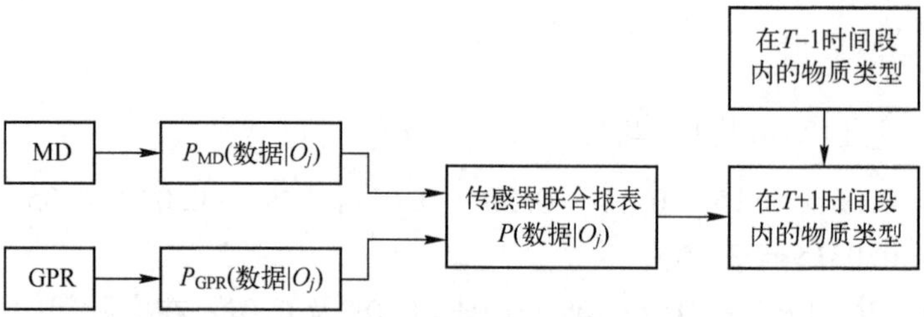

图 3.1 两类（MD/GPR）传感器的数据融合过程

因为两类传感器产生的信号相互独立，所以传感器联合报表概率为

$$P(\text{数据}\mid O_j)=\prod_i P_i(\text{数据}\mid O_j)$$

其中，i 分别为 MD 和 GPR。

利用贝叶斯法则来计算物体是第 j 类物品的后验概率为

$$P(O_j\mid \text{数据})=\frac{P(\text{数据}\mid O_j)P(O_j)}{P(\text{数据})}$$

其中，$P(\text{数据})=\sum[P(\text{数据}\mid O_j)P(O_j)]$ 为全概率公式。

当观测到的数据为（1,1）时，计算可得：

$$P({}_{1,1}\mid O_1)=P_{MD}(1\mid O_1)P_{GPR}(1\mid O_1)=0.8\times0.9=0.72$$
$$P({}_{1,1}\mid O_2)=P_{MD}(1\mid O_2)P_{GPR}(1\mid O_2)=0.1\times0.05=0.005$$
$$P(O_1\mid{}_{1,1})=\frac{0.72\times0.2}{0.72\times0.2+0.005\times0.8}=0.973$$
$$P(O_2\mid{}_{1,1})=0.027$$

所以，根据贝叶斯推理可知，当观测到的数据为（1,1）时，可以判断该物质类型为矿物。

当观测到的数据为（1,0）时，计算可得：

$$P({}_{1,0} \mid O_1) = P_{\mathrm{MD}}(1 \mid O_1) P_{\mathrm{GPR}}(0 \mid O_1) = 0.8 \times 0.1 = 0.08$$

$$P({}_{1,0} \mid O_2) = P_{\mathrm{MD}}(1 \mid O_2) P_{\mathrm{GPR}}(0 \mid O_2) = 0.1 \times 0.95 = 0.095$$

$$P(O_1 \mid {}_{1,0}) = \frac{0.08 \times 0.2}{0.08 \times 0.2 + 0.8 \times 0.095} = 0.1739$$

$$P(O_2 \mid {}_{1,0}) = 0.8261$$

$$P(O_2 \mid {}_{1,0}) > P(O_1 \mid {}_{1,0})$$

所以，根据贝叶斯推理可知，当观测到的数据为（1,0）时，可以判断该物质类型为非矿物。

3.2 贝叶斯网络

3.2.1 贝叶斯网络的数学模型

贝叶斯网络又称为信念网络，由 $\langle V, E, \Theta \rangle$ 三部分组成。其中 $\langle V, E \rangle$ 表示有向无环图（Directed Acyclic Graph，DAG）。V 是网络中节点的集合，是为有限的非空集合；E 是网络中有向边（或弧）的集合，是由 V 中的不同元素的有序对构成的集合。如果一个有向图无法从某个节点出发，经过若干条边后仍能够回到该节点，则称这个有向图为有向无环图。若存在有向边从节点 Y 指向节点 X，则 Y 被称为是 X 的父节点；与此相应的，X 被称为是 Y 的子节点。X 的父节点集用 $pa(X)$ 表示，子节点集用 $de(X)$ 表示，而非后代节点集则用 $nd(X)$ 表示。

定义 3.1（条件独立） 假设概率空间 (Ω, P)，A、B 和 C 是定义在 Ω 上的随机变量子集。若满足 $P(A \mid B, C) = P(A \mid C)$，则称 A 和 B 关于 C 条件独立，记作 $I_P(A, B \mid C)$。

定义 3.2（马尔可夫条件） 假设有向无环图 $G = \langle V, E \rangle$，且 V 的联合概率分布为 $P(V)$。对任意的 $X \in V$，在 X 的父节点集 $pa(X)$ 已知的情况下，如果 X 独立于其非后代节点集 $nd(X)$，即 $I_P(X, nd(X) \mid pa(X))$，则称 $G = \langle V, E \rangle$ 符合马尔可夫条件。

贝叶斯网络同样满足马尔可夫条件，它也是对联合概率分布进行图形化的描述，目的是为了降低表述联合概率分布以及推理的复杂性。贝叶斯网络的定义如下：

定义 3.3（贝叶斯网络） 假设贝叶斯网络中的节点集为 $V = \{V_1, V_2, \cdots, V_n\}$，则贝叶斯网络 $\mathbb{N}$ 可以表示为二元组 $\mathbb{N} = (G, \Theta)$。其中，$G = \langle V, E \rangle$ 表示节点关系的有向无环图，称之为贝叶斯网络结构；$\Theta = \{\theta_1, \theta_2, \cdots, \theta_n\}$ 表示每个节点 V_i 在它的父节点集 $pa(X)$ 的条件下的条件概率，称之为贝叶斯网络参数。

根据马尔可夫条件可知，在贝叶斯网络中，每个节点 V_i 在 $pa(X)$ 状态已知的情况下，独立于 $nd(X)$。根据条件独立性，可以将 $P(V)$ 分解为如下的形式：

$$P(V) = P(V_1, V_2, \cdots, V_n) = \prod_{i=1}^{n} P(V_i \mid pa(V_i)) \tag{3.9}$$

这种按照有向无环图对联合概率进行分解的方式也称为回归分解或者链式分解，其中的每个元素 $P(V_i \mid pa(V_i))$ 都可以被看作是潜在的函数 $\varphi(V_i \mid pa(V_i))$。

图 3.2 中给出了包含 5 个节点的简单贝叶斯网络模型，其中假定用“0”表示事件未发生，“1”表示事件发生。节点 A（冬天）只有子节点 B（喷水器）和 C（下雨），并无父节点，这种只有子节点而无父节点的节点也被称为根节点。相反，节点 D（湿草地）及节点 E（湿滑路面）则只有父节点而无子节点，这样的节点被称叶节点。

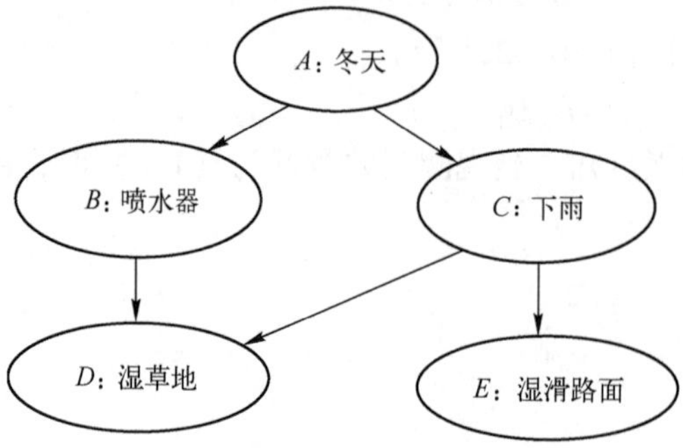

图 3.2　包含 5 个节点的简单贝叶斯网络

图 3.2 中各个节点的分布律如下：

A	$P(A)$
1	0.5
0	0.5

A	B	$P(B \mid A)$
1	1	0.3
1	0	0.7
0	1	0.6
0	0	0.4

A	C	$P(C \mid A)$
1	1	0.75
1	0	0.25
0	1	0.2
0	0	0.8

B	C	D	$P(D\mid B,C)$
1	1	1	0.9
1	1	0	0.1
1	0	1	0.75
1	0	0	0.25
0	1	1	0.8
0	1	0	0.2
0	0	1	0.01
0	0	0	0.99

C	E	$P(E\mid C)$
1	1	0.8
1	0	0.2
0	1	0.1
0	0	0.9

根据式（3.9）可知，该图3.2中5个节点的联合概率分布可以表示为

$$P(A,B,C,D,E)=P(E\mid C)P(D\mid B,C)P(C\mid A)P(B\mid A)P(A) \tag{3.10}$$

这样可以结合贝叶斯网络参数求解出联合概率分布。

3.2.2 贝叶斯网络中的有向分离

条件独立从概率的角度来判断节点与节点之间是否是相关的，首先需要知道其概率分布，以及状态取值。实际上，在贝叶斯网络中，可以从图的角度来分析节点之间的独立性和相关性。在贝叶斯网络中，有向分离（D-Separation）对应于概率论中的条件独立性，它的目的是从图的角度寻找节点之间的条件独立性。对于互不相交的节点集(X,Y,Z)，X和Y关于Z条件独立的必要条件在于Z能够有向分离X和Y。

如图3.3所示，考虑三类特殊的节点连接情况：第一类是顺序连接$(X_i\to X_k\to X_j)$，其中X_k为头对尾节点；第二类是发散连接$(X_i\leftarrow X_k\to X_j)$，其中$X_k$为尾对尾节点；第三类是收敛连接$(X_i\to X_k\leftarrow X_j)$，其中$X_k$为头对头节点。

根据条件独立的知识可以证明：在顺序连接和发散连接中，在节点X_k状态未知的条件下，X_i和X_j之间是存在相关性的；而在节点X_k的状态已知的情况下，则X_i和X_j关于X_k条件独立（即X_i和X_j被X_k有向分离）。例如，在图3.2中，当下雨（C）未知时，冬天（A）和湿滑路面（E）之间是存在相关性的；而当下雨是已知时，则路面的湿滑与是否为冬天无关。

在收敛连接中，在节点X_k已知的条件下，节点X_i和X_j是相关的。这也可以被理解为，

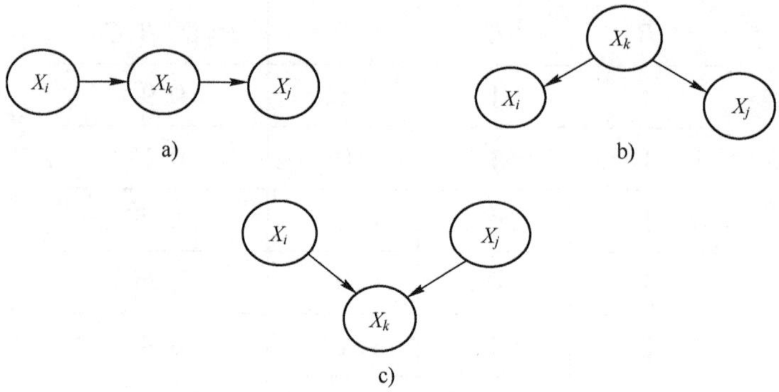

图 3.3　三种特殊的节点连接方式

a）顺序连接　b）发散连接　c）收敛连接

在因果关系中结果已知的情况下，多个原因之间是存在相关性的。而若 X_k 未知，则 X_i 和 X_j 关于 X_k 条件独立。例如，在图 3.2 中，当湿草地（D）未知时，喷水器（B）和下雨（C）之间是毫不相关的。

定义 3.4（有向分离）　对于贝叶斯网络$\mathbb{N}=(G,\Theta)$，X_i 和 X_j 是 G 中任意不相邻的两个节点，Z 表示连接 X_i 和 X_j 路径上的节点集，并且 Z 不包含 X_i 和 X_j，l 是连接 X_i 和 X_j 的任意一条路径。如果 Z 至少满足下面的三个条件之一，则称 l 是关于 Z 的一条阻断路径，称 X_i 和 X_j 被 Z 有向分离 $desp_G(X_i,Z,X_j)$，又记作 $X_i \perp\!\!\!\perp X_j \mid Z$。

（i）Z 包含 l 中不同于 X_i 和 X_j 的某一头对尾节点；

（ii）Z 包含 l 中不同于 X_i 和 X_j 的某一尾对尾节点；

（iii）Z 不包含 l 中不同于 X_i 和 X_j 的某一头对头节点及其子孙节点。

同样，可以拓展到节点集之间的有向分离。假设 A、B 和 Z 是在 G 中的三个互不相交的节点集，对于任意的节点 $A_i \in A$ 和任意的 $B_i \in B$，若 A_i 和 B_i 被 Z 有向分离，则称 A 和 B 被 Z 有向分离 $desp_G(A,Z,B)$，记作 $A \perp\!\!\!\perp B \mid Z$。

然而，有向分离需要考虑节点与节点之间所有的路径，而路径的数目是随着节点数目的增多呈现指数级别增长的。可以通过下面的定理来简化对有向分离的分析。

定理 3.1　判断 G 中的节点集 X 和 Y 是否被 Z 有向分离，等价于判断 X 和 Y 是否在新的有向无环图 G' 中无连接路径，而 G' 是根据下面的规则通过修剪 G 而得到的

（i）从 G 中删除所有不属于 $X \cup Y \cup Z$ 的叶节点，重复这一步直到无满足条件的叶节点存在为止；

（ii）删除从 Z 中节点输出的所有边。

通过定理 3.1，可以将有向图简化成非连接图，这样就可以在线性时间内判断是否满足有向分离，从而降低分析的复杂度。前面提到有向分离对应于条件独立，而在贝叶斯网络中，当结构图中的 X 和 Y 被 Z 有向分离时，根据有向分离定义可以推出 X 和 Y 关于 Z 必然是条件独立的。然而，当 X 和 Y 关于 Z 条件独立时，X 和 Y 是否能被 Z 有向分离呢？答案是未必。例如，假设贝叶斯网络中存在三个节点 $X_i \to X_k \to X_j$，假设均为二态节点，根据有向图定义可知当 X_k 已知时，X_i 和 X_j 并非条件独立。然而，假设节点 X_k 的条件概率为 $\theta_{X_k|X_i} = \theta_{X_k|\bar{X}_i}$，根据贝叶斯条件概率公式可知：

$$P(X_k)=P(X_k \mid X_i)P(X_i)+P(X_k \mid \overline{X}_i)P(\overline{X}_i)=P(X_k \mid X_i) \tag{3.11}$$

这样虽然 X_k 和 X_i 之间存在边连接但它们还是满足条件独立性。同样，可以推出 X_i 和 X_j 条件独立，这也与有向分离相矛盾。实际上，对于贝叶斯网络 $\mathbb{N}=(G,\Theta)$ 及联合概率 $P(V)$，若 X 和 Y 被 Z 有向分离，则对于任意的网络参数 Θ，X 和 Y 关于 Z 条件独立；若 X 和 Y 不被 Z 有向分离，则 X 和 Y 是否关于 Z 条件独立取决于网络参数 Θ 的选择。

3.2.3 贝叶斯网络的结构学习

贝叶斯网络的结构学习，就是从训练样本数据中学习出对应的有向无环图（DAG）结构，如图 3.4 所示。通常建立 DAG 的方式有两种，基于专家知识的构建和基于数据学习的构建。

样本	S	L	B	X	D
1	1	0	1	1	1
2	0	0	1	0	1
3	1	1	0	1	1
⋮	⋮	⋮	⋮	⋮	⋮

注：1为真，0为假。

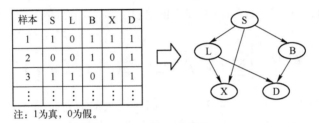

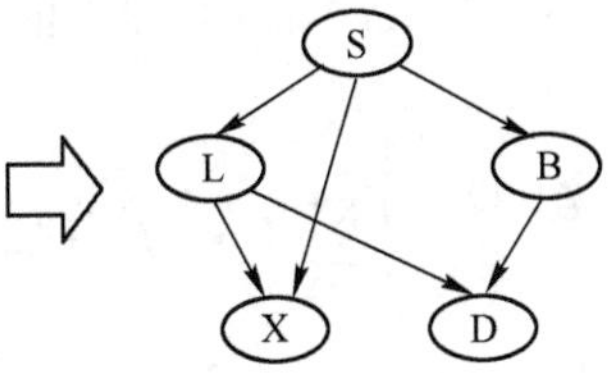

图 3.4　贝叶斯网络结构学习

由专家知识构建 DAG，类似于基于规则的方法。通过咨询相关领域的专家，利用打分、投票以及结合实际情况的方式，确定节点之间是否存在因果联系，从而构建出最符合实际情况的 DAG。然而，基于专家知识构建 DAG 的方式是耗时耗力的，而且当贝叶斯网络中节点数很多，如成百上千时，通过打分来确定贝叶斯网络结构会带来很大的麻烦，在大规模系统的贝叶斯网络应用中，仅仅利用专家知识构建合适的 DAG 结构是不太现实的。

在贝叶斯网络应用中，每个节点的状态信息会保存在历史数据中，而通过这些历史数据（训练数据）学习 DAG 结构则被称为结构学习。相比于专家知识的方法，基于数据学习的方法更省资源且更高效，学习得到的结构也更贴近于实际应用，这也使得基于数据学习的方法更适用于构建贝叶斯网络。由于贝叶斯网络结构空间的大小会随着节点的数目以及节点的状态数呈现指数级别增长，使得结构学习成为一个 NP 问题⊖。如何降低结构学习中的计算和搜索的复杂度问题，成为研究贝叶斯网络的重点和难点之一[1]。

很多实际应用中，可以将数据学习和专家知识相结合，从而形成混合型结构学习方法。Flores[2] 首先通过相应的医疗专家对诊断心脏的训练数据进行筛选，从 253 个相关诱因中筛选出 28 个最主要的因素，然后再采用数据学习方法学习出相应的贝叶斯网络结构。Masegosa 等[3] 提出在利用训练数据学习的过程中，将专家知识融入进去，对不合理及不符合实际的有向边进行删除，从而确保在数据学习过程中所学习到的结构是合理且合法的。通过结合数据学习方法和专家知识，一方面可以在数据处理方面移除与所需构建的模型不太相

⊖ NP 问题（Nondeterministic Polynomial Time Problem）是一类计算复杂度很高的问题，虽然我们能在多项式时间内对这类问题的解进行验证，但不能在多项式时间内得到这类问题的解。当问题规模较大时，求解这类问题所需的计算时间和存储空间通常是难以承受的。

关的一些变量，从而降低学习的复杂度；另一方面当训练数据量不足或存在很多噪声时，所学习的贝叶斯网络结构可能与实际相差巨大，通过专家对所学习的结构进行修正，能够确保所构建的贝叶斯网络结构是符合实际应用的。

结构学习的目的是通过对样本数据集的分析，从中发现节点与节点之间的依赖关系，从而构建出与样本集最为吻合的网络结构，这也是学习和应用贝叶斯网络的基础和核心。根据训练数据是否存在缺失，结构学习也分为完整数据结构学习以及缺失数据结构学习，本章主要介绍完整训练集下的贝叶斯网络结构学习问题。

对于一组随机变量 $V=\{V_1,V_2,\cdots,V_n\}$ 及关于这些变量的训练数据集 $D=\{D^{(1)},D^{(2)},\cdots,D^{(m)}\}$，其中 n 为变量数，m 为样本数。结构学习的目的是输出相应的有向无环图结构 G。当变量很少时（$n=1,2$），可以很容易地确定出结构图。当节点增多时，相应的有向无环结构图也会呈指数增长。Robinson[4] 证明 DAG 的数目 $g(n)$ 与节点数 n 之间满足下面的函数：

$$g(n)=\begin{cases}1, & n=1\\ \sum_{i=1}^{n}(-1)^{i+1}C_n^i 2^{i(n-i)}g(n-i), & n>1\end{cases} \tag{3.12}$$

显然，$g(5)=29281$，$g(10)=4.2\times10^{18}$，如此巨大的数量，简单地通过人工构建 DAG 结构是无法完成的。经过研究者长期的研究，结构学习的算法也已经不断地演化出不同的类型。然而，从本质上这些方法可以分为两大类：即基于约束的方法和基于搜索评分的方法。

1. 基于约束的方法

基于约束的贝叶斯网络结构学习（Constrain-Based Bayesian Network Structure Learning）方法是通过统计独立性测试来学习得到节点间的独立性和相关性，并根据独立性或相关性构建出相应的有向无环图结构。为了获得节点间的独立性关系 $X \perp\!\!\!\perp Y \mid Z$，基于约束的方法通常采用置信区间（Confidence Interval，CI）来进行独立性测试。在离散训练集的结构学习中通常采用 G 检验或χ^2 检验，而对于连续训练集的结构学习，通常采用 Fisher 提出的 Z 检验。这些检验方式都要统计训练数据 D 中 X、Y 和 Z 的状态数，并做出零假设 $H_0:X \perp\!\!\!\perp Y \mid Z$，与之对应的备择假设 $H_1:\neg X \perp\!\!\!\perp Y \mid Z$，即 X 和 Y 不被 Z 有向分离。可以通过计算频率的方式计算 $P(D \mid H_0)$，然后判断是否超过阈值，从而判定是否接受假设 H_0。

基于约束的贝叶斯网络结构学习方法实现起来相对简单，通过统计来判断节点之间是否独立或相关，然后再对空图添加边，或者在完全图中删除边，从而建立与数据对应的有向无环图结构。这种方法求解效率高，能够适用于规模较大的网络结构学习，但会有精度较低的现象出现，一旦数据不足或存在噪声时，结果将会与实际偏差较大。

2. 基于搜索评分的方法

（1）评分函数。基于搜索评分的贝叶斯网络结构学习（Search-and-Score-Based Bayesian Network Structure Learning）方法是将贝叶斯网络结构学习问题看成是优化问题，通过给定结构的评分函数，利用搜索算法去寻找评分最优的网络结构。基于搜索评分的结构学习数学模型可以表示为

$$\begin{cases}\max f(G,D)\\ \text{s.t.}\quad G\in\Phi, G=C\end{cases} \tag{3.13}$$

其中，f 为结构评分函数；Φ 为结构空间（即可能的结构）；$G=C$ 表示结构 G 满足约束条件

C。在搜索评分过程中，其约束条件 C 要求搜索到的结构满足结构图中无环。这样，最优结构 G^* 可以表示为

$$G^* = \arg\max_G f(G,D) \tag{3.14}$$

在基于搜索评分的结构学习中，给定训练数据 D 及一个可能的结构 G，考虑如何去计算其评分函数 $f(G,D)$。很显然，评分函数需要对不满足数据及有向无环图特性的结构进行惩罚（Penalize），并且当这些结构满足数据的分布时，应该选择更简单的图模型。如果评分函数能够满足某些特性，如一致性，则其评分效果更佳。根据这些因素，研究者们提出的评分函数主要可以分为两类：基于贝叶斯的评分与基于信息论的评分，以下将分别介绍基于这两种方法的评分函数。

1）基于贝叶斯的评分函数。基于贝叶斯的评分函数，可以将式（3.14）看作一个最大后验概率（MAP）问题

$$G^* = \arg\max_G P(G \mid D) \tag{3.15}$$

其中，$P(G \mid D)$ 为给定 D 的条件下结构 G 的后验概率。假定 G 的先验概率为 $P(G)$，根据贝叶斯公式可知

$$P(G \mid D) = \frac{P(D \mid G)P(G)}{P(D)} \tag{3.16}$$

由于 $P(D)$ 与 G 是无关的，故有 $P(G \mid D) \propto P(D \mid G)P(G)$，两边取对数，得

$$\log P(G \mid D) = \log P(D \mid G) + \log P(G) \tag{3.17}$$

假设模型结构 G 的参数集为 Θ_G，则可得

$$P(D \mid G) = \int_{\Theta_G} P(D \mid G, \Theta_G) P(\Theta_G \mid G) \mathrm{d}\Theta_G \tag{3.18}$$

其中，$P(D \mid G, \Theta_G)$ 通常被称为模型关于数据的似然函数 $L(G, \Theta_G \mid D)$。在离散数据的结构学习中，通常假设模型参数的先验分布 $P(\Theta_G \mid G)$ 服从参数为 α_{ijk} 的狄利克雷（Dirichlet）分布，即 $P(\Theta_G \mid G) \propto \prod_{i=1}^{n} \prod_{j=1}^{q_i} \prod_{k=1}^{r_i} \theta_{ijk}^{\alpha_{ijk}-1}$

亦可写成如下的精确等式：

$$P(\Theta_G \mid G) = \prod_{i=1}^{n} \prod_{j=1}^{q_i} \frac{\Gamma(\alpha_{ij})}{\sum_{k=1}^{r_i} \Gamma(\alpha_{ijk})} \prod_{k=1}^{r_i} \theta_{ijk}^{\alpha_{ijk}-1} \tag{3.19}$$

其中，Γ 为 Gamma 函数（伽马函数）；r_i 为节点 V_i 的状态数；θ_{ijk} 为节点 V_i 取 k 状态时其父节点处于 j 状态的概率。所谓父节点处于 j 状态，系指对节点 V 的父节点（集）的所有状态组合，按词典序（Lexicographical order）排列，并从 1 开始顺序编号，将父节点（集）状态的第 j 个组合称为父节点处于 j 状态。

给定数据集 D，可以得出：

$$P(D \mid G) = \prod_{i=1}^{n} \prod_{j=1}^{q_i} \frac{\Gamma(\alpha_{ij})}{\Gamma(\alpha_{ij} + m_{ij})} \prod_{k=1}^{r_i} \frac{\Gamma(\alpha_{ijk} + m_{ijk})}{\Gamma(\alpha_{ijk})} \tag{3.20}$$

其中，m_{ijk} 是数据集 D 中节点 V_i 为 k 状态且父节点状态组合为 j 的样本数，$m_{ij} = \sum_k m_{ijk}$，且 $\alpha_{ij} = \sum_k \alpha_{ijk}$。

对式（3.20）两边取对数，并结合式（3.17），可得

$$\log P(G\mid D)=\sum_{i=1}^{n}\sum_{j=1}^{q_i}\left[\log\frac{\Gamma(\alpha_{ij})}{\Gamma(\alpha_{ij}+m_{ij})}\sum_{k=1}^{r_i}\frac{\Gamma(\alpha_{ijk}+m_{ijk})}{\Gamma(\alpha_{ijk})}\right]+\log P(G) \tag{3.21}$$

称式（3.21）为 BD（Bayesian-Dirichlet）评分，当网络结构的先验分布为均匀分布时，$\log P(G)=0$，BD 评分则被称为是 CH（Cooper-Herskovits）评分。

对于 BD 评分中的 Dirichlet 参数 α_{ijk}，一种假设[5]是其服从统一的参数 $\alpha_{ijk}=1$，这样 BD 评分转变为一种新的评分——K2 评分：

$$f_{\mathrm{K_2}}(G,D)=\sum_{i=1}^{n}\sum_{j=1}^{q_i}\left[\log\frac{(r_i-1)!}{(m_{ij}+r_i-1)!}+\sum_{k=1}^{r_i}\log m_{ijk}!\right]+\log P(G) \tag{3.22}$$

还有一种假设[6]，如果参数满足 $\alpha_{ijk}=\dfrac{m'}{r_i q}$，BD 评分就转变成新的评分——BDeu 评分：

$$f_{\mathrm{BDeu}}(G,D)=\sum_{i=1}^{n}\sum_{j=1}^{q_i}\left[\log\frac{\Gamma\left(\dfrac{m'}{q_i}\right)}{\Gamma\left(m_{ij}+\dfrac{m'}{q_i}\right)}+\sum_{k=1}^{r_i}\log\frac{\Gamma\left(m_{ijk}+\dfrac{m'}{q_i}\right)}{\Gamma\left(\dfrac{m'}{r_i q_i}\right)}\right]+\log P(G) \tag{3.23}$$

2）基于信息论的评分函数。首先，介绍对数似然（Log-Likelihood，LL）评分的定义如下：

$$\mathrm{LL}(G\mid D)=\sum_{i=1}^{n}\sum_{j=1}^{q_i}\sum_{k=1}^{r_i}m_{ijk}\log\frac{m_{ijk}}{m_{ij}} \tag{3.24}$$

对数似然（LL）评分常用于完善网络结构，它不能在学习网络中给出一种有用的、独立假设下的表达方法。对于其产生的过度拟合现象，通常采用两种方法来避免：限制每个网络变量的父节点数，或者在 LL 评分中使用一些惩罚因子。在使用惩罚因子的方法中，诞生出了贝叶斯信息准则（Bayesian Information Criterion，BIC）评分函数和最小描述长度（Minimum Description Length，MDL）评分函数，下面逐个阐述这两种评分函数。

① 贝叶斯信息准则（BIC）评分函数。该评分准则是由 Schwarz[7]在 1978 年提出，在样本满足独立于同分布假设的前提下，用对数似然度来度量网络结构与观测数据的拟合程度：

$$\mathrm{BIC}(G\mid D)=\sum_{i=1}^{n}\sum_{j=1}^{q}\sum_{k=1}^{r_i}m_{ijk}\log\theta_{ijk} \tag{3.25}$$

其中，n 是网络节点的数目；q 是节点变量 X_i 父节点取值组合的数目；r_i 是节点变量 X_i 的取值数目；m_{ijk}是 X_i 的父节点取 j 值；X_i 表示取 k 值时的样本数目；$m_{ij}=\sum_{k=1}^{r_i}m_{ijk}$，$\theta_{ijk}=m_{ijk}/m_{ij}$表示似然条件概率，且 $0\leqslant\theta_{ijk}\leqslant 1$，$\sum_{k}\theta_{ijk}=1$。

BIC 评分函数相对简单，而且在精准度和复杂度之间选择较为均衡，所以经常被用于实际的结构学习问题中。

② 最小描述长度评分函数（MDL）评分函数。Lam 等人[8,9]在 1994 年提出的算法以最小描述长度（MDL）作为衡量标准，通过搜索与评价来找出正确的网络结构，而不需要指导节点顺序等信息。MDL 的评分函数如式（3.26）所示，式中第一项是拟合程度的度量，第二项是模型复杂度的惩罚量。MDL 评分函数在观测数据量比较小的时候，惩罚量所占的得分比重较大，导致数据与结构的欠拟合；当观测数据量较大时，惩罚量所占的比重较小，使得数据与结构过拟合。所以，在实际的计算中 MDL 的计算精确度不高。

$$\mathrm{MDL}(G \mid D)=\sum_{i=1}^{n}\sum_{j=1}^{q}\sum_{k=1}^{r_i} m_{ijk}\log(m_{ijk}/m_{ij})-\frac{1}{2}q(r_i-1)\log m \tag{3.26}$$

式（3.25）考虑了结构的复杂度，认为 $L(G)$ 可以用对结构进行编码的位数来近似表示，这样评分函数可以表示为

$$f_{\mathrm{MDL}}(G \mid D)=\sum_{i=1}^{n}\sum_{j=1}^{q}\sum_{k=1}^{r_i} m_{ijk}\log(m_{ijk}/m_{ij})-\frac{\log m}{2}\sum_{i=1}^{n}(r_i-1)q_i-\sum_{i=1}^{n}(|pa(V_i)|+1)\log n \tag{3.27}$$

其中，$pa(V_i)$ 代表节点 V_i 的父节点集。

在定义了对结构好坏进行评价的评分函数后，结构学习问题就可以转化成在所有可能的结构中寻找最高评价值的搜索最优问题。然而，根据式（3.12）可知，结构空间的大小会随着节点数而呈现出指数级别增加的。

Chickering 等[10]也证明了学习贝叶斯网络结构是 NP 难题，因此通常采用启发式或元启发式的搜索方法来搜寻最优结构，例如 K_2 算法、爬山算法，以及基于进化计算的方法等。

（2）结构学习算法。

① K_2 算法。K_2 算法是由 Cooper 和 Herskovits 提出的一种基于贪婪搜索的结构学习算法[11]。在 K_2 算法中，采用 CH 评分⊖来衡量结构的优劣性，并利用节点顺序 ρ 以及正整数 u 来限制搜索空间的大小（见算法 3.1）。

算法 3.1　K_2 搜索算法

输入：训练数据 D，节点序 p，正整数 u

输出：有向无环图 G

```
从 D 中识别节点集 V，令边 E=∅;
for i=1→n do
  pa(V_i)←∅
  P_old←f_CH(V_i,pa(V_i)),D)
  findmore←True
  while findmore and pa(V_i)<u do
    Z←Pred(V_i)\pa(V_i)中最大化f_CH((V_i,pa(V_i)∪Z),D)的节点
    P_new←f_CH((V_i,pa(V_i)∪Z),D)
    if P_new>P_old then
      P_old←P_new
      pa(V_i)←pa(()V_i)∪Z)
    else
      findmore←False
    end if
```

⊖ CH 评分又称为 K2 评分。

```
    end while
  end for
  return G
```

K_2 算法从一个空图出发，按照节点顺序 ρ 逐个考察节点，通过比较添加某个节点后其 CH（Cooper-Herskovits）评分是否增大来“贪婪”地添加其为父节点。正整数 u 则是用来限制父节点的个数，即限制 $|pa(V_i)|<u$。Cooper 将其测试于经典的 ALARM 网中，通过给定一个网络拓扑序并限制父节点个数为 5，选择样本集个数为 10000，实验发现结构与 ALARM 网相差不大。然而，在 K_2 算法中，最关键的问题在于选择合适的节点顺序 ρ，不同的节点顺序会对最终学习到的结构影响很大，这也是限制 K_2 算法广泛应用的原因之一。针对节点顺序问题，研究者们提出了不同的解决方法，如通过遗传算法学习最优节点顺序[12]以及利用持续集成（CI）测试来学习节点顺序[13]等。

② 爬山搜索算法。爬山（Hill Climbing）算法通过在搜索过程中不断地进行加边、减边以及删除边的局部操作，并根据评分是否发生变化来确定是否选择该操作。爬山算法中可以采用任何的评分函数对结构进行评分，并通过贪婪选择来判断是否对模型结构进行更新。

如算法 3.2 所示，爬山算法从随机产生的结构图出发，选择能使结构向着优化发展的操作算子。然而，由于爬山算法的操作算子比较随机，会使得搜索性能较低，为了提高搜索的效率，通常对每个节点选择其父节点禁忌表来降低搜索的空间。同时，由于爬山算法选择的都是使结构评分得到提升的局部最优操作算子，这样就会容易让算法陷入局部最优，因此通常采用多组实验来选择其中评分最高的结构图。

算法 3.2 K_2 爬山算法

```
输入：训练数据 D
输出：有向无环图 G
  从 D 中识别节点集 V
  Θ_G←结构参数的极大似然估计
  oldScore←f(G,Θ_G,D)
  while True do
    for 加边、减边以及删除边操作后的新 G' do
      tempScore←f(G,Θ_G',D)
      if tempScore>oldScore then
        G*←G'
        oldScore←tempScore
      end if
    end for
  end while
  return G
```

3. 混合约束和搜索评分的结构学习方法

由于基于约束的方法对于数据的要求较高，要求训练数据是无噪声且真实的，而且训练数据量需要足够大，才能获得满意的独立性测试结构。而基于搜索评分的方法复杂度更高，尤其是当节点较多时，会使得搜索空间巨大，从而导致从庞大的搜索空间中搜索最优结构耗时巨大。

为了克服两类方法的缺陷，研究者们提出将这两类思想进行融合，即利用混合的方法对贝叶斯网络进行结构学习。首先，通过独立性测试来降低搜索空间的大小，然后再利用搜索评分的方法来寻找最优的网络结构。典型的有 Tsamardinos 等人提出的 MMHC（Max-Min Hill Climbing）算法（见算法 3.3）。

算法 3.3 K_2 MMHC 算法

输入：训练数据 D

输出：有向无环图 G

for $V_i \in V$ do

//约束阶段（Restrict）

$pc(V_i) \leftarrow \text{MMPC}(V_i, D)$

end for

//搜索阶段（Search）

从一个空图出发，利用爬山算法进行加边（仅对 $X \in pc(V_i)$ 进行加边）、删除边以及反向操作

return G

MMHC 算法[14]将局部学习、CI 测试以及搜索评分方法进行融合，通过采用独立性测试来学习出结构的框架，然后采用搜索评分的方式来确定网络中的边以及边的方向。MMHC 算法首先通过 MMPC（Max-Min Parents and Children）算法（见算法 3.4）来获得每个节点 V_i 的父子节点集 $pc(V_i)$，从而构建出网络结构的框架，然后根据 K_2 搜索策略对已经得到的网络结构的框架进行搜索评分，以得到最优网络结构。MMPC 算法采用 CI 测试来判断节点对之间的条件独立性；采用 max-min 的策略启发式，选择使得相对于以其父子节点集 $pc(V_i)$ 为条件时的最小依赖最大的节点。如果在 $pc(V_i)$ 中存在节点 X，使得 $X \perp V_i \mid Z$，$Z \subseteq pc(V_i) \setminus \{X\}$ 成立，则 MMPC 将 X 从 $pc(V_i)$ 中删除。当 MMPC 学习到每个节点的父子节点集后，MMHC 算法同样采用添加边和删除边的操作，需要指出的是，在 MMHC 添加边操作时仅仅考虑 $X \in pc(V_i)$，这也限制了搜索的空间，降低了搜索的复杂度。

算法 3.4 K_2 MMPC 算法

输入：训练数据 D，目标节点 V_i

输出：父子节点集 $pc(V_i)$

CPC $\leftarrow \varnothing$

```
while CPC 无变化 do
  for X ∈ (V\{pc(V_i),V_i}) do
    Sep[X] ← argmin_{Z⊆pc(V_i)} X ⊥⊥ V_i | Z
  end for
  Y = argmax_{X∈(V\{pc(V_i),V_i})} X ⊥⊥ V_i | Sep[X]
  if ¬V_i ⊭ Y | Sep[y] then
    pc(V_i) ← pc(V_i) ∪ {Y}
  end if
end while
for X ∈ pc(V_i) do
  if 对每一 Z⊆pc(V_i)\{X} 均有 X ⊥⊥ V_i | Z then
    pc(V_i) = pc(V_i)\{X}
  end if
end for
return V_i
```

基于混合约束与搜索评分的结构学习方法能够有效地将两者的优势相结合，能够很好地解决节点数较多的网络结构学习问题。目前，研究者们也在不断地尝试采用不同的混合方式来对贝叶斯网络进行结构学习。

3.3 贝叶斯网络推理计算应用实例

本节介绍一个来自 https://www.norsys.com/tutorials/netica/nt_toc_A.htm 的应用例子，在这个网站中介绍了一个叫作“Asia”的简单贝叶斯网络，它是一个很流行的例子，从该例子中可以看到贝叶斯网络的应用。

首先，建立如图 3.5 所示的贝叶斯网络图。

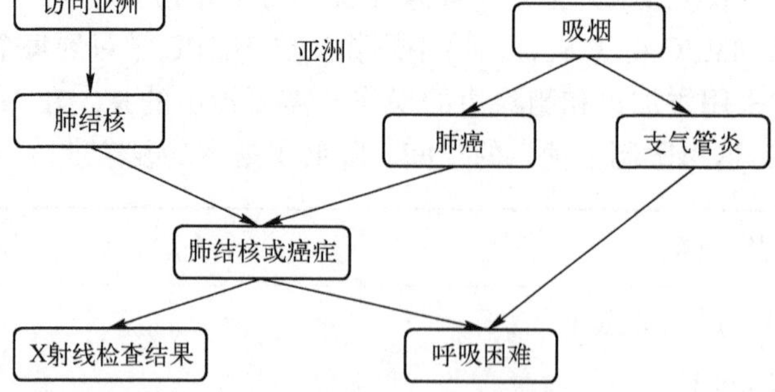

图 3.5 Asia（亚洲）贝叶斯网络结构图

图 3.5 中的每个节点对应于患者的个人情况，例如，“访问亚洲”表示患者最近是否访问过亚洲。两个节点之间的箭头（也称为链接），表示这两个节点的状态之间存在确定的概率关系。例如，吸烟会增加患肺癌和支气管炎的机会，肺癌和支气管炎都会增加呼吸困难（呼吸短促）的概率。肺癌和肺结核，都能引起肺 X 射线检查结果异常。

箭头的链接方向可对应于“因果关系”。从图 3.5 中可以看出，图中上方的节点对下面的节点影响更大。在贝叶斯网络中，链接可能会形成闭环，但不能形成循环关系。例如，在图 3.6a 中，有许多闭环，不能说网络是错误的；而在图 3.6b 中，从 D 到 B 的链接的添加创建了一个循环，这是不允许的。网络不能构成循环的关键优势在于，这样的网络可以快速地更新算法，因为概率计算无法无限期地“循环”。

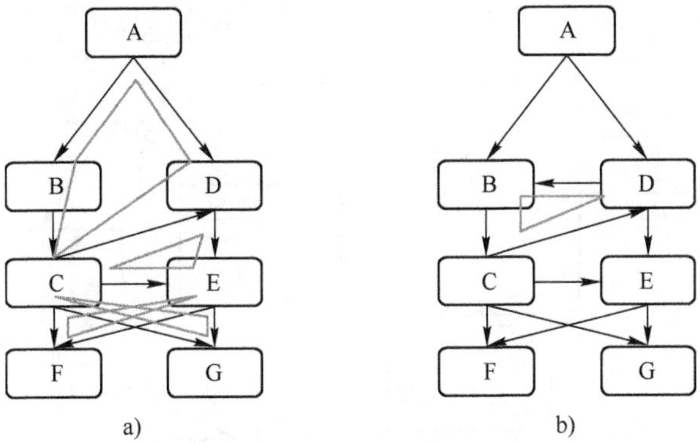

图 3.6　贝叶斯网络示意图

a）合法的贝叶斯网　b）非贝叶斯网（存在环）

在使用该贝叶斯网络诊断患者时，可以在某些已知节点中设定输入概率值，用这些设定的输入概率值来计算其他节点的概率。如果对患者进行胸部 X 射线检查并且发现其检查结果有异常，那么该患者患有结核病或肺癌的机会就会上升；如果医生进一步了解到患者访问了亚洲某些国家，那么患者患肺结核的可能性会进一步上升，而肺癌的患病率会下降（因为 X 射线表征可以有效区分结核病与肺癌的症状）。

建立的模型要能够准确描述现实世界的建模对象，依据模型可以对现实世界中建模对象的发展趋势进行预测。更进一步，可以运用建立的数学模型进行实验的验证，而不必针对真实的实物（人）进行预测结果的验证。当我们想要针对现实世界来建立概率模型，并用来预测未来发生的事情时，通常会尝试使用概率的“联合分布”方法。如果用表格来“装载”这类模型中所有可能的状态组合的所有概率，这样的表会变得很大，因为需要为每个状态组合存储一个概率值，然后使用乘法来完成联合概率分布的计算。在亚洲模型中，有 $2\times2\times2\times2\times2\times2\times2\times2=2^8=256$ 个概率。对于一些复杂的模型，联合分布概率的数量最终可能达到数百万、数千万，甚至达到令人难以置信的数目，这种计算负担是难以承受的。

贝叶斯网络仅涉及节点间的概率传递计算，甚至不用配置存储状态，可以节省计算量。随着计算能力的提升，贝叶斯网络的改进算法也层出不穷，已经成为现代计算机科学研究的一个热门领域。贝叶斯网络至今成为热点的另一个原因，是该方法具有很强的适应性。研究者可以从某些领域中知识有限的小型项目开始，并在获取新知识时对其进行扩展。

例如，本节介绍的“Asia（亚洲）贝叶斯网络”。假设一个新毕业的肺病专科医生，可以根据肺癌、肺结核和支气管炎的发病率及其原因和症状，建立起基本的贝叶斯网络来进行病例诊断的决策系统。假定已有的知识如下所示。

（1）大约有30%的美国人口吸烟。

（2）肺癌患者比例：每10万人口中大约有70人患肺癌。

（3）结核病发生比例：每10万人口中大约有10人患肺结核。

（4）支气管炎发生比例：每10万人口中大约有800人患支气管炎。

（5）其他类似哮喘等发生比例：每100人中大约10人左右患呼吸困难症状。

根据这些信息，设计贝叶斯网络如图3.7所示。

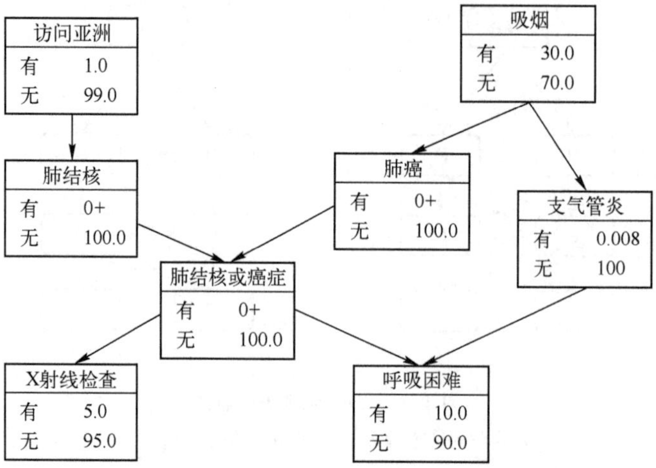

图3.7　依据已有统计数据改进后的贝叶斯网络结构

由于在美国大多数患者是由他们的家庭医生推荐去大医院就诊的，因此在综合性医院工作的医生获得的这些数据并不一定能完全符合实际情况。此外，实际肺部疾病的发生率要比已有的统计数据高得多，所以在实践中，一般诊所的医生不应该使用上面的贝叶斯网络，还需要具体问题具体分析。假设一般诊所的医生处理了数百个病人的病例，他通过自己的诊所获得的数据如下。

（1）50%的患者吸烟。

（2）1%的人患有结核病。

（3）5.5%患有肺癌。

（4）45%的患者患有轻度或慢性支气管炎。

把这些新的数据输入到贝叶斯网络，此时的贝叶斯网络能够更加真实地描述医生所处理的病人类型，如图3.8所示。

当医生获得每个特定患者的知识时，网络中的概率将依据患者的“特定情况”自动调整，这就是贝叶斯推理在实际应用中的巨大魅力和价值。贝叶斯网络方法的强大之处在于，在知识积累的每个阶段产生的概率，在数学上和科学方法上都是合理的。换句话说，充分考虑到对患者的了解，然后根据数学和统计知识，运用贝叶斯网络可自动给出一个合理的结论。

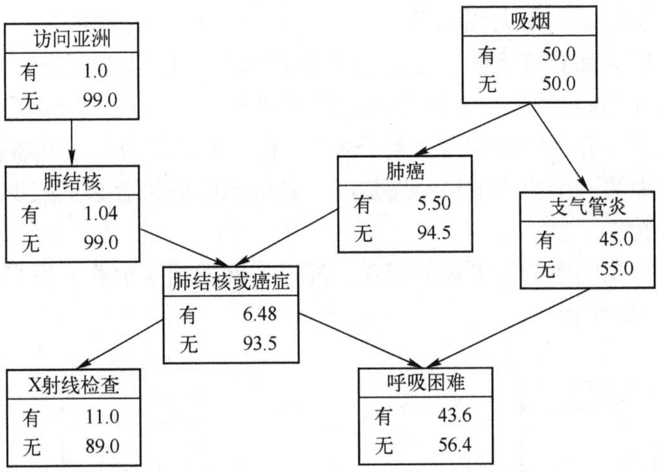

图 3.8 依据自己诊所统计数据进一步改进的贝叶斯网络

还可以通过添加关于特定患者的知识来调整概率。假设一个新的女病人走进诊室，她告诉医生自己经常呼吸困难。把这个症状输入贝叶斯网络，然后计算其他的概率，可以发现三种疾病的概率都增加了。因为所有这些疾病都以呼吸困难作为症状，而且患者也确实表现出了这种症状，所以可以加强对这些疾病可能存在的置信度。最显著的跳跃变化是支气管炎，从 45%上升到 83. 4%。支气管炎比癌症或结核病更常见，一旦有严重肺部疾病的证据，支气管炎就会成为医生最大可能的候选诊断。

病人吸烟的概率也在大幅度增加，从 50%增加到 63. 4%。患者最近访问亚洲的机会略有增加：从 1%上升到 1. 03%，这是微不足道的。从患者身上获得异常 X 射线检查结果的概率也略有上升，从 11%上升到 16%。

目前，仍然不能确诊病人到底得的是什么病，只获得了最佳假设是她患有支气管炎（目前的概率为 83. 4%），还应该增加正确诊断的概率，以免误诊，尤其是避免将癌症误诊为支气管炎。为此，医生还需要更多的信息。医生进一步询问这名患者最近是否去过亚洲，患者回答“是的，去过亚洲”。在得到这一信息后输入到贝叶斯网络，这一知识对贝叶斯网络产生非常大的影响，如图 3. 9 所示。

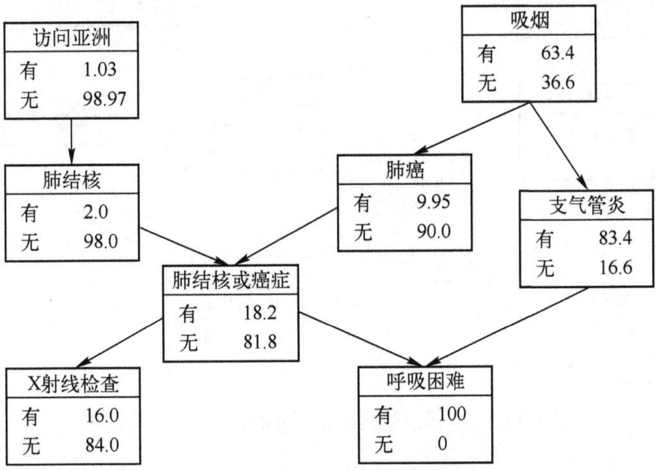

图 3. 9 修正后的贝叶斯网络

突然间，肺结核的发病率大幅上升，从2%上升到9%。有趣的是，注意到肺癌、支气管炎或病人吸烟的机会都有所下降。这是因为现在肺结核比以前更能解释呼吸困难（尽管支气管炎仍然是最好的候选诊断）。因为现在癌症和支气管炎的可能性更小，吸烟也是。这种现象在贝叶斯网络研究领域被称为“解释掉”。它的意思是说，当某事件有相互竞争的可能原因存在时，其中第一个原因的机会增加时，其他原因的机会必然减少，因为其他原因被第一个原因“解释掉”了。

为了继续诊断，我们还会问更多的问题，经过询问发现这位病人确实是一个吸烟者，更新后的网络如图 3.10 所示。

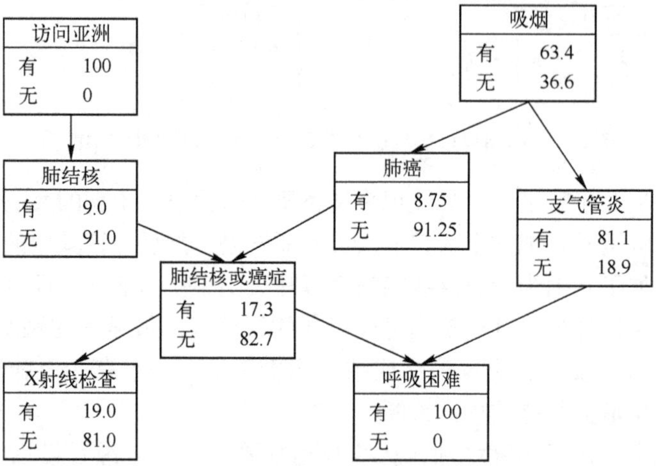

图 3.10　进一步修正后的贝叶斯网络图

值得注意的是，目前的最佳假设仍然是患者患有支气管炎，而不是结核病或肺癌。但可以肯定的是，医生会要求进行 X 光诊断。假设 X 射线检查结果正常，再计算贝叶斯网络值的结果如图 3.11 所示。

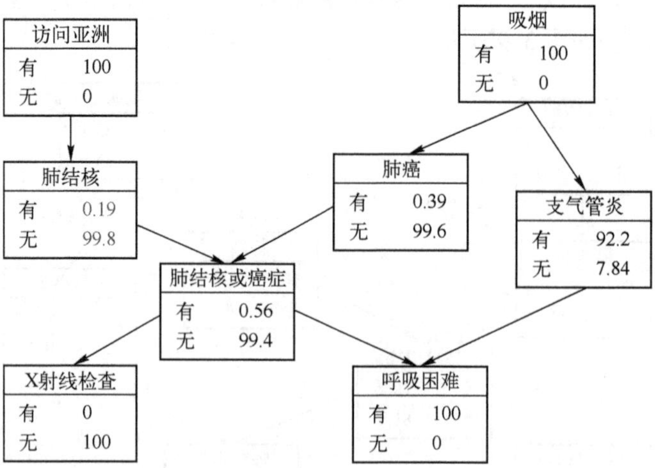

图 3.11　X 射线检查结果正常时的贝叶斯网络图

但是如果 X 射线检查结果是不正常的，计算贝叶斯网络后的结果如图 3.12 所示。

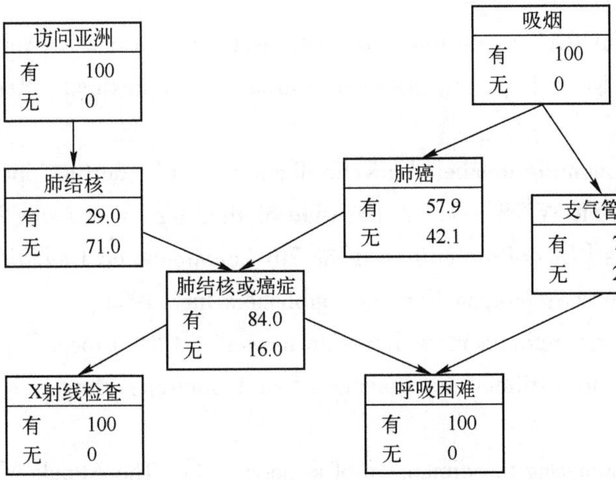

图 3.12　X 射线检查结果异常时的贝叶斯网络图

从图 3.12 可以看出，结核病或肺癌的发病率已大幅上升。支气管炎仍然是三种不同疾病中最有可能出现的一种，但它低于肺结核或肺癌的联合假设。所以，医生会建议病人做进一步的检查，进行血液检查、肺组织活检等。因为当前所建立的贝叶斯网络不包括这些测试，在获取这些诊断过程的新统计数据时，只需添加额外的节点就可以很容易地扩展原有的贝叶斯网络，不需要扔掉前一网络的任何模块。由此可见，贝叶斯网络很容易扩展（或减少、简化），这一强大功能可使其适应用户不断变化的需求和不断变化的知识。

3.4　本章小结

本章介绍了贝叶斯推理方法和贝叶斯网络推理方法，贝叶斯推理方法需要根据观测空间的先验知识来实现对观测空间里的物体的识别。在给定证据的条件下，贝叶斯推理能提供一种计算条件概率即后验概率的方法。贝叶斯网络是一种图形化的建模工具，它提供了一种表示变量之间因果关系的方法，可以用来发现隐藏在数据中的知识，主要是将有向无环图与概率理论有机结合，进行不确定性推理。本章重点介绍了贝叶斯网络的结构学习方法，基于统计依赖的搜索方法、基于评分的搜索方法以及基于两类方法相结合的混合搜索方法。随着大数据时代的到来，数据挖掘技术的日新月异，贝叶斯网络也会在智能决策与推断领域发挥更大的作用。

参考文献

[1] CHICHERING D M, GEIGER D, HECKERMAN D. Learning Bayesian Network is HP-Hard [R]. Technical Report MSR-TR-94-17, 1994.

[2] FLORES M J, NICHOLSON A E, BRUNSKILL A, et al. Incorporating expert knowledge when

learning Bayesian network structure: a medical case study [J]. Artificial Intelligence in Medicine. 2011, 53 (03): 181-204.
[3] MASEGOSA A R, MORAL S. An interactive approach for Bayesian Network learning using domain/expert knowledge [J]. International Journal of Approximate Reasoning, 2013, 54 (08): 1168-1181.
[4] ROBINSON R W. Counting unlabeled acyclic digraphs [M]. Berlin: Springer, 1977.
[5] COOPER G F, HERSKOVITS E H. A Bayesian Method for constructing Bayesian belief networks from databases [C]//Proceedings of the 7th Conference on Uncertainty in Artificial Intelligence. San Francisco: Morgan Kaufman publishers Inc, 1991.
[6] BUNTINE W L. Theory refinement on Bayesian network [C]//Proceedings of the 7th Conference on Uncertainty in Artificial Intelligence. San Francisco: Morgan Kaufmann Publishers Inc, 1991.
[7] SCHWARZ G S. Estimating the dimension of a model [J]. The Annals of Statistics, 1978, 6 (02): 461-464.
[8] LAM W. Learning Bayesian Belief network: an approach based on the MDL principle [J]. Computational Intelligence, 1994, 10 (03): 269-243.
[9] CRUZ-RAMÍREZ N C, et al. How good are the Bayesian information criterion and the minimum description length principle for model selection? A Bayesian network analysis [C]//Advances in Artificial Intelligence: 5th Mexican International Conference on Artificial Intelligence, 2006.
[10] CHICKERING D M. Learning Bayesian networks is NP-complete, Learning from Data [M]. Berlin: Springer, 1995.
[11] COOPER G F, H E. A Bayesian method for the induction of probabilistic network from data [J]. Machine Learning, 1992, 9 (04): 309-347.
[12] LARRANAGA P, et al. Learning Bayesian Network Structures by searching for the best ordering with genetic algorithm [J]. IEEE Transactions on Systems, Man, and Cybernetics-Part A: Systems and Humans, 1996, 24 (04): 487-493.
[13] CHEN X W, ANANTHA G, LIN X T. Improving Bayesian Network Structures Learning with mutual information-based node ordering in the k2 algorithm [J]. IEEE Transactions on Knowledge and Data Engineering, 2008, 20 (05): 628-640.
[14] TSAMARDINOS I T, BROWN L E. The max-min hill-climbing Bayesian network structure learning algorithm [J]. Machine Learning, 2006, 65 (01): 31-78.
[15] 张连文，郭海鹏．贝叶斯网络引论 [M]．北京：科学出版社，2006.
[16] 曹杰．贝叶斯网络结构学习与应用研究 [D]．北京：中国科学技术大学，2017.

习题与思考

1. 朴素贝叶斯模型（朴素贝叶斯分类器）是一种简单的贝叶斯网，它在机器学习中有广泛的应用。记 C 为类别变量，$A_1,A_2,\cdots,A_n$ 为属性变量，请查阅相关资料，画出朴素贝叶斯分类器的贝叶斯网络结构，理解其所包含的局部独立假设的含义。

2. 在结构搜索中为何选用狄利克雷（Dirichlet）分布作为先验分布？有何好处？（提示：共轭先验分布）

3. 变量 $x,y \sim \mathrm{unif}\{1,5\}$ 服从参数为 $\{1,5\}$ 的离散均匀分布，$z=x+y$，则以 x,y,z 构成的贝叶斯网络应具有何种结构？对结构 $x \to z \leftarrow y$ 和 $y \leftarrow x \to z$ 分别计算 BIC 和 K2 评分并进行对比（建议使用 pgmpy 和 Bayes Net Toolbox for MATLAB 等工具进行数值实验）。

第 4 章　证据理论算法与数据融合

当对多传感器信息得出的判决不能 100%确信时，可以采用贝叶斯方法之外的一种基于统计学的数据融合算法——证据理论来进行决策推理。证据理论算法，也称为 Dempster-Shafer 算法，简称 D-S 算法。该算法能融合多个传感器所获取的知识（也称为命题），最后找到各命题的交集（也叫命题的合取）及与之对应的概率分配值。本章从理论和应用两方面介绍什么是证据理论算法，以及它又是如何应用到数据融合及其决策推理系统中去的。

4.1　DS 算法概述

D-S 算法源于 20 世纪 60 年代，美国哈佛大学数学家 A. P. Dempster 利用上、下限概率来解决多值映射问题。Dempster 自 1967 年起连续发表了一系列论文，标志着证据理论的正式诞生。Dempster 的学生 G. Shafer 对证据理论做了进一步的发展，引入信任函数概念，提出了基于“证据”和“组合”来处理不确定性推理问题的数学方法。Shafer 在 1976 年出版了《证据的数学理论》（*A Mathematical Theory of Evidence*），这标志着证据理论正式成为一种处理不确定性问题的完整理论。

D-S 算法的核心是一套 Dempster 合成规则（也称证据合成公式），这是 Dempster 在研究统计问题时首先提出的，随后 Shafer 把它推广到更为一般的情形。该算法的优点在于证据理论中需要的先验数据比概率推理理论中的更为直观、更容易获得，再加上 Dempster 合成公式可以综合不同专家或数据源的知识或数据，使得证据理论在专家系统、信息融合等领域中得到了广泛应用。该算法的适用领域包括信息融合、专家系统、情报分析、法律案件分析、多属性决策分析等。

但 D-S 算法也存在局限性，该算法要求证据必须是独立的，而这个条件有时不易满足。此外，证据合成规则没有非常坚固的理论支持，其合理性和有效性还存在较大的争议。证据理论在计算上存在着潜在的指数爆炸问题。Zadeh 曾经提出过“Zadeh 悖论”，对证据理论的合成公式的合理性进行质疑。

4.2　DS 算法的理论体系

4.2.1　识别框架

假设有 n 个互斥且穷尽的原始子命题存在，比如目标的类型是 a_1 或 a_2…或 a_n，这个命题集组成了整个假设事件的空间，我们称之为识别框架，用 Θ 来表示。对该命题集里的每个子命题都可以赋予一个概率分配值 $m(a_i)$。不仅如此，我们还可以根据传感器提供的信息为某些子命题的并命题赋予概率分配值，如为目标类型 a_1 和 a_2 的并命题（也叫析取，记为 $a_1 \cup a_2$）赋予概率分配值 $m(a_1 \cup a_2)$。所有的命题数（包括对子命题所有可能的并命题，但空集除外）称作该命题集的幂集数，等于 2^n-1。举例来说，如果 $n=3$，则共有 $2^3-1=7$ 个命题，即为 a_1、a_2、a_3、$a_1 \cup a_2$、$a_1 \cup a_3$、$a_2 \cup a_3$ 和 $a_1 \cup a_2 \cup a_3$。

如果碰到不是所有的概率分配值都能直接赋给各子命题或它们的并命题时，我们把剩下的概率分配值全部分配给识别框架 Θ（它即代表了由不知道所引起的不确定，以后该概率分配值可以进一步细化）即 $m(\Theta)=m(a_1 \cup a_2 \cup \cdots \cup a_n)$。对某些子命题的并可以表示为某个命题的反命题，所以我们也可以把概率分配值赋给某一子命题的反命题，如 $m(\bar{a}_1)=m(a_2 \cup a_3 \cup \cdots \cup a_n)$，这里子命题上面的横线即代表该命题的反命题。把概率分配值赋给识别框架 Θ 实际上就代表了传感器对所关心的证据的精确性，或对证据的诠释还存在不确定性。赋给各子命题、子命题的一些并命题、整个识别框架以及某些反命题的所有概率分配值的和应该等于 1。

假设有两个传感器监测一个有三个目标存在的场景，传感器 A 识别出某一目标可能是属于三种类型 a_1、a_2 或 a_3 中的某一种；传感器 B 有 80%的确信度判决该目标属于类型 a_1，在这种情况下，两个传感器命题的交集可以写为

$$(a_1 \text{ 或 } a_2 \text{ 或 } a_3) \text{与} (a_1)=(a_1) \tag{4.1}$$

也可以这样记

$$(a_1 \cup a_2 \cup a_3) \cap (a_1)=(a_1) \tag{4.2}$$

这时，只能给这两个传感器的交集赋予 0.8 的概率分配值，0.8 这个值是从传感器 B 的 80%的确信度中推出的。剩下 0.2 的概率分配值赋予了代表不确定的并命题（析取命题）即 $(a_1$ 或 a_2 或 $a_3)$。

4.2.2 支持度、似然度、不确定区间

一个证据对某一命题 a_i 的影响至少应包括两个方面的信息：证据是如何有效地证明命题 a_i，以及证据是如何有效地证明其反命题 $\bar{a}_i$。这两个方面的信息可以分别通过对命题的支持度和似然度来进行描述。

一个给定命题的支持度是这样定义的：传感器直接分配给该命题证据所对应的概率分配值的和。这里传感器直接分配给该命题的证据是指：该命题及组成该命题的子命题的某些并命题的集合，这些并命题是指被传感器赋予一定概率分配值的并命题。按照这个定义，某个传感器判决目标类型为 a_1 的支持度为

$$Bel(a_1)=m(a_1) \tag{4.3}$$

目标类型属于 a_1 或 a_2 或 a_3 的支持度为

$$\begin{aligned} Bel(a_1 \cup a_2 \cup a_3)=&m(a_1)+m(a_2)+m(a_3)+m(a_1 \cup a_2)+m(a_1 \cup a_3)+\\ &m(a_2 \cup a_3)+m(a_1 \cup a_2 \cup a_3) \end{aligned} \tag{4.4}$$

一个给定命题的似然度是这样定义的：所有没有分配给这个命题的反命题的概率分配值的和。换句话说，一个命题的似然度等于只要能在某方面支持该命题的所有概率分配值的和，a_i 的似然度 $Pl(a_i)$ 可以写为

$$Pl(a_i)=1-Bel(\bar{a}_i) \tag{4.5}$$

其中，$Bel(\bar{a}_i)$ 称为 a_i 疑惑度，它代表了证据反驳命题的程度，也就是说，证据支持原

命题对应的反命题的程度。

似然度也可以这样来计算，把和 a_i 及与 a_i 有关的并命题（包括识别框架 Θ）的所有概率分配值相加起来，即

$$Pl(a_i)=m(a_i)+m(a_i\cup a_1)+\cdots+m(\Theta) \tag{4.6}$$

不确定区间定义为 $[Bel(a_i),Pl(a_i)]$，这里显然有

$$Bel(a_i)\leqslant Pl(a_i) \tag{4.7}$$

图 4.1 直观显示了刚才讨论过的 Dempster-Shafer 定义的不确定区间这个概念。不确定区间的下界也就是命题的支持度，应等于基于传感器的直接证据而得到的命题发生的最小概率；不确定区间的上界也就是命题的似然度，应等于命题的支持度加上命题潜在可能发生的概率。因此，这两个边界说明了某个证据中有多大比例（$a\%$）是真正支持某个命题的、有多大比例（$b\%$）是我们对该证据的不了解，以及有多大比例（$c\%$）是为了概率分配函数的归一化。

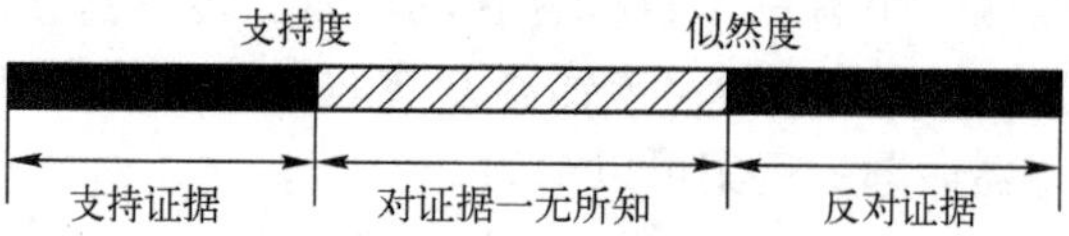

图 4.1　D-S 理论的概率示意图

从传感器（一种知识源）信息中得到的支持度和概率分配值代表了两个不同的概念。支持度是这样计算的：直接分配给某一命题和由组成该命题的子命题的某些并命题所对应的所有概率分配值的求和，而命题的概率分配值是由传感器根据一些证据，把一定的确信度分配给某一命题的能力所决定的。

表 4.1 进一步解释了不确定区间这个概念。比如，如果不确定区间为 $[0,1]$，表示对命题 a_i 一无所知，因为证据没有去直接支持 a_i，也没有去直接反驳 a_i，这时似然度等于 1，正好等于不确定区间的宽度。

表 4.1　命题 a_i 各种不确定区间的解释

不确定区间 $[Bel(a_i),Pl(a_i)]$	解　释
$[0,1]$	对命题 a_i 一无所知
$[0.6,0.6]$	命题 a_i 为真的确切概率是 0.6
$[0,0]$	命题 a_i 完全为假
$[1,1]$	命题 a_i 完全为真
$[0.25,1]$	证据部分支持命题 a_i
$[0,0.85]$	证据部分支持命题 a_i 的反命题 $\bar{a}_i$
$[0.25,0.85]$	命题 a_i 为真的概率在 0.25 和 0.85 之间，也就是说证据同时支持命题 a_i 及其反命题 $\bar{a}_i$

如果不确定区间为 $[0.6,0.6]$，说明支持度和似然度相等，这也说明了命题 a_i 有确定的发生概率 0.6，因为证据的直接支持和似然支持都是 0.6，在这种情况下，不确定区间的宽度为 0。如果不确定区间为 $[0,0]$，说明命题 a_i 是假的，因为所有的概率分配值都赋

予了该命题的反命题，因此 a_i 的支持度为 0，它的似然度 $1-Bel(\overline{a}_i)$ 也等于 0（由于 $Bel(\overline{a}_i)=1$）。如果知道命题 a_i 肯定为真，可以用[1,1]表示它的支持度和似然度，此时不确定区间也为 0，这是因为所有的概率分配值都赋予了命题 a_i，因此 a_i 的支持度为 1，它的似然度 $1-Bel(\overline{a}_i)$ 由于 $Bel(\overline{a}_i)=0$，所以也等于 1。如果支持度和似然度为[0.25,1]，说明证据部分支持命题 a_i，支持的程度为 0.25，此时的似然度为 1 说明了证据没有直接反驳命题 a_i，此时位于宽为 0.75 的不确定区间里的概率分配值可以自由地转化为支持该命题。如果不确定区间为[0,0.85]，说明证据没有直接支持命题 a_i，但是证据部分直接支持反命题 $\overline{a}_i$。如果不确定区间为[0.25,0.85]，说明证据部分直接支持命题 a_i，但也部分直接支持其反命题 $\overline{a}_i$，在这种情况下，不确定区间里的概率分配值可以去支持 a_i，也可以去支持 $\overline{a}_i$。

下面用一个例子来说明如何从传感器提供的信息中计算不确定区间。

例 4.1 考虑在某一时刻一共可能有三种类型的目标 a_1、a_2 和 a_3 被单传感器 A 所探测到，假设传感器 A 的识别框架为

$$\Theta=\{a_1,a_2,a_3\} \tag{4.8}$$

则 a_1 的反命题为

$$\overline{a}_1=\{a_2,a_3\} \tag{4.9}$$

假设传感器 A 分配给各命题 a_1、$\overline{a}_1$、$a_1\cup a_2$ 和 Θ 的概率分配值为

$$m_A(a_1,\overline{a}_1,a_1\cup a_2,\Theta)=(0.4,0.2,0.3,0.1) \tag{4.10}$$

使用这些值可以计算出各命题 a_1、$\overline{a}_1$、$a_1\cup a_2$ 和 Θ 的不确定区间（见表 4.2）。命题 a_1 和 $\overline{a}_1$ 的不确定区间是直接就可以看出来的，因为它们是来自传感器的直接证据；命题 $a_1\cup a_2$ 的不确定区间要使用传感器 A 支持命题 a_1 和命题 $a_1\cup a_2$ 的直接证据；分配给识别框架 Θ 的概率分配值 $m_A(\Theta)$ 表示其不能再分给更小的子命题，这个值不应包括在命题 $a_1\cup a_2$ 的支持或反驳证据所对应的概率分配值之中，$m_A(\Theta)$ 代表了在把概率分配值直接赋予命题或它们的一些并命题时，对由于不知道而引起的不确定部分的概率分配值。也就是说，传感器可以把概率分配值赋予命题 a_1、$\overline{a}_1$ 和 $a_1\cup a_2$，而把剩下的概率分配值赋予 Θ，这说明了在赋予各命题概率分配值时存在着由于不知道而引起的不确定性。命题 Θ 的不确定区间可以这样得到：命题 Θ 的支持度为 1，因为它是所有命题的并，同时它的似然度也等于 1，这是因为在分配概率分配值时没有超出 Θ 的范围，因此 $m_A(\overline{\Theta})=0$，$Pl(\Theta)=1-Bel(\overline{\Theta})=1-0=1$。

表 4.2 命题 a_1、$\overline{a}_1$、$a_1\cup a_2$ 和 Θ 不确定区间的计算

命　题	支持度 $Bel(a_i)$	似然度 $1-Bel(\overline{a}_i)$	不确定区间
a_1	0.4（给定）	$1-Bel(\overline{a}_1)$ $=1-0.2=0.8$	[0.4,0.8]
$\overline{a}_1$	0.2（给定）	$1-Bel(a_1)$ $=1-0.4=0.6$	[0.2,0.6]
$a_1\cup a_2$	$Bel(a_1)+Bel(a_1\cup a_2)=$ $0.4+0.3=0.7$	$1-Bel(\overline{a_1\cup a_2})$ $=1-Bel(\overline{a}_1\cap\overline{a}_2)$ $=1-0=1$①	[0.7,1]

（续）

命　　题	支持度 $Bel(a_i)$	似然度 $1-Bel(\bar{a}_i)$	不确定区间
Θ	$Bel(\Theta)$	$1-Bel(\overline{\Theta})$ $=1-0=1$	[1,1]

注：①在该计算中，只用到传感器 A 直接赋予命题 $\bar{a}_1\cap\bar{a}_2$ 的概率分配值。又因为传感器 A 没有分配任何的概率分配值给 $\bar{a}_1\cap\bar{a}_2$，所以命题 $\bar{a}_1\cap\bar{a}_2$ 的支持度为 0，这样命题 $a_1\cup a_2$ 的似然度就为 1。

4.2.3 Dempster 合成规则

Dempster 合成规则（Dempster's combinational rule）也称**证据合成公式**，其定义如下：

对于 $\forall A\subseteq\Theta$，Θ 上的两个 mass 函数 m_1 与 m_2 的 Dempster 合成规则为

$$m_1\oplus m_2(A)=\frac{1}{K}\sum_{B\cap C=A}m_1(B)\cdot m_2(C) \tag{4.11}$$

其中，K 为归一化常数，它的计算式如下：

$$K=\sum_{B\cap C\neq\varnothing}m_1(B)\cdot m_2(C)=1-\sum_{B\cap C=\varnothing}m_1(B)\cdot m_2(C) \tag{4.12}$$

对于 $\forall A\subseteq\Theta$，识别框架 Θ 上的有限个 mass 函数 $m_1,m_2,\cdots,m_n$ 的 Dempster 合成规则为

$$(m_1\oplus m_2\oplus\cdots\oplus m_n)(A)=\frac{1}{K}\sum_{A_1\cap A_2\cap\cdots\cap A_n=A}m_1(A_1)\cdot m_2(A_2)\cdot\cdots\cdot m_n(A_n) \tag{4.13}$$

其中，

$$\begin{aligned}K&=\sum_{A_1\cap A_2\cap\cdots\cap A_n\neq\varnothing}m_1(A_1)\cdot m_2(A_2)\cdot\cdots\cdot m_n(A_n)\\&=1-\sum_{A_1\cap A_2\cap\cdots\cap A_n=\varnothing}m_1(\bar{A}_1)\cdot m_2(\bar{A}_2)\cdot\cdots\cdot m_n(\bar{A}_n)\end{aligned} \tag{4.14}$$

例 4.2（Zadeh 悖论）　某宗"谋杀案"的三名犯罪嫌疑人组成了识别框架 $\Theta=\{\text{Peter, Paul, Mary}\}$，目击证人（W1，W2）分别给出如下所示的基本概率分配（Basic Probability Assignment，BPA）。

	$m_1(\cdot)$	$m_2(\cdot)$	$m_{12}(\cdot)$
Peter	0.99	0.00	**0.00**
Paul	0.01	0.01	**1.00**
Mary	0.00	0.99	**0.00**

试计算证人 W1 和 W2 提供证据的组合结果。

解　首先，计算归一化常数 K。

$$\begin{aligned}K&=\sum_{B\cap C\neq\varnothing}m_1(B)\cdot m_2(C)\\&=m_1(\text{Peter})\cdot m_2(\text{Peter})+m_1(\text{Paul})\cdot m_2(\text{Paul})+m_1(\text{Mary})\cdot m_2(\text{Mary})\\&=0.99\times0+0.01\times0.01+0\times0.99\\&=0.0001\end{aligned}$$

其次，利用 Dempster 合成规则分别计算 Peter、Paul 和 Mary 的组合 BPA。

（1）关于 Peter 的组合 BPA：

$$m_1 \oplus m_2(\{\text{Peter}\}) = \frac{1}{K}\sum_{B\cap C=\{\text{Peter}\}} m_1(B)\cdot m_2(C)$$

$$= \frac{1}{K}\cdot m_1(\{\text{Peter}\})\cdot m_2(\{\text{Peter}\}) = \frac{1}{0.0001}\times 0.99\times 0.00$$

$$= 0.00$$

（2）关于 Paul 的组合 BPA：

$$m_1 \oplus m_2(\{\text{Paul}\}) = \frac{1}{K}\cdot m_1(\{\text{Paul}\})\cdot m_2(\{\text{Paul}\}) = \frac{1}{0.0001}\times 0.01\times 0.01 = 1$$

（3）关于 Mary 的组合 BPA：

$$m_1 \oplus m_2(\{\text{Mary}\}) = \frac{1}{K}\sum_{B\cap C=\{\text{Mary}\}} m_1(B)\cdot m_2(C)$$

$$= \frac{1}{K}\cdot m_1(\{\text{Mary}\})\cdot m_2(\{\text{Mary}\})$$

$$= \frac{1}{0.0001}\times 0.00\times 0.99 = 0.00$$

说明 对于这个简单的实例而言，可以通过 Peter、Paul、Mary 的组合 mass 函数求出信任函数和似然函数：

信任函数值=似然函数值=组合后的 BPA 值

即，

$$Bel(\{\text{Peter}\}) = Pl(\{\text{Peter}\}) = m_{12}(\{\text{Peter}\}) = 0$$

$$Bel(\{\text{Paul}\}) = Pl(\{\text{Paul}\}) = m_{12}(\{\text{Paul}\}) = 1$$

$$Bel(\{\text{Mary}\}) = Pl(\{\text{Mary}\}) = m_{12}(\{\text{Mary}\}) = 0$$

我们虽然利用 Dempster 合成规则以及两个目击证人（W1，W2）判断出了某宗“谋杀案”的三名犯罪嫌疑人（Peter，Paul，Mary）中究竟谁是真正的凶手，但得到的结果（认定 Paul 是凶手）却违背了人的常识推理。Zadeh 认为这样的结果显然是无法接受的，这种情况被称为出现了“Zadeh 悖论”。

4.3 证据理论与贝叶斯判决理论的比较

在证据（Dempster-Shafer）理论中，可以把表示不确定概念的概率直接分配给不知道事件，也就是能分配给识别框架 Θ 里的任何命题，从这一点来说，证据理论比贝叶斯理论更具一般性。而且在证据理论中，可以把传感器的分类错误，用直接分配给由不知道所引起的不确定（即赋予识别框架 Θ 一定量的概率分配值）来表示。在此理论中，还可以把概率分配值赋予识别框架中各命题的并命题。而在贝叶斯理论中，则只能把概率分配给原始的子命题。

例如，在贝叶斯推理中，用数学公式表示就是

$$P(a+b) = P(a) + P(b) \tag{4.15}$$

这是因为在贝叶斯理论中，假设 a 和 b 是互斥的。

但在证据理论中，可以用如下的数学公式表示为

$$P(a+b)=P(a)+P(b)+P(a\cup b) \tag{4.16}$$

Shafer 曾经用一种更一般的说法描述了贝叶斯理论的局限性：贝叶斯理论不能区分“缺乏信任”和“不信任”这两个不同的概念。当我们对某一命题的反命题增加信任时，贝叶斯理论却不允许我们对原命题减少信任。

贝叶斯理论对“不知道”和“不确定”这两个概念没有区分的表示方法。在使用贝叶斯理论时，我们必须知道或者假设好先验概率分布。贝叶斯支持函数把识别框架 Θ 中的每个子命题所对应的概率分配值都固定住，使它们没有自由移动的空间，也就是说没有了命题的不确定区间。要想使用贝叶斯支持函数，必须要想办法把支持度分配在单个不能分割的命题上。有些时候是比较容易做到这一点的，比如我们在玩掷均匀骰子游戏时的情形：如果我们知道骰子的点数是偶数，则我们可以把支持度平均分成三部分，即 2、4、6 上，但是如果这个骰子不是均匀的，此时贝叶斯理论就不能提供相应的解了。

贝叶斯理论的不足之处在于，当我们有所不知时，如何表示我们事实上知道的信息，同时又不会强行对不知道的信息进行不合理的过量使用。在证据理论中，我们利用传感器（知识源）的信息来为每个命题赋予一个支持度。比如在掷均匀骰子的例子中，证据理论能给掷偶数点的命题提供合适的概率分配值 $m_k(i), i=2,4,6$；当骰子不是均匀的时候，证据理论同样能合理地分配概率分配值。

因此，当我们想要的信息都能得到时，使用贝叶斯统计理论是没有任何困难的。但是当我们的知识不充分时，也就是说我们对识别框架里各命题的先验概率都是由不知道而引起的不确定时，证据理论提供了一种可以选择的方法。当每个命题的不确定区间的宽度等于 0，并且概率不分配给子命题的交命题时，证据理论就退化为贝叶斯理论。Waltz 和 Llinas 曾经提出这样一个实验，即融合敌友识别器和电子支持量测传感器的数据，当到达给定的信任度或概率级别时，使用贝叶斯理论所占用的时间要比使用证据理论所占用的时间少。

广义证据处理（GEP）理论，允许贝叶斯决策推广到多个假设事件的组合这样一个识别框架内。之所以能这样做，是因为该理论把假设事件（命题）从决策事件中分离了出来。在广义证据处理（GEP）理论中，使用贝叶斯公式把属于多个不互斥命题的证据结合起来，从而得到最后的决策。对来自多个传感器的证据使用 GEP 处理时，也可以用类似证据理论中的融合规则把它们结合起来。

4.4 证据理论在图像融合中的应用举例

假定我们可以获取学生在听课时的图像信息，如何判断学生听课的专注度，这是一个很富挑战性的课题。假定针对一个学生进行判别时，将人体识别框架设定为 $\Omega=\{$左顾右盼,埋头,端坐,不确定$\}$，分别用 h_1、h_2、h_3 和 U 来表示，将人体的 x 轴质心变化、y 轴质心变化、面积变化和角度变化作为四个独立的证据体：$M=\{X,Y,S,\theta\}$。

当人体处于端坐状态时，这四个证据体的数值基本保持不变；当人体左顾右盼时，人体的质心坐标和方向会不断发生变化；当人埋头时，人体的 y 轴质心坐标会发生变化，同时人

体的面积也会显著减小。

这三种人体行为的图像表示，如图 4.2 所示。

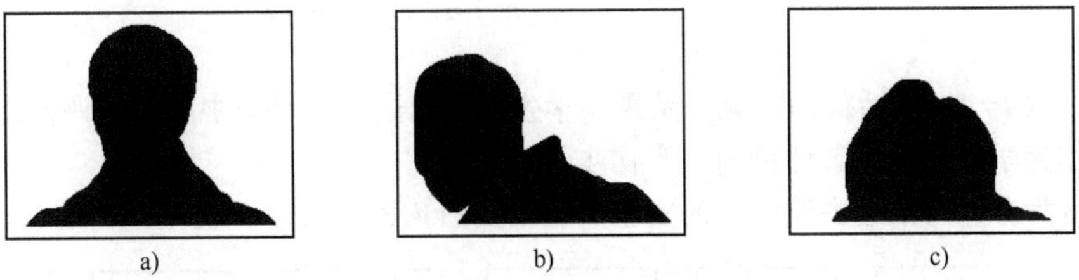

图 4.2 三种人体行为的图像表示

a）端坐 b）左顾右盼 c）埋头

结合 D-S 证据理论，在设定的人体辨识框架 Ω 下，可以得到下面的信息融合模型：

$$(X \oplus Y \oplus S \oplus \theta)(m) = \frac{1}{K} \sum_{X_i \cap Y_j \cap S_k \cap \theta_p = \Omega} X_i(m_i) Y_j(m_j) S_k(m_k) \theta_p(m_p) \tag{4.17}$$

其中，X 代表 x 轴质心坐标变化；Y 代表 y 轴质心坐标变化；S 代表面积变化；θ 代表角度变化。K 是归一化因子，它的定义如下：

$$\begin{aligned} K &= \sum_{X_i \cap Y_j \cap S_k \cap \theta_p \neq \Omega} X_i(m_i) Y_j(m_j) S_k(m_k) \theta_p(m_p) \\ &= 1 - \sum_{X_i \cap Y_j \cap S_k \cap \theta_p = \Omega} X_i(m_i) Y_j(m_j) S_k(m_k) \theta_p(m_p) \end{aligned} \tag{4.18}$$

针对实验过程中收集到的证据体，首先对视频中所提取到的特征的每个证据体进行时间域上的划分，将整个视频分为 n 个部分，每个部分可以计算出这四个证据体的变化是否超出了设定的阈值，由此可以得到每个证据体在这个时间段上的概率分配函数，之后将四个证据体进行融合，可以得到三种坐姿的概率分配 $m(k)$，也就得到了在这个时间段中人体的坐姿情况。在实验中，使用 $m_1(h_{1k})$、$m_2(h_{2k})$、$m_3(h_{3k})$、$m_4(h_{4k})$ 分别表示 x 轴质心坐标变化、y 轴质心坐标变化、面积变化以及角度变化这四个证据体的值，k 表示第 k 个统计单元，其中 $1 \leqslant k \leqslant n$。

对每个证据体得到的信息进行时域范畴的融合，可以得到：

$$m_i(h_i) = \frac{1}{K} \sum_{h_{i1} \cap h_{i2} \cap \cdots \cap h_{in} = h_i} m_i(h_{i1}) m_i(h_{i2}) \cdots m_i(h_{in}) \tag{4.19}$$

其中，K 是归一化因子。

$$\begin{aligned} K &= \sum_{h_{i1} \cap h_{i2} \cap \cdots \cap h_{in} \neq \varnothing} m_i(h_{i1}) m_i(h_{i2}) \cdots m_i(h_{in}) \\ &= 1 - \sum_{h_{i1} \cap h_{i2} \cap \cdots \cap h_{in} = \varnothing} m_i(h_{i1}) m_i(h_{i2}) \cdots m_i(h_{in}) \end{aligned} \tag{4.20}$$

然后，对四个信息源的时域融合信息进行空间上面的融合，得到最后的时空融合结果：

$$m_1(h_1) \oplus m_2(h_2) \oplus \cdots \oplus m_l(h_l) = \frac{1}{K} \sum_{h_1 \cap h_2 \cap \cdots \cap h_l = h} m_1(h_1) m_2(h_2) \cdots m_l(h_l) \tag{4.21}$$

其中，K 是归一化因子。

$$K = \sum_{h_1 \cap h_2 \cap \cdots \cap h_l \neq \varnothing} m_1(h_1) m_2(h_2) \cdots m_l(h_l)$$
$$= 1 - \sum_{h_1 \cap h_2 \cap \cdots \cap h_l = \varnothing} m_1(h_1) m_2(h_2) \cdots m_l(h_l) \tag{4.22}$$

在此，取 $l=4$，最后得到的融合结果是学生在听课这一段时间中的行为评价结果，可以用该结果作为学生学习状态评价的一个初步依据。

学生行为分析与推理决策模型的实验流程图如图 4.3 所示。

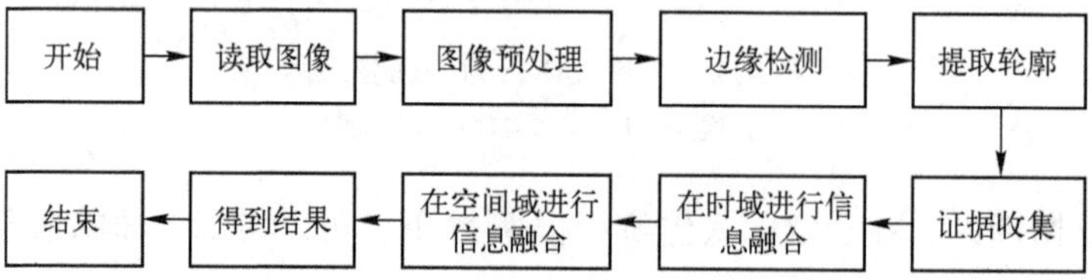

图 4.3　学生行为分析与推理决策流程图

4.4.1　基本概率赋值的获取

在运用 D-S 理论的过程中，最为关键的部分是利用现有独立证据给每个相应焦元进行基本概率函数分配。但基本概率赋值分配，是相关领域专家依据自身经验和已有知识，对整个识别框架中不同证据进行不同归纳判断而得到的，其中含有很强的个人主观性。所以不同专家对于同一个证据不可能给出完全一样的基本概率分配，有时差别会很大。结合学生在授课时可能的运动方式和辨识框架，这里运用一种基本概率赋值方法——四维基本概率赋值法，该方法可以充分利用四类证据源所包含的信息，提高 D-S 融合决策的准确率，同时又能够避免分析单一证据所得结果的不完整性和片面性。

可以通过实验，在每个曲线中分别选择两个阈值来决定每个证据体的基本概率赋值，如图 4.4 所示。

我们分别计算曲线在阈值外和阈值内所占的百分比，如图 4.5 所示，再使用式（4.23）~式（4.26），就可以得到人体辨识框架中每一部分的基本概率赋值。

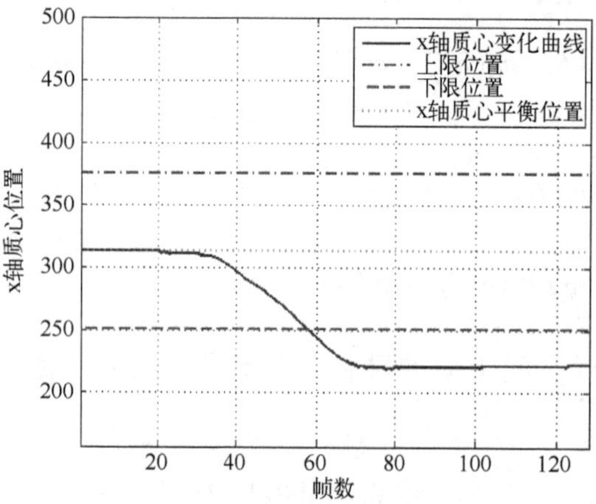

图 4.4　x 轴质心坐标变化曲线的阈值

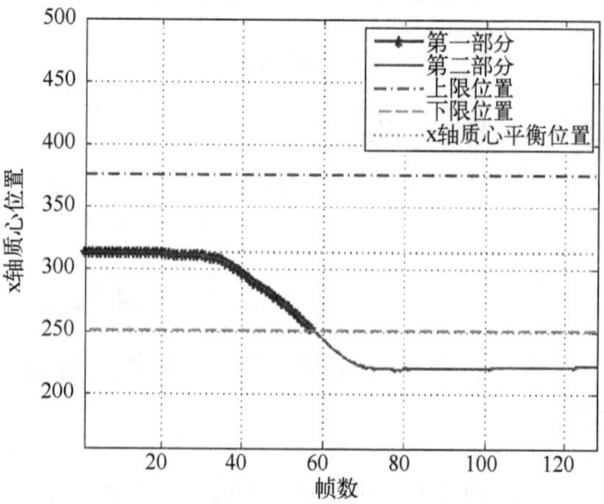

图 4.5　x 轴质心坐标变化曲线的两部分

$$\text{x 轴坐标值}\begin{cases} X>X_{\text{threshold1}} \text{或} X<X_{\text{threshold2}}, & \text{左顾右盼次数+1} \\ \text{其他}, & \text{埋头次数+0.5,端坐次数+0.5} \end{cases} \tag{4.23}$$

$$\text{y 轴坐标值}\begin{cases} Y>Y_{\text{threshold1}} \text{或} Y<Y_{\text{threshold2}}, & \text{埋头次数+1} \\ \text{其他}, & \text{左顾右盼次数+0.5,端坐次数+0.5} \end{cases} \tag{4.24}$$

$$\text{面积数值}\begin{cases} S>S_{\text{threshold1}} \text{或} S<S_{\text{threshold2}}, & \text{埋头次数+1} \\ \text{其他}, & \text{左顾右盼次数+0.5,端坐次数+0.5} \end{cases} \tag{4.25}$$

$$\text{角度数值}\begin{cases} \theta>\theta_{\text{threshold1}} \text{或} \theta<\theta_{\text{threshold2}}, & \text{左顾右盼次数+0.5,埋头次数+0.5} \\ \text{其他}, & \text{端坐次数+1} \end{cases} \tag{4.26}$$

将四个证据体(X,Y,S,θ)的数值和阈值通过上面的方法进行比较，可以得到框架中每一部分的基本概率赋值。在实验中，使用笔记本计算机上的摄像头对学生的行为进行录像跟踪，之后对视频进行图像处理得到四个证据体的关键信息，然后使用改进的 D-S 证据理论对信息融合后进行推理决策。实验中的计算机使用 Intel Core i7-4720 处理器和 8G 内存，摄像头分辨率为 640 pix×480 pix，采样频率为 30 帧/s，使用的软件环境为 MATLAB 2016a。首先，对三种典型的行为进行了实验，并且将实验中得到的视频按照上面所说的方法分为三部分，先在每一部分进行空间域的融合，再将得到的结果进行时间域的融合以获得最终的结果。

4.4.2 学生端坐状态实验

在实验中，可假定一个学生基本处于端坐的状态，对应视频中的关键帧如图 4.6 所示。

图 4.6 端坐状态时的图像

得到学生在端坐状态下四个证据体的曲线图如图 4.7a~d 所示。

计算每一部分的基本概率赋值后可以得到如表 4.3 所示的数据，其中 $m_i(h_{jk})$ 代表第 i 个证据体在第 k 个周期对第 j 个人体辨识框架(h_1,h_2,h_3,U)的基本概率赋值。

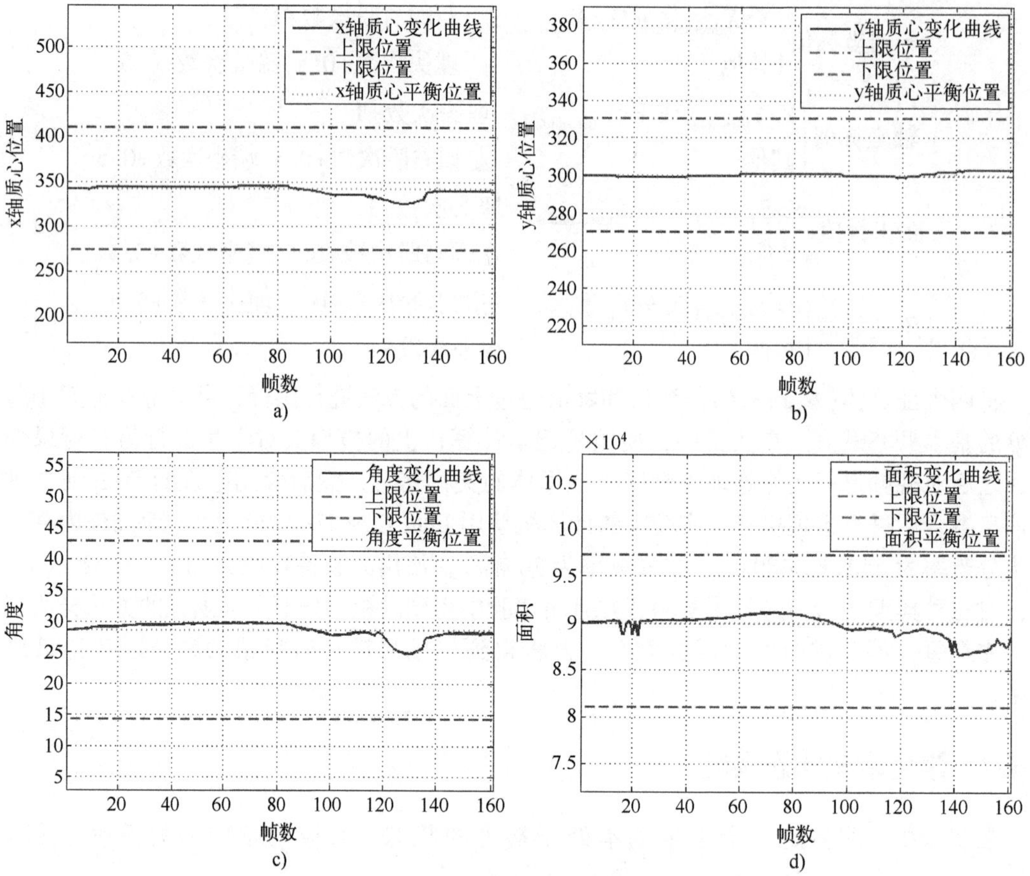

图 4.7　端坐状态下四个证据体的曲线图

a）x 轴质心变化曲线　b）y 轴质心变化曲线　c）角度变化曲线　d）面积变化曲线

表 4.3　端坐时基本概率赋值

	h_1	h_2	h_3	U
$m_1(h_{j1})$	0	0.4444	0.4444	0.1112
$m_1(h_{j2})$	0	0.4528	0.4528	0.0944
$m_1(h_{j3})$	0	0.4528	0.4528	0.0944
$m_2(h_{j1})$	0.4444	0	0.4444	0.1112
$m_2(h_{j2})$	0.4528	0	0.4528	0.0944
$m_2(h_{j3})$	0.4528	0	0.4528	0.0944
$m_3(h_{j1})$	0.4444	0	0.4444	0.1112
$m_3(h_{j2})$	0.4528	0	0.4528	0.0944
$m_3(h_{j3})$	0.4528	0	0.4528	0.0944
$m_4(h_{j1})$	0	0	0.8888	0.1112
$m_4(h_{j2})$	0	0	0.9056	0.0944
$m_4(h_{j3})$	0	0	0.9056	0.0944

将表 4.3 中学生端坐时各个阶段每个证据体的基本概率值进行空间域的融合可以得到表 4.4。

表 4.4　端坐时空间域融合后结果

	h_1	h_2	h_3	U
$m(h_{j1})$	0.0191	0.0036	0.9773	0
$m(h_{j2})$	0.0142	0.0023	0.9834	0
$m(h_{j3})$	0.0142	0.0023	0.9834	0

之后将表 4.4 中三个周期每个证据体的概率值进行时间域上的融合，得到最终结果如下：

$$m(h_1)=4.1001\times10^{-6},m(h_2)=2.1133\times10^{-8},m(h_3)=0.9999,m(U)=4.7766\times10^{-24}$$

选取门限 $\varepsilon_1=\varepsilon_2=0.1$，可以得到最终的决策结果是 h_3，也就是学生处于端坐的状态。

4.4.3　学生左顾右盼状态实验

在这个实验中，学生一直在左顾右盼，摄像头记录到的视频中的关键帧如图 4.8 所示。

图 4.8　左顾右盼时的图像

得到学生左顾右盼时四个证据体的曲线图如图 4.9 所示。

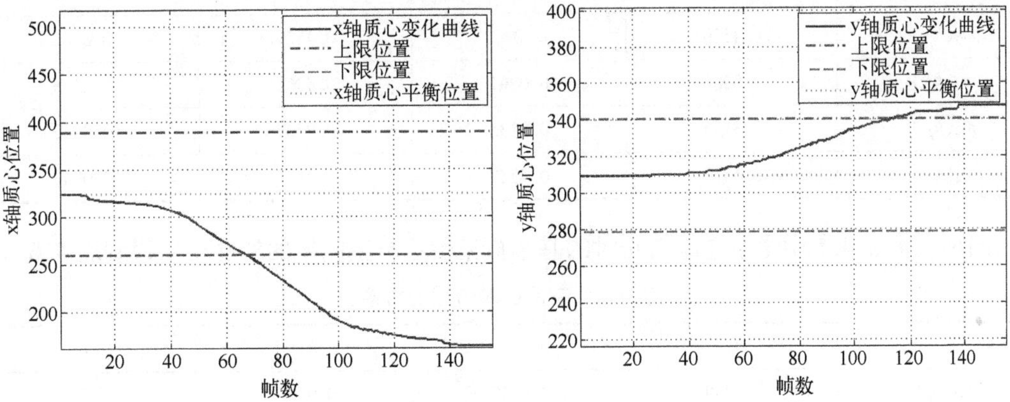

a)　　b)

图 4.9　左顾右盼时四个证据体的曲线图

a) x 轴质心变化曲线　b) y 轴质心变化曲线

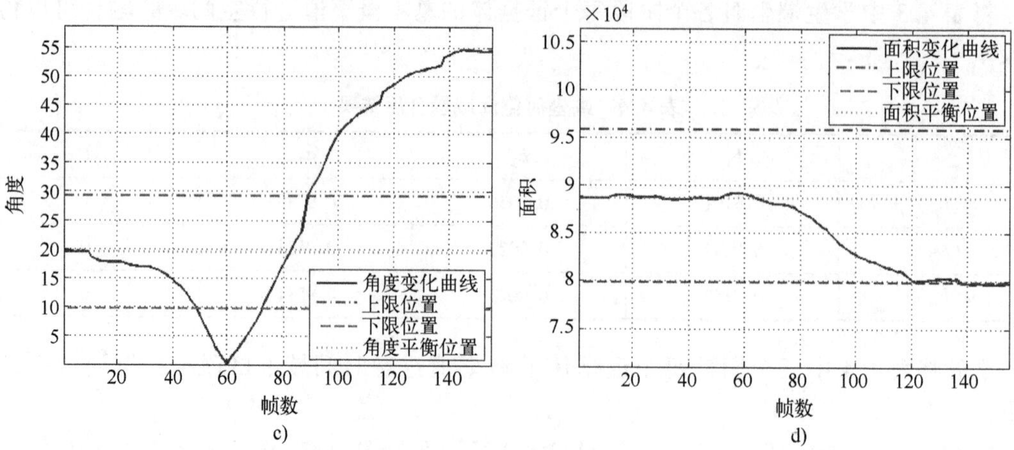

图 4.9　左顾右盼时四个证据体的曲线图（续）

c）角度变化曲线　d）面积变化曲线

和端坐时一样，计算每一部分的基本概率赋值后可以得到该实验的基本概率赋值如表 4.5 所示。

表 4.5　左顾右盼状态的基本概率赋值

	h_1	h_2	h_3	U
$m_1(h_{j1})$	0	0.4442	0.4442	0.1116
$m_1(h_{j2})$	0.6271	0.1394	0.1394	0.0942
$m_1(h_{j3})$	0.9058	0	0	0.0942
$m_2(h_{j1})$	0.4442	0	0.4442	0.1116
$m_2(h_{j2})$	0.4529	0	0.4529	0.0942
$m_2(h_{j3})$	0.0784	0.7490	0.0784	0.0942
$m_3(h_{j1})$	0.4442	0	0.4442	0.1116
$m_3(h_{j2})$	0.4529	0	0.4529	0.0942
$m_3(h_{j3})$	0.4529	0	0.4529	0.0942
$m_4(h_{j1})$	0.0261	0.0261	0.8361	0.1116
$m_4(h_{j2})$	0.3135	0.3135	0.2787	0.0942
$m_4(h_{j3})$	0.4529	0.4529	0	0.0942

同理，将表 4.5 中学生左顾右盼时的基本概率值进行空间域的融合可以得到表 4.6。

表 4.6　空间域融合后的结果

	h_1	h_2	h_3	U
$m(h_{j1})$	0.0249	0.0047	0.9704	0
$m(h_{j2})$	0.7743	0.0047	0.2210	0
$m(h_{j3})$	0.9228	0.0681	0.0091	0

进行时间域上的融合计算，得到最终结果如下：

$$m(h_1)=0.9013, m(h_2)=7.7065\times10^{-5}, m(h_3)=0.0987, m(U)=4.4837\times10^{-21}$$

选取门限 $\varepsilon_1=\varepsilon_2=0.1$，可以得到最终的决策结果是 h_1，也就是学生在左顾右盼。

4.4.4 学生埋头状态实验

在这个实验中，学生处于埋头状态，得到视频中的关键帧如图 4.10 所示。

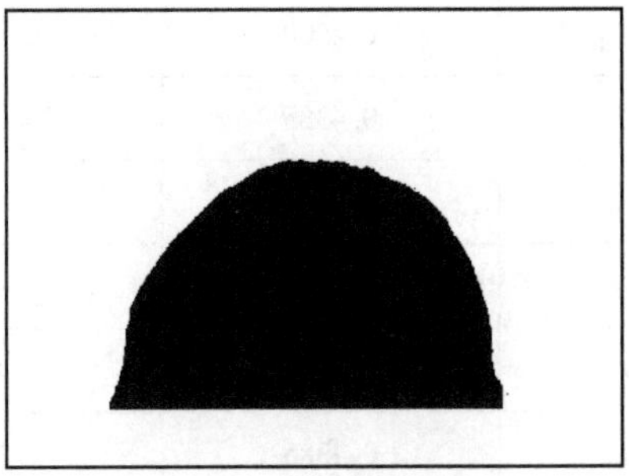

图 4.10 埋头时的图像

得到学生埋头时四个证据体的曲线图如图 4.11 所示。

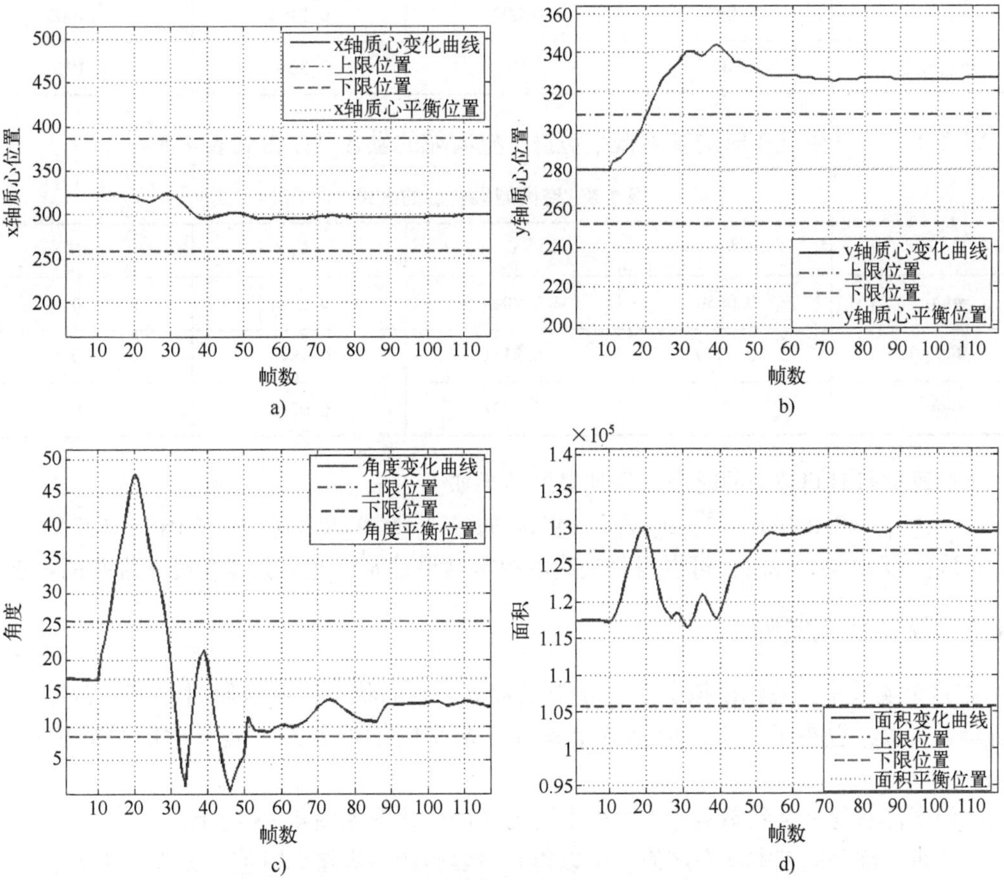

图 4.11 埋头时四个证据体的曲线图

a) x 轴质心变化曲线 b) y 轴质心变化曲线 c) 角度变化曲线 d) 面积变化曲线

计算每一部分的基本概率赋值我们可以得到该实验的基本概率赋值如表 4.7 所示。

表 4.7 埋头时的基本概率赋值

	h_1	h_2	h_3	U
$m_1(h_{j1})$	0	0.4500	0.4500	0.1000
$m_1(h_{j2})$	0	0.4500	0.4500	0.1000
$m_1(h_{j3})$	0	0.4500	0.4500	0.1000
$m_2(h_{j1})$	0.2308	0.4385	0.2308	0.1000
$m_2(h_{j2})$	0	0.9000	0	0.1000
$m_2(h_{j3})$	0	0.9000	0	0.1000
$m_3(h_{j1})$	0.4269	0.0462	0.4269	0.1000
$m_3(h_{j2})$	0.2308	0.4385	0.2308	0.1000
$m_3(h_{j3})$	0	0.9000	0	0.1000
$m_4(h_{j1})$	0.2308	0.2308	0.4385	0.1000
$m_4(h_{j2})$	0.0923	0.0923	0.7154	0.1000
$m_4(h_{j3})$	0	0	0.9000	0.1000

将表 4.7 中学生埋头时的基本概率值进行空间域的融合可以得到表 4.8。

表 4.8 空间域融合后的结果

	h_1	h_2	h_3	U
$m(h_{j1})$	0.0658	0.2048	0.7294	0
$m(h_{j2})$	0.0020	0.8131	0.1848	0
$m(h_{j3})$	0	0.9221	0.0778	0

之后再进行时间域上的融合，得到最终结果如下：

$$m(h_1)=3.8405\times10^{-8}, m(h_2)=0.9360, m(h_3)=0.0640, m(U)=7.0128\times10^{-21}$$

选取门限 $\varepsilon_1=\varepsilon_2=0.1$，可以得到最终的决策结果是 h_2，也就是学生处于埋头的状态。

4.4.5 复杂状态实验 1

在这个实验中，我们模拟了学生处于正常学习时的状态，在这段时间里，学生一共左顾右盼了 2 次，埋头了 2 次，但基本上是处于端坐的学习状态。实验中的关键帧序列如图 4.12 所示。

我们同样获得复杂状态实验 1 中四个证据体的曲线图如图 4.13 所示。

计算每一部分的基本概率赋值，可以得到该实验的基本概率赋值，如表 4.9 所示。

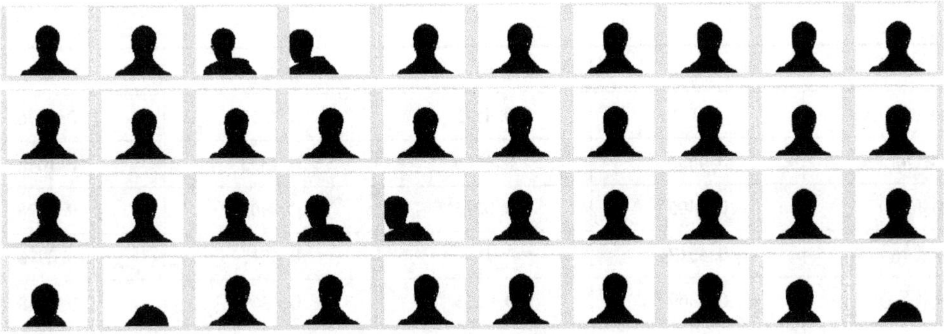

图 4.12　复杂状态实验 1 的关键帧序列

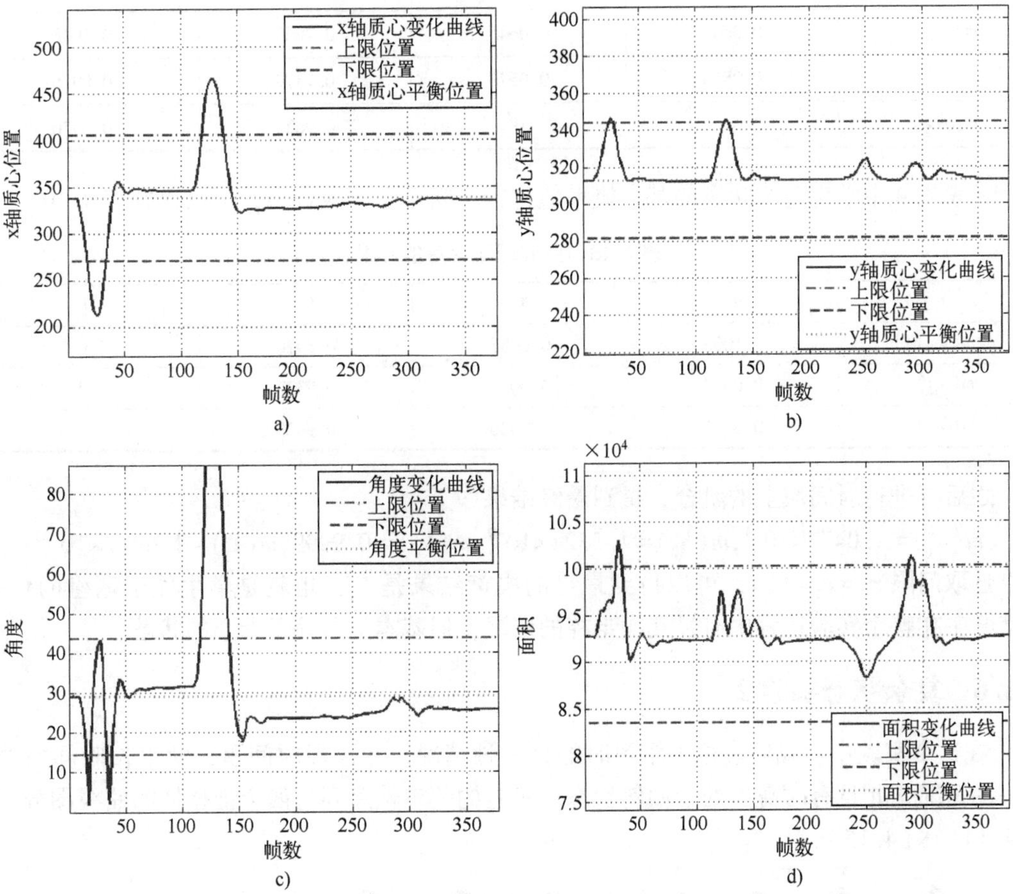

图 4.13　复杂状态实验 1 中四个证据体的曲线图

a）x 轴质心变化曲线　b）y 轴质心变化曲线　c）角度变化曲线　d）面积变化曲线

表 4.9　复杂状态实验 1 中四个证据体的基本概率赋值

	h_1	h_2	h_3	U
$m_1(h_{j1})$	0.1719	0.3617	0.3617	0.1048
$m_1(h_{j2})$	0.0859	0.4082	0.4082	0.0976

（续）

	h_1	h_2	h_3	U
$m_1(h_{j3})$	0	0.4512	0.4512	0.0976
$m_2(h_{j1})$	0.4333	0.0286	0.4333	0.1048
$m_2(h_{j2})$	0.4405	0.0215	0.4405	0.0976
$m_2(h_{j3})$	0.4512	0	0.4512	0.0976
$m_3(h_{j1})$	0.4369	0.0215	0.4369	0.1048
$m_3(h_{j2})$	0.4515	0	0.4512	0.0976
$m_3(h_{j3})$	0.4512	0.0430	0.4512	0.0976
$m_4(h_{j1})$	0.0645	0.0645	0.7663	0.1048
$m_4(h_{j2})$	0.0573	0.0573	0.7878	0.0976
$m_4(h_{j3})$	0	0	0.9024	0.0976

将表 4.9 中学生各个状态的基本概率值进行空间域上的融合后，可以得到表 4.10。

表 4.10　空间域融合后的结果

	h_1	h_2	h_3	U
$m(h_{j1})$	0.1003	0.0087	0.8910	0
$m(h_{j2})$	0.0567	0.0056	0.9377	0
$m(h_{j3})$	0.0151	0.0026	0.9823	0

之后再进行时间域上的融合，得到最终结果如下：

$m(h_1)=1.0477\times10^{-4}, m(h_2)=1.5324\times10^{-7}, m(h_3)=0.9999, m(U)=1.6917\times10^{-23}$

选取门限 $\varepsilon_1=\varepsilon_2=0.1$，可以得到最终的决策结果是 h_3，也就是学生处于端坐的状态。虽然学生在整个实验过程中有过几次走神的情况，但基本上是处于专心的状态。

4.4.6　复杂状态实验 2

在这个实验中，我们模拟了学习时的另一种情况，在这段时间里，学生长时间的处于埋头的情况，并且有时身体处于倾斜状态。实验的关键帧序列与四个证据体的曲线图分别如图 4.14 与图 4.15 所示。

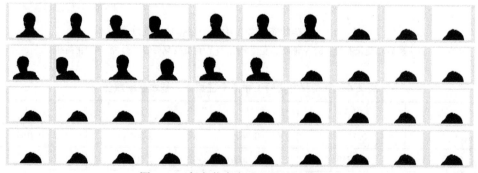

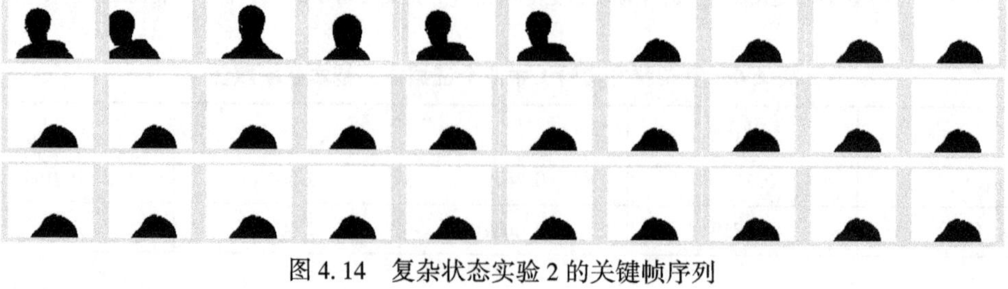

图 4.14　复杂状态实验 2 的关键帧序列

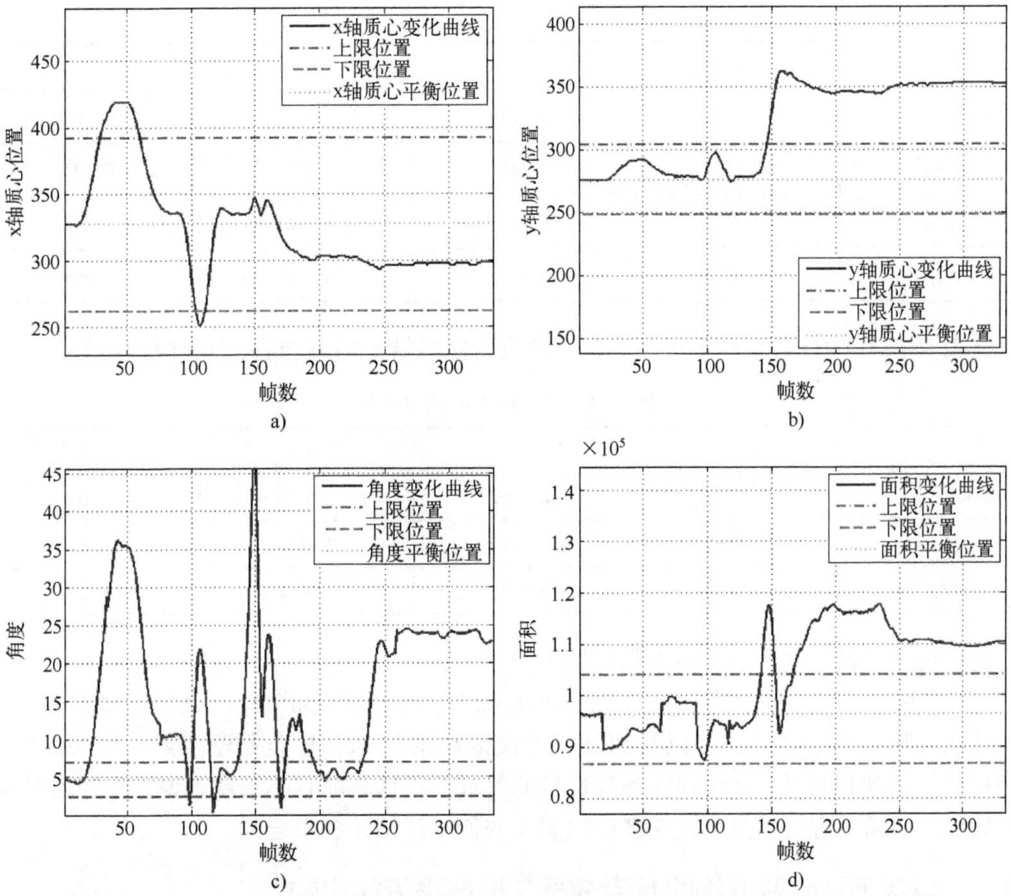

图 4.15　复杂状态实验 2 中四个证据体的曲线图

a）x 轴质心变化曲线　b）y 轴质心变化曲线　c）角度变化曲线　d）面积变化曲线

计算每一部分的基本概率赋值可以得到该实验的基本概率赋值如表 4.11 所示。

表 4.11　复杂状态实验 2 中四个证据体的基本概率赋值

	h_1	h_2	h_3	U
$m_1(h_{j1})$	0.3027	0.2951	0.2951	0.1027
$m_1(h_{j2})$	0	0.4487	0.4487	0.1027
$m_1(h_{j3})$	0	0.4527	0.4527	0.0946
$m_2(h_{j1})$	0.4487	0	0.4487	0.1027
$m_2(h_{j2})$	0.1415	0.6144	0.1455	0.1027
$m_2(h_{j3})$	0	0.9054	0	0.0946
$m_3(h_{j1})$	0.4487	0	0.4487	0.1027
$m_3(h_{j2})$	0.1900	0.5174	0.1900	0.1027

（续）

	h_1	h_2	h_3	U
$m_3(h_{j3})$	0	0.9054	0	0.0946
$m_4(h_{j1})$	0.3557	0.3557	0.1859	0.1027
$m_4(h_{j2})$	0.2425	0.2425	0.4123	0.1027
$m_4(h_{j3})$	0.4123	0.4123	0.0808	0.0946

将表 4.11 中学生各个状态的基本概率值进行空间域上的融合后，得到表 4.12。

表 4.12 空间域上的融合结果

	h_1	h_2	h_3	U
$m(h_{j1})$	0.6109	0.0162	0.3728	0
$m(h_{j2})$	0.0164	0.7998	0.1837	0
$m(h_{j3})$	0.0001	0.9973	0.0026	0

再进行时间域上的融合，得到最终结果如下：

$$m(h_1)=8.3532\times10^{-5},m(h_2)=0.9863,m(h_3)=0.0136,m(U)=1.0782\times10^{-21}$$

选取门限 $\varepsilon_1=\varepsilon_2=0.1$，可以得到最终的决策结果是 h_2，也就是学生处于埋头的状态。我们可以依据判断结果，断定该学生在此期间是处于不认真的状态，或者说学生这段时间学习比较疲惫，需要进行休息，这个实验结果与我们的认知是相符合的。

4.4.7 与基于贝叶斯方法的行为分析与推理决策的比较

贝叶斯方法是由英国学者贝叶斯（T. Bayes，1701—1761）提出的贝叶斯公式发展而来。贝叶斯公式在形式上是对条件概率的定义和全概率公式的一个简单的归纳和推理。设 A 为样本空间 Ω 中的一个事件，是样本空间 Ω 中的一个完备事件群，且有 $P(B_i)>0(i=1,2,\cdots,n)$，$P(A)>0$，则事件 A 的全概率公式可写为

$$P(A)=P\left(\sum_{i=1}^{n}AB_i\right)=\sum_{i=1}^{n}P(A\mid B_i)P(B_i) \tag{4.27}$$

在全概率公式的条件下，按照条件概率，贝叶斯公式可以表示为

$$P(B_i\mid A)=\frac{P(A\mid B_i)P(B_i)}{P(A)}=\frac{P(A\mid B_i)P(B_i)}{\sum_{i=1}^{n}P(A\mid B_i)P(B_i)} \tag{4.28}$$

1. 对比实验 1

在这个对比实验中，使用复杂状态实验 1 的实验数据。结合图 4.12 和表 4.9 中的信息，我们可以给出先验概率如下所示。

x 轴坐标变化：$P(X\mid h_1)=0.50,P(X\mid h_2)=0.05,P(X\mid h_3)=0.25$；

y 轴坐标变化：$P(Y\mid h_1)=0.05,P(Y\mid h_2)=0.41,P(Y\mid h_3)=0.25$；

面积变化：$P(S\mid h_1)=0.05,P(S\mid h_2)=0.49,P(S\mid h_3)=0.25$；

角度变化：$P(A\mid h_1)=0.40,P(A\mid h_2)=0.05,P(A\mid h_3)=0.25$。

该实验视频的总帧数为 377 帧，其中，在整个实验期间，左顾右盼的帧数为 42 帧，埋头帧数为 6 帧，端坐帧数为 329 帧，那么该实验的样本信息为

$$P(h_1^*)=\frac{42}{377}=0.1114, P(h_2^*)=\frac{6}{377}=0.0159, P(h_3^*)=1-P(h_1^*)-P(h_2^*)=0.8727$$

根据贝叶斯公式（4-2），那么后验概率为

$$P(h_1 \mid X)=\frac{P(X \mid h_1)P(h_1)}{\sum_{i=1}^{3} P(X \mid h_i)P(h_i)}=0.2028$$

$$P(h_1 \mid Y)=\frac{P(Y \mid h_1)P(h_1)}{\sum_{i=1}^{3} P(Y \mid h_i)P(h_i)}=0.0242$$

$$P(h_1 \mid S)=\frac{P(S \mid h_1)P(h_1)}{\sum_{i=1}^{3} P(S \mid h_i)P(h_i)}=0.0241$$

$$P(h_1 \mid A)=\frac{P(A \mid h_1)P(h_1)}{\sum_{i=1}^{3} P(A \mid h_i)P(h_i)}=0.1691$$

同理得到：

$$P(h_2 \mid X)=0.0029, P(h_2 \mid Y)=0.0283, P(h_2 \mid S)=0.0337, P(h_2 \mid A)=0.0030$$

$$P(h_3 \mid X)=0.7943, P(h_3 \mid Y)=0.9475, P(h_3 \mid S)=0.9423, P(h_3 \mid A)=0.8279$$

再根据全概率公式，本次实验中左顾右盼的概率为

$$\begin{aligned} P(h_1) &= \sum_{j=1}^{4} P(h_1 \mid M_j)P(M_j) = \sum_{j=1}^{4} P(h_1 \mid M_j) \sum_{i=1}^{3} P(M_j \mid h_i)P(h_i^*) \\ &= \sum_{j=1}^{4} \sum_{i=1}^{3} P(h_1 \mid M_j)P(M_j \mid h_i)P(h_i^*) = 0.1114 \end{aligned}$$

其中，$P(M_j)$表示的是四个证据体（x 轴质心坐标、y 轴质心坐标、面积和角度）发生变化的概率。

同样的方法，可以得到埋头的概率为

$$\begin{aligned} P(h_2) &= \sum_{j=1}^{4} P(h_2 \mid M_j)P(M_j) = \sum_{j=1}^{4} P(h_2 \mid M_j) \sum_{i=1}^{3} P(M_j \mid h_i)P(h_i^*) \\ &= \sum_{j=1}^{4} \sum_{i=1}^{3} P(h_2 \mid M_j)P(M_j \mid h_i)P(h_i^*) = 0.0159 \end{aligned}$$

端坐的概率为

$$\begin{aligned} P(h_3) &= \sum_{j=1}^{4} P(h_3 \mid M_j)P(M_j) = \sum_{j=1}^{4} P(h_3 \mid M_j) \sum_{i=1}^{3} P(M_j \mid h_i)P(h_i^*) \\ &= \sum_{j=1}^{4} \sum_{i=1}^{3} P(h_3 \mid M_j)P(M_j \mid h_i)P(h_i^*) = 0.8727 \end{aligned}$$

根据上面得到的概率值，我们可以得到这段时间学生处于端坐状态，并由此推测其学习比较认真。

2. 对比实验 2

在这个实验中，我们使用复杂状态实验 2 的实验数据。结合图 4.14 和表 4.11 中的信息，我们同样可以给出先验概率如下所示。

x 轴坐标变化：$P(X\mid h_1)=0.50, P(X\mid h_2)=0.05, P(X\mid h_3)=0.25$；

y 轴坐标变化：$P(Y\mid h_1)=0.05, P(Y\mid h_2)=0.41, P(Y\mid h_3)=0.25$；

面积变化：$P(S\mid h_1)=0.05, P(S\mid h_2)=0.49, P(S\mid h_3)=0.25$；

角度变化：$P(A\mid h_1)=0.40, P(A\mid h_2)=0.05, P(A\mid h_3)=0.25$。

该实验视频的总帧数为 334 帧，其中，在整个实验期间，左顾右盼的帧数为 70 帧，埋头帧数为 221 帧，端坐帧数为 43 帧，那么该实验的样本信息为

$$P(h_1^*)=\frac{70}{334}=0.2096, P(h_2^*)=\frac{221}{334}=0.6617, P(h_3^*)=1-P(h_1^*)-P(h_2^*)=0.1287$$

根据贝叶斯公式（4-2），那么后验概率为

$$P(h_1\mid X)=\frac{P(X\mid h_1)P(h_1)}{\sum_{i=1}^{3}P(X\mid h_i)P(h_i)}=0.6162$$

$$P(h_1\mid Y)=\frac{P(Y\mid h_1)P(h_1)}{\sum_{i=1}^{3}P(Y\mid h_i)P(h_i)}=0.0334$$

$$P(h_1\mid S)=\frac{P(S\mid h_1)P(h_1)}{\sum_{i=1}^{3}P(S\mid h_i)P(h_i)}=0.0286$$

$$P(h_1\mid A)=\frac{P(A\mid h_1)P(h_1)}{\sum_{i=1}^{3}P(A\mid h_i)P(h_i)}=0.5622$$

同理得到：

$$P(h_2\mid X)=0.1945, P(h_2\mid Y)=0.8641, P(h_2\mid S)=0.8837, P(h_2\mid A)=0.2219$$

$$P(h_3\mid X)=0.1893, P(h_3\mid Y)=0.1025, P(h_3\mid S)=0.0877, P(h_3\mid A)=0.2159$$

根据贝叶斯全概率公式，本次实验中左顾右盼的概率为

$$\begin{aligned}P(h_1)&=\sum_{j=1}^{4}P(h_1\mid M_j)P(M_j)=\sum_{j=1}^{4}P(h_1\mid M_j)\sum_{i=1}^{3}P(M_j\mid h_i)P(h_i^*)\\&=\sum_{j=1}^{4}\sum_{i=1}^{3}P(h_1\mid M_j)P(M_j\mid h_i)P(h_i^*)=0.2096\end{aligned}$$

埋头的概率为

$$\begin{aligned}P(h_2)&=\sum_{j=1}^{4}P(h_2\mid M_j)P(M_j)=\sum_{j=1}^{4}P(h_2\mid M_j)\sum_{i=1}^{3}P(M_j\mid h_i)P(h_i^*)\\&=\sum_{j=1}^{4}\sum_{i=1}^{3}P(h_2\mid M_j)P(M_j\mid h_i)P(h_i^*)=0.6617\end{aligned}$$

端坐的概率为

$$P(h_3)=\sum_{j=1}^{4}P(h_3\mid M_j)P(M_j)=\sum_{j=1}^{4}P(h_3\mid M_j)\sum_{i=1}^{3}P(M_j\mid h_i)P(h_i^*)$$
$$=\sum_{j=1}^{4}\sum_{i=1}^{3}P(h_3\mid M_j)P(M_j\mid h_i)P(h_i^*)=0.1287$$

表4.13中比较了使用D-S证据理论和贝叶斯方法得到的结果，我们可以发现与使用贝叶斯方法相比，使用D-S理论可以极大地降低推理过程中的不确定性，同时使用D-S方法所得到的结果也与我们的认知更为相符。

从表4.13中的数据我们可以看出，D-S理论方法比贝叶斯方法具有更高的决策支持。在对比实验1中，D-S理论得出的结果相对于贝叶斯理论方法提高了$\frac{0.9999-0.8727}{0.8727}\times 100\%=14.6\%$的决策支持；而在对比实验2中，相对于贝叶斯方法，D-S理论更是提高了$\frac{0.9863-0.6617}{0.6617}\times 100\%=49.1\%$的决策支持，所以使用D-S理论可以更好地处理得到的信息，从而完成决策推理工作。

表4.13 D-S理论和贝叶斯方法的对比

对比实验	理论方法	h_1	h_2	h_3	U
对比实验1	D-S理论	0.0001	0	0.9999	0
	贝叶斯方法	0.1114	0.0159	0.8727	无
对比实验2	D-S理论	0.0001	0.9863	0.0136	0
	贝叶斯方法	0.2096	0.6617	0.1287	无

4.5 本章小结

在证据理论中，允许各传感器提供各自所能提供的信息来进行目标检测、分类及识别。当识别框架里的命题信息不完整时，该理论可以把一部分概率分配值赋予整个识别框架来解决，整个识别框架能表示由于不知道而引起的不确定，而整个识别框架里的命题则用来表示传感器对其视野里的目标信息。如果有证据支持识别框架里某些命题的并，证据理论也对会其分配相应的概率分配值。正是由于这两方面的原因，使得证据理论和贝叶斯理论有所区别，因为贝叶斯理论不能表示由于不知道而引起的不确定性，并且贝叶斯理论只能把概率分配给识别框架里原来的子命题本身。

可以用概率分配值来定义一个不确定区间，并用不确定区间来表示一个命题的支持度和似然度。支持度是指支持该命题的传感器直接证据所对应的概率分配值的和，而似然度是指支持该命题反命题的不是传感器直接证据所对应的概率分配值的和。本章通过几个例子说明了怎样用传感器分配给各命题的概率分配值来计算不确定区间，并通过实例解释了不确定区间这个概念。

本章还说明了如何使用 Dempster 合成规则来融合来自两个或更多个传感器的概率分配值，从而得到相容命题交命题所对应的概率分配值。如果出现交命题有空集的情况，本章还给出了如何把原本属于空集的概率分配值重新分配给交集为非空集的交命题的一种方法。

参考文献

[1] DILLARD R A. Computing confidences in tactical rule-based systems by using Dempster-Shafer theory [R]. San Diego: Naval Ocean Systems, Center, 1982.

[2] BLACKMAN S S. Multiple-target tracking with radar applications [M]. Dedham: Artech House, Inc., 1986.

[3] SHAFER G. A mathematical theory of evidence [M]. Princeton: Princeton university press, 1976.

[4] BOGLER P L. Shafer-Dempster reasoning with applications to multisensor target identification systems [J]. IEEE Transactions on Systems, Man, and Cybernetics, 1987, 17 (06): 968-977.

[5] GARVEY T D, LOWRANCE J D, FISCHLER M A. An Inference Technique for Integrating Knowledge from Disparate Sources [C]. Vancouver: IJCAI, 1981.

[6] BARNETT J A. Computational methods for a mathematical theory of evidence [M]. Berlin: Springer, 2008.

[7] HALL D L, LLINAS J. Multisensor data fusion [M]. Handbook of multisensor data fusion. London: CRC press, 2017.

[8] THOMOPOULOS S C A, VISWANATHAN R, BOUGOULIAS D C. Optimal decision fusion in multiple sensor systems [J]. IEEE Transactions on Aerospace and Electronic Systems, 1987 (05): 644-653.

[9] THOMOPOULOS S C A. Theories in distributed decision fusion: Comparison and generalization [J]. IFAC Proceedings Volumes, 1991, 24 (05): 195-200.

[10] THOMOPOULOS S C A. Sensor integration and data fusion [J]. Journal of Robotic Systems, 1990, 7 (03): 337-372.

[11] 戴亚平，杨方方，赵翰奕，等．慕课授课中的学生听课行为自动分析系统 [J]. 自动化学报，2020，46 (04)：681-694.

习题与思考

1. 根据 Dempster 合成规则补全下表：

	$m_1(\cdot)$	$m_2(\cdot)$	$m_{12}(\cdot)$
{Peter}	0.98	0	
{Paul}	0.01	0.01	
{Mary}	0	0.98	
Θ={ Peter, Paul, Mary }	0.01	0.01	

2. 设两个医生给同一个病人诊断疾病，甲医生认为感冒的可能性是0.9，说不清病症的可能性0.1；乙医生认为0.2的可能性是肺炎，0.8的可能性是说不清楚的病症；请问患者是感冒的这种可能性落在什么范围内？写出mass函数，并用Dempster合成规则求解。

3. Dempster合成公式的时间复杂度$T(n)$是多少？查阅相关资料，了解D-S近似计算算法的核心思想："减少mass函数焦元个数"。

第5章　模糊理论及其在数据融合中的应用

模糊数学（Fuzzy Mathematics）是一个新兴的数学分支，它并非“模糊”的数学，它是研究模糊现象、利用模糊信息的“精确”理论。模糊理论的目标是仿照人脑的模糊思维，为解决各种实际问题（特别是有人干预的复杂系统的处理问题）提供有效的思路和方法。当前，模糊理论已广泛应用于自动控制、预测预报、人工智能、系统分析、信息处理、模式识别、管理决策和仿真技术等领域；甚至在那些与数学毫不相关或关系不大的学科，如生物学、心理学、语言学和社会科学等，模糊理论也得到了广泛的应用。

5.1　概述

所谓模糊现象，是指客观事物之间难以用分明的界限加以区分的状态，它产生于人们对客观事物的识别和分类之时，并反映在概念之中。外延分明的概念，称为分明概念，它反映分明现象。外延不分明的概念，称为模糊概念，它反映模糊现象。

模糊现象是普遍存在的。在人类一般语言以及科学技术语言中，都大量存在着模糊概念。例如，高与矮、胖与瘦、美与丑、清洁与污染，甚至像人与猿、脊椎动物与无脊椎动物、生物与非生物这样一些对立的概念之间，都没有绝对分明的界限。一般说来，“分明概念”是放弃了概念的模糊性而抽象出来的，是把思维绝对化而达到的概念上的精确和严格。

传统数学以康托尔（Cantor）集合论为基础，该集合是描述人脑思维对整体性客观事物的识别和分类的数学方法。康托尔集合要求其分类必须遵从排中律，论域（即所考虑的对象的全体）中的任一元素要么属于集合 A，要么不属于集合 A，两者必居其一，且仅居其一。它只能描述外延分明的“分明概念”，只能表现“非此即彼”，而不能描述和反映外延不分明的“模糊概念”。

模糊概念的外延是不明确的，其边界是不清晰的，因而相应的集合也是“模糊”的。就是说一个对象是否属于这个集合，不能简单地用“是”或“否”来回答。比如，对于“年轻人”这个概念，若要判断20岁的张三或80岁的李四是否是“年轻人”，答案自然是明确的！但要判断28岁~35岁左右的人是否属于“年轻人”的集合，就不那么好确定了。

为了克服康托尔集的不足，1965年美国控制论专家L. A. Zadeh发表了著名论文“Fuzzy Sets”[1]，这标志着模糊数学的诞生。在许多场合里，是与不是，属于与不属于之间的区别不是突变的，不是一刀切的，而是有一个边缘地带、量变的过渡过程。于是人们会很自然地提出疑问：为什么要把自己局限于只考虑“属于”和“不属于”两种极端情况？如果分别用1、0表示“属于”和“不属于”，称为元素属于集合的隶属度。上述问题就表示成：为什么非要规定隶属度只取0、1两个值呢？Zadeh创造性地提出隶属度可取0、1之间的其他值，从而用隶属函数来表示模糊集合。

L. A. Zadeh指出：从狭义上说，模糊逻辑是一个逻辑系统，它是多值逻辑的一个推广而且可以作为近似推理的基础；从广义上说，模糊逻辑是一个更广的理论，它与“模糊集理论”是模糊的同义语，即没有明确边界的类的理论[2]。

随机性和模糊性都是对事物不确定性的描述，但二者是有区别的。Zadeh 在其开创性论文“Fuzzy Sets”中指出：应该注意，虽然模糊集的隶属函数与概率函数有些相似，但它们之间存在着本质的区别，模糊集的概念根本不是统计学的概念。

概率论在研究和处理随机现象时，所研究的事件本身有着明确的含意，只是由于条件不充分，使得在条件与事件之间不能出现决定性的因果关系，这种在事件的出现与否上表现出的不确定性称为随机性。而模糊数学在研究和处理模糊现象时，所研究的事物其概念本身是模糊的，这种由于概念外延的不清晰而造成的不确定性称为模糊性。

下面的例子中可以更鲜明地说明随机性和模糊性的区别。

假如你不幸在沙漠迷了路，而且几天没喝过水，这时你见到两瓶水，其中一瓶贴有标签“纯净水概率是 0.81”，另一瓶标着“纯净水的程度是 0.81”。你会选哪一瓶呢？相信会是后者。因为后者的水虽然不太干净，但肯定没毒，这里的 0.81 表现的是水的纯净程度而非“是不是纯净水”，而前者则表明有 19%的可能不是纯净水（换句话说就是：可能有毒）。

从一些悖论中可以体会到模糊逻辑与精确规则的概念差异，比如朋友悖论：

设命题 A=“刚结识的朋友是新朋友”，命题 B=“新朋友过一秒钟还是新朋友”，从常识看，显然它们都是真命题。但若以 A 和 B 为前提，反复运用精确推理规则进行推理，将会得出命题 C=“新朋友过 100 年还是新朋友”。这显然是假的命题。

年龄悖论：由显然为真的两个命题 A=“20 岁的人是年轻人”和 B=“比年轻人早生一天的人还是年轻人”出发，可以推出显然为假的命题 C=“100 岁老翁也是年轻人”。

身高悖论：以真命题 A=“身高 2 m 者为大个子”和 B=“比大个子矮 1 mm 者仍是大个子”为前提，可以推出显然为假的命题 C=“侏儒也是大个子”。

饥饱悖论：从真命题 A=“3 日未食者是饥饿者”和 B=“比饥饿者多食一粒米者仍是饥饿者”出发，可以推出假命题 C=“一个饥饿者日食 1.5 kg 米仍是饥饿者”。

量与质是统一的，量的变化包含着质的变化。从时间的长短来定义新旧朋友，其绝对的界限是没有的。但天数的加 1 与减 1 又都必须计较，在这微小的量变之中已经蕴涵着质的差别，而这种差别只是简单地用“是”与“非”这两个字是绝对不能刻画出来的。

二值逻辑是把真与假、是与非绝对化，只允许有 1 和 0 两个值。“朋友悖论”的谜底告诉我们，对于模糊（Fuzzy）概念，仅用 1 和 0 两个逻辑值是不够的，必须在 1 与 0 之间采用其他中间过渡的逻辑值来表示不同情况下真的程度。比如，逻辑值可以为 0.7，表示一个命题三七开，七分真三分假，其真的程度是 0.7。

Zadeh 在模糊映射、模糊推理和模糊控制原理等方面进行了一系列的研究工作，特别是模糊知识表示、语言变量、模糊规则和模糊图等概念的提出和完善，开创了模糊控制的新局面，也为模糊建模和模糊控制的发展奠定了理论基础。之后模糊控制理论迅速发展，成为控制领域理论研究的一个热点，在实际中也得到了广泛的应用。

1974 年，英国伦敦大学教授 E. H. Mamdani 首先利用模糊语句组成的模糊控制器，将其应用于锅炉和汽轮机的运行控制，并在实验室实验中获得成功。他不仅把模糊控制理论首先应用于控制，并且充分展示了模糊控制技术的应用前景。此后，模糊控制技术应用得到迅速发展。1976 年，R. M. Tong 应用模糊控制对压力容器内部的压力和液面进行控制，初步解决了过程控制中的非线性、时变和时滞特性问题。1977 年，J. J. Ostergarad 将模糊控制应用于决策系统中。1983 年，M. Sugeno 将一种基于语言真值推理的模糊逻辑控制器应用于汽车速度的自动控制，并取得成功。而我国也在 1984-1993 年研究推出“快速自寻优模糊控制理论”，并以此理论为基础推出“FC-1A 型快速自寻优模糊控制器”等一系列高新技术产品，并将其用于鞍山钢铁公司“盐熔炉”的生产过程中，在节能降耗和提高成品率方面取得了明显的效果和社会经济效益。目前，模糊控制早已进入实用化阶段，应用技术逐渐成熟，应用面也逐渐扩展，国外以日本、美国尤为突出。以日本为例，松下、三菱、东芝等公司在空调机、全自动洗衣机、吸尘器等家用电器中普遍应用了模糊控制技术。目前，模糊控制正在向复杂大系统、智能系统、人与社会系统以及生态系统等纵深方向扩展。

5.2　模糊控制器的组成及其基本原理

5.2.1　模糊控制器组成

模糊控制的基本思想是用机器去模拟人对系统的控制。模糊控制系统基本结构如图 5.1 所示，它由输入通道、模糊控制器、输出通道、执行机构与被控对象组成。由图 5.1 我们可以看出，系统为常规闭环控制系统，控制器部分用模糊控制器实现，因此，整个模糊控制系统的核心部分就是模糊控制器，其组成结构如图 5.2 所示。

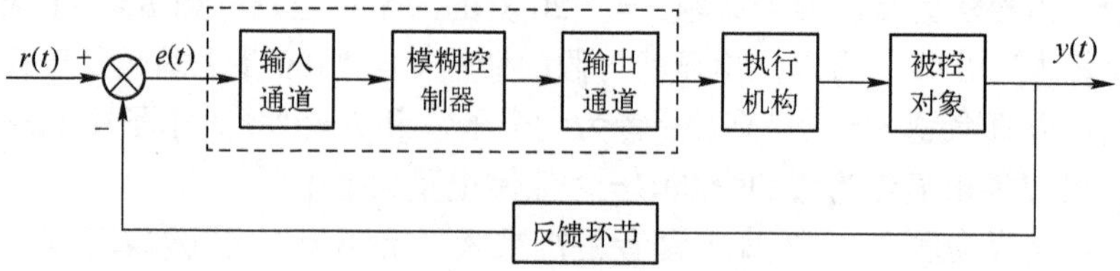

图 5.1　模糊控制系统基本结构图

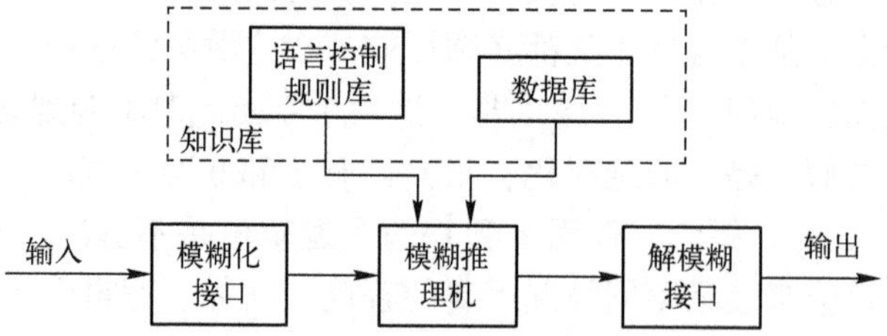

图 5.2　模糊控制器结构图

由图 5.2 可知。模糊控制器包括 4 个部分，模糊化接口、知识库、模糊推理机和解模糊接口。它们的作用说明如下。

（1）模糊化接口：模糊控制器的输入向量必须是一个经过模糊化的向量，因此需要将系统原先的精确数字向量转换为一个模糊向量，该模糊向量可以用语言值（或者基于模糊集合的标识符）来表示，而且可以方便地被模糊规则所辨识、计算。

（2）知识库：涉及应用领域和控制目标的相关知识，它由数据库和语言控制规则库组成。数据库为语言控制规则的论域离散化和隶属函数提供必要的定义。语言控制规则则用来标记控制目标和领域专家的控制策略。

（3）模糊推理机：是模糊控制器的核心，以模糊概念为基础。模糊控制信息可通过模糊蕴含和模糊逻辑的推理规则来获取，并可实现拟人决策过程。根据模糊输入和模糊控制规则，模糊推理机求解模糊关系方程，获得模糊输出。

（4）解模糊接口：模糊控制器在完成规则推理功能后，所获得的输出结果仍是一个模糊向量，该向量不能用来作为控制量直接输出给执行机构，还必须做一次转换，将模糊向量转换成清晰的数字向量输出，该过程称之为解模糊。

模糊控制系统工作的一般控制步骤为：计算机不断采样获取被控制量的采样值，然后将采样值与给定进行比较得到误差 $\boldsymbol{e}$。选取误差 $\boldsymbol{e}$ 作为模糊控制器的一个输入，对误差 $\boldsymbol{e}$ 进行模糊化得到其模糊量，该模糊量可用相应的模糊语言表示，得到误差 $\boldsymbol{e}$ 的模糊语言集合的一个子集 $\boldsymbol{E}$，$\boldsymbol{E}$ 与模糊控制规则 $\boldsymbol{R}$ 根据推理的合成规则进行模糊决策，得到模糊控制向量 $\boldsymbol{U}$：

$$\boldsymbol{U}=\boldsymbol{E}\circ\boldsymbol{R} \tag{5.1}$$

将模糊向量 $\boldsymbol{U}$ 解模糊转化为精确量，经数-模（D-A）转换转化为模拟量给执行机构，从而控制被控对象。

5.2.2 模糊计算原理

1. 隶属函数的确定

求取论域中足够多元素的隶属度，根据这些隶属度求出隶属函数。具体步骤如下。

（1）求取论域中足够多元素的隶属度。

（2）求隶属函数曲线。以论域元素为横坐标，隶属度为纵坐标，画出足够多元素的隶属度（点），将这些点连接起来，得到所求模糊集合的隶属函数曲线。

（3）求隶属函数。将求得的隶属函数曲线与常用隶属函数曲线相比较，取形状相似的隶属函数曲线所对应的函数，修改其参数，使修改参数后的隶属函数的曲线与所求隶属函数曲线一致或非常接近。此时，修改参数后的函数即为所求模糊集合的隶属函数。

2. 模糊集的运算

无论论域 U 有限还是无限，离散还是连续，Zadeh 用如下记号作为模糊集 A 的一般表示形式：$A=\int_{u\in U}\mu_A(u)/u$。

U 上的全体模糊集，记为 $F(U)=\{A\mid\mu_A:U\to[0,1]\}$。

模糊集上的运算主要有包含、交、并、补。

（1）包含运算。定义：设 $A,B\in F(U)$，若对任意 $u\in U$，都有 $\mu_B(u)\leqslant\mu_A(u)$ 成立，则称 A 包含 B，记为 $B\subseteq A$。

（2）交、并、补运算。定义：设 $A,B\in F(U)$，则有

$$A\cup B:\mu_{A\cup B}(u)=\max_{u\in U}\{\mu_A(u),\mu_B(u)\}=\mu_A(u)\vee\mu_B(u)$$

$$A\cap B:\mu_{A\cap B}(u)=\min_{u\in U}\{\mu_A(u),\mu_B(u)\}=\mu_A(u)\wedge\mu_B(u)$$

$$\neg A:\mu_{\neg A}(u)=1-\mu_A(u)$$

例 5.1 设 $U=\{u_1,u_2,u_3\}$，$A=0.3/u_1+0.8/u_2+0.6/u_3$，$B=0.6/u_1+0.4/u_2+0.7/u_3$，求 A 与 B 的交、并、补运算。

解：

$$A\cap B=(0.3\wedge 0.6)/u_1+(0.8\wedge 0.4)/u_2+(0.6\wedge 0.7)/u_3 = 0.3/u_1+0.4/u_2+0.6/u_3 \quad (取小)$$

$$A\cup B=(0.3\vee 0.6)/u_1+(0.8\vee 0.4)/u_2+(0.6\vee 0.7)/u_3 = 0.6/u_1+0.8/u_2+0.7/u_3 \quad (取大)$$

$$\neg A=(1-0.3)/u_1+(1-0.8)/u_2+(1-0.6)/u_3 = 0.7/u_1+0.2/u_2+0.4/u_3 \quad (求差)$$

5.3 一种球杆系统模糊控制器的设计与仿真

5.3.1 球杆系统模糊控制器设计步骤

模糊控制器的设计并没有固定的方法，一般说来，模糊控制器的设计过程主要包括以下5个步骤。

（1）模糊控制器结构的选择。

（2）选取语言变量，进行模糊化，主要是对隶属度函数的确定。

（3）设计模糊控制规则及运算合成。

（4）查询模糊输出与解模糊。

（5）模糊控制器控制参数的选择。

可以根据这5个主要设计步骤对球杆系统模糊控制器进行设计。

5.3.2 球杆系统模糊控制器设计

（1）球杆系统模糊控制器结构选择。由于球杆系统具有非线性，为了得到良好的控制性能，我们不仅仅需要观测小球位置误差 e，还要观测其误差变化率 ec，也就是小球的速度误差。球杆系统的控制量只有一个，就是齿轮旋转角度 θ，因此模糊控制器选择两输入/单输出的二维结构。球杆系统的结构如图5.3所示，其中 K_e 与 K_{ec} 为量化因子，K_y 为比例因子，FC是模糊控制器（Fuzzy Controller）。

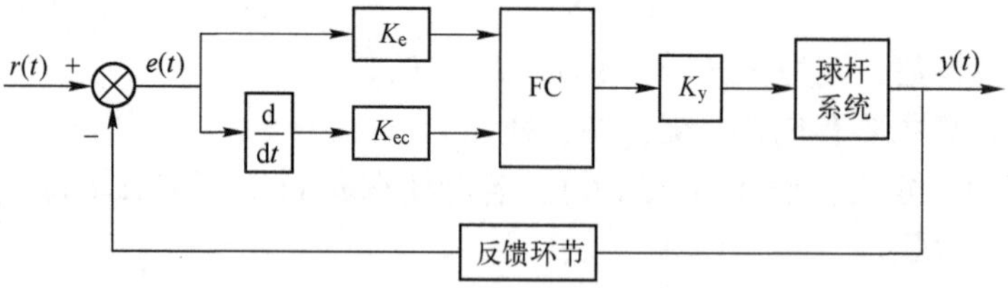

图5.3　球杆系统模糊控制结构图

（2）确定语言变量及隶属度函数。由于系统结构为两输入/单输出结构，因此输入/输出变量共有三个：输入变量分别为小球位置误差 e 和小球位置误差变化率（即小球的速度误差 ec），输出变量为输出控制角度 θ。取误差语言变量为 E，误差变化率语言变量为 EC，系统输出控制量为 U。设球杆系统实际采样位置为 r，参考位置为 r_d，则有

$$e=r-r_{d} \tag{5.2}$$

$$ec=(r_{2}-r_{d})-(r_{1}-r_{d})=r_{2}-r_{1} \tag{5.3}$$

对于误差变量 E，取论域为{-6,-5,-4,-3,-2,-1,0,1,2,3,4,5,6}，语言值为{负大(NB),负中(NM),负小(NS),零(Z),正小(PS),正中(PM),正大(PB)}。分别表示当前小球位置 r 相对于设定值为“极小”“很小”“偏小”“正好”“偏大”“很大”“极大”。

对于误差变化率 EC，取论域为{-6,-5,-4,-3,-2,-1,0,1,2,3,4,5,6}，语言值为{负大(NB),负中(NM),负小(NS),零(Z),正小(PS),正中(PM),正大(PB)}。分别表示当前小球的速度“左滚极快”“左滚很快”“左滚偏快”“小球静止”“右滚极快”“右滚很快”“右滚偏快”。

对于输出控制量 U，取其论域为{-6,-5,-4,-3,-2,-1,0,1,2,3,4,5,6}，语言值为{负大(NB),负中(NM),负小(NS),零(Z),正小(PS),正中(PM),正大(PB)}。分别表示当前齿轮偏角“上偏极大”“上偏很大”“上偏偏大”“水平为零”“下偏偏大”“下偏很大”“下偏极大”。

三者隶属度函数均选择三角形隶属度函数，隶属函数值如图 5.4 所示。将 E、EC、U 量化，量化后的 E、EC、U 的隶属度函数表如表 5.1 所示。第一列表示各个语言值，第一行表示具体的数值，其余即为各语言值在精确量上的隶属度。

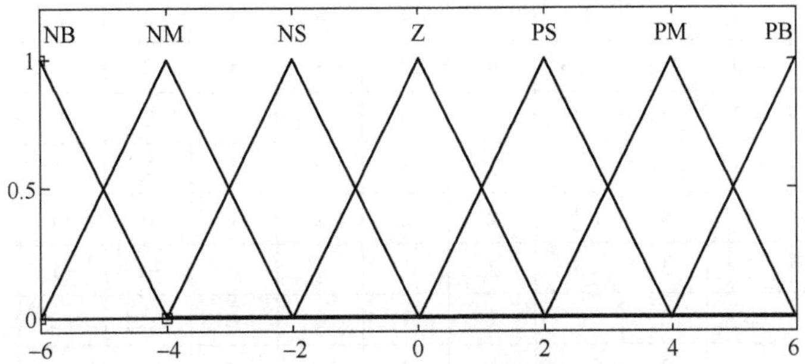

图 5.4 E、EC、U 隶属函数图

表 5.1 E、EC、U 隶属函数表

	-6	-5	-4	-3	-2	-1	0	1	2	3	4	5	6
PB	0	0	0	0	0	0	0	0	0	0	0	0.5	1
PM	0	0	0	0	0	0	0	0	0	0.5	1	0.5	0
PS	0	0	0	0	0	0	0	0.5	1	0.5	0	0	0
Z	0	0	0	0	0	0.5	1	0.5	0	0	0	0	0
NS	0	0	0	0.5	1	0.5	0	0	0	0	0	0	0
NM	0	0.5	1	0.5	0	0	0	0	0	0	0	0	0
NB	1	0.5	0	0	0	0	0	0	0	0	0	0	0

（3）建立模糊控制规则。模糊控制量的选取遵循以下规则：当误差极大或很大时，模糊控制量的选择应以消除误差为主。当误差较小时，模糊控制量的选择就应以系统的稳定性为主，防止系统超调。根据球杆系统控制经验，建立模糊控制则如表 5.2 所示，第一行为 E 的语言值，第一列为 EC 的语言值。

表 5.2　球杆系统模糊控制规则表

	NB	NM	NS	Z	PS	PM	PB
NB	PB	PB	PM	PM	PS	Z	Z
NM	PB	PM	PS	PS	PS	Z	Z
NS	PM	PM	PS	PS	Z	NS	NS
Z	PM	PS	PS	Z	NS	NS	NM
PS	PS	PS	Z	NS	NS	NM	NM
PM	Z	Z	NS	NS	NS	NM	NB
PB	Z	Z	NS	NM	NM	NB	NB

（4）计算球杆系统模糊控制器的模糊控制表。根据模糊控制规则表，应用模糊推理规则，计算模糊控制规则表。采用 Mamdani 推理方式，解模糊采用加权平均法，经过计算得到的模糊控制表如表 5.3 所示，其中第一行为误差变量 E 的取值，第一列为误差变化率 EC 的取值。

表 5.3　球杆系统模糊控制表

	−6	−5	−4	−3	−2	−1	0	1	2	3	4	5	6
−6	5.4	5.4	5.4	4.3	4	4	4	3	2	1	0	0	0
−5	5.4	4.3	4.3	4.3	4	3	3	3	2	1	0	0	0
−4	5.4	4.3	4	4	4	3	2	2	2	1	0	0	0
−3	4.3	4.3	4	3	3	3	2	1	1	0	−1	−1	−1
−2	4	4	4	3	2	2	2	1	0	−1	−2	−2	−2
−1	4	3	3	3	2	1	1	0	−1	−1	−2	−3	−3
0	4	3	2	2	2	1	0	−1	−2	−2	−2	−3	−4
1	3	3	2	1	1	0	−1	−1	−2	−3	−3	−3	−4
2	2	2	2	1	0	−1	−2	−2	−2	−3	−4	−4	−4
3	1	1	1	0	−1	−1	−2	−3	−3	−3	−4	−4.3	−4.3
4	0	0	0	−1	−2	−2	−2	−3	−4	−4	−4	−4.3	−5.4
5	0	0	0	−1	−2	−3	−3	−3	−4	−4.3	−4.3	−4.3	−5.4
6	0	0	0	−1	−2	−3	−4	−4	−4	−4.3	−4.3	−5.4	−5.4

（5）量化因子与比例因子的选择。根据量化因子和比例因子对系统性能的影响。结合球杆系统的具体参数，初始选择 $K_e=25$，$K_{ec}=20$，$K_y=0.5$。球杆系统模糊控制器设计完成。

5.3.3　球杆系统模糊控制器仿真

设计好模糊控制器，运用 MATLAB 对模糊控制算法进行仿真。利用 MATLAB 模糊工具箱建立球杆系统模糊控制 FIS 文件，在此文件中设置语言变量、隶属度函数及控制规则。搭建模糊控制 Simulink 仿真模型如图 5.5 所示，K_e、K_{ec} 分别为误差量化因子和误差变化量化因子，K_u 为控制量比例因子，具体数值仿真时会有所调整。模糊控制算法仿真响应曲线如图 5.6 所示。作为对比，同时搭建 PID 控制仿真框图如图 5.7 所示，PID 控制算法响应曲线如图 5.8 所示。

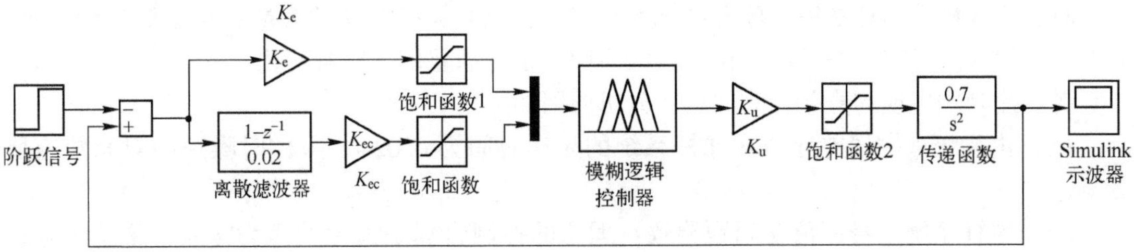

图 5.5　球杆系统模糊控制仿真框图

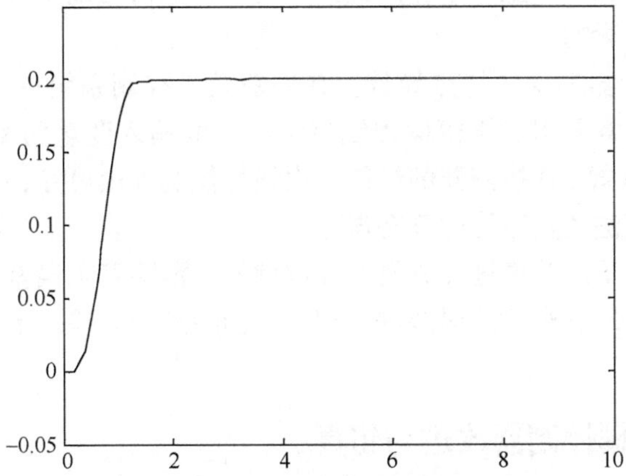

图 5.6　球杆系统模糊控制仿真响应曲线

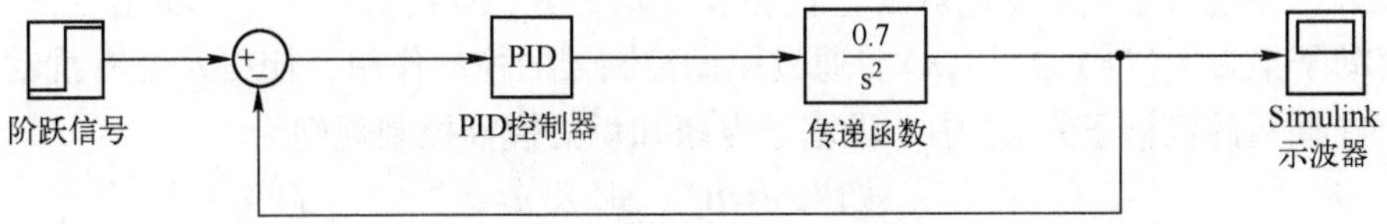

图 5.7　球杆系统 PID 控制仿真框图

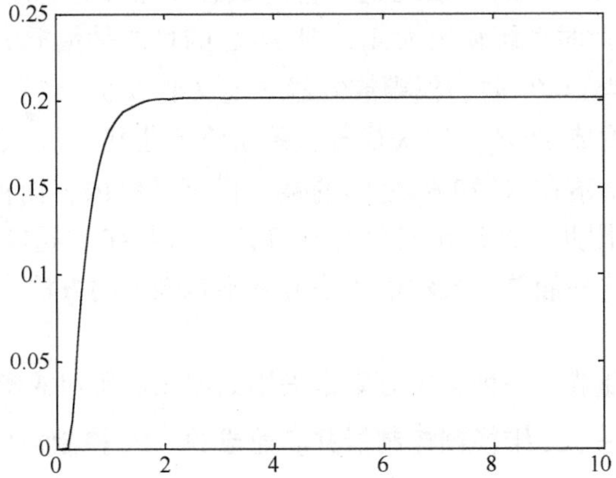

图 5.8　球杆系统 PID 控制仿真响应曲线

由仿真图可以看出，理论上 PID 与模糊控制算法有着相似的控制性能，但对于非线性被控制系统而言，模糊控制算法在理论上比 PID 控制算法具有更好的控制性能，而且模糊控制器的参数调整要比 PID 控制算法简便。

将上述模糊控制算法用于球杆系统实际控制，反复调整系统的参数使得系统达到稳定。有时会有较大的静差，并且球杆位置摆放不同，系统静差也会有所变化。

针对控制中出现的静差大的问题，分析原因如下。

(1) 由系统采样误差导致：球杆系统的采样时间为 0.02 s，采样时噪声会对系统有所影响。

(2) 球杆系统本身的精度问题导致：理想的控制目标是齿轮偏角为零时，系统刚好稳定，这样才符合模糊控制器的预期目标，但实际上，球杆系统稳定时齿轮水平偏角并不为零，再加上摆放的桌面也不完全水平，因此，系统本身的齿轮偏角有一定的误差。这会对系统最终的控制精度有所影响。

(3) 常规模糊控制器本身的特点导致：在一般模糊控制系统中，考虑模糊控制器实现的简便性和快速性，通常采用二维模糊控制器结构，取输入变量为系统误差 E 和误差变化 EC，因此它具有类似常规 PD 控制器的性能。由线性控制理论可知，采用该控制器可以获得良好的动态特性，但无法消除系统的静态误差。

综合以上因素，为了改善模糊控制器的控制性能，消除静态误差，在模糊控制器上引入模积分因子。因为积分能够对系统误差进行积累，消除静态误差。下面将对改进模糊控制器进行介绍。

5.3.4 球杆系统模糊控制器改进与仿真

常规模糊控制器本身的特点，决定了它不能消除系统静差。以简单一维模糊控制器为例分析其原因：设输入变量 e 在论域 E 上的模糊子集为 $B_i(i=1,2,\cdots,m)$；输出变量 u 在论域 U 上的模糊子集为 $A_i(i=1,2,\cdots,n)$。通过模糊控制器的控制作用，使得系统有扰动量 ε 时，其误差仍在期望的模糊子集 B^* 中。设基于专家知识的模糊控制规则为

如果 $e=B^*$，那么 $u=A^*$

如果 $e=B_i$，那么 $u=A_i$。

假设初始条件为 $e=B^*$，$u=A^*$ 时，系统处于稳定状态；在外界扰动作用下，系统输出偏离给定值，使误差 $e=B_i$，此时系统输出为 A_i，即 $u=A_i$ 的目的是想抵消扰动的影响，使系统输出回到原来的值。但是当 $e=B^*$ 时，模糊控制器马上又变成 $u=A^*$；刚刚达到的平衡状态又将不复存在，偏差又将变成 $e=B_i$，依次往复，系统将产生极限环振荡现象。极限环现象的存在，使系统的误差终值落在 B^* 和 B_i 之间的某一模糊子集内，而控制的终值为相应的 A^* 和 A_i 之间的模糊子集。因此，系统也必然存在静差，需要在常规模糊控制器的基础上引入模糊积分环节才能消除这种静差，虽然引入积分并不是唯一的方法，但这是一种有效的解决方法。

对于引入模糊积分环节，一种解决方案是采用如图 5.9 所示的模糊控制器结构。它是由一个常规积分控制器和一个二维模糊控制器并联而成的。PI 控制器的输出为 $u_i = K_I \sum\limits_i e_i$ 和二维模糊控制器的控制量 u_f 相加，作为模糊 PID 控制器的总输出。这里 $e(t)$ 是连续变化的，因此 $u_i = K_I \sum\limits_i e_i$ 也是一个连续量。这种模糊 PID 控制器不仅可以消除极限振荡，而且可完全消除系统的静差，使系统成为无差模糊控制系统。

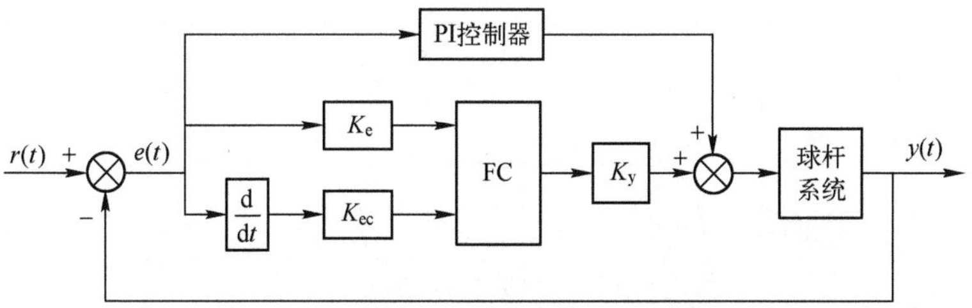

图 5.9　球杆系统模糊 PID 控制器框图

除上述方案外，还有一种方案，它是一种对误差 e 的模糊值进行积分的模糊 PID 控制器，其结构图如图 5.10 所示。

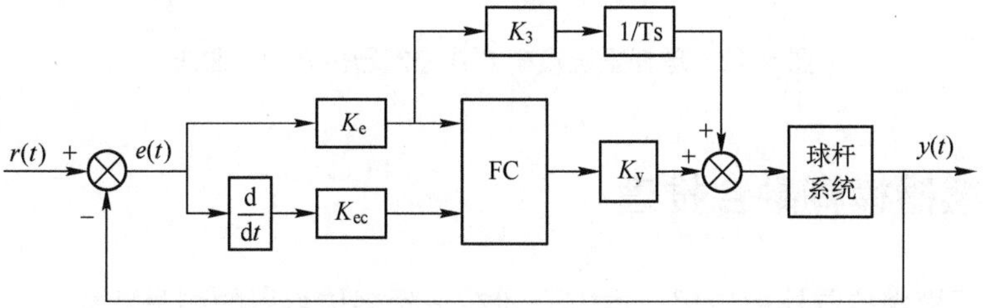

图 5.10　对误差 e 的模糊值积分的球杆系统模糊 PID 控制器框图

这种对误差 e 的模糊值进行积分的模糊 PID 控制器可以用来消除大的系统静差，但是要消除零点附近的极限环振荡会导致模糊规则数的增加，相应地也增加了模糊控制器设计的复杂程度。

为了消除静差，选择第一种改进方案，在原来已经设计好的模糊控制器的基础之上引入模糊积分环节。相应地添加了一个积分系数，而比例因子和量化因子相应也要调整。利用 MATLAB 软件对新构建的模糊积分控制器进行仿真。其仿真框图如图 5.11 所示：添加了一个 PID 控制器，其中比例系数和微分系统分别为 0，仅添加积分作用。常规模糊控制器仍采用前面设计的模糊控制器，具体参数设置可以根据实验有所调整。系统响应曲线如图 5.12 所示，从曲线可以算出，理论上的控制性能与常规模糊器和 PID 控制器相当。但与常规控制器相比，在系统有静差的条件下，添加了积分作用后模糊控制器可以消除系统静态误差。

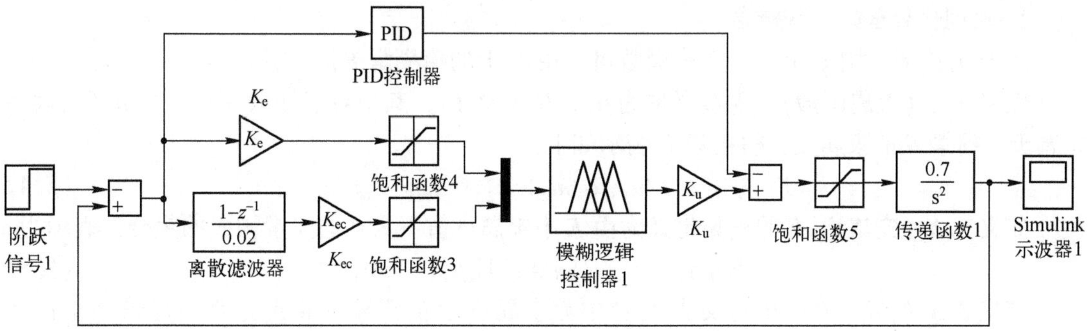

图 5.11　球杆系统模糊 PID 控制器仿真框图

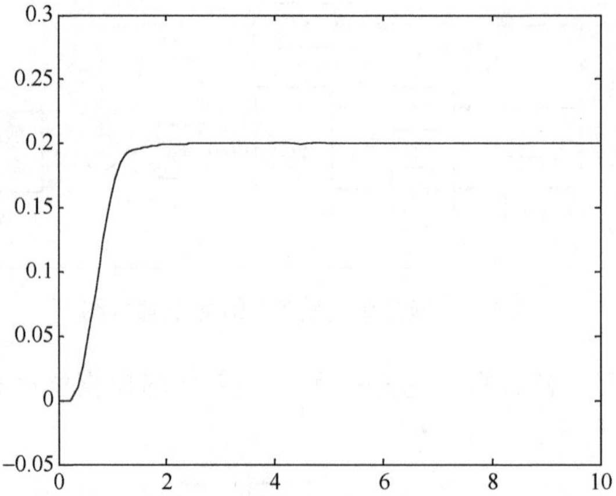

图 5.12　球杆系统模糊 PID 控制器仿真响应曲线

5.4　多传感器模糊融合推理

前面讲述了模糊控制器的应用，本节介绍在得到多传感器的测量数据后，可以对这些数据运用模糊法则进行有效融合，得出一个更加合理的推理结果。以化工厂为例，大多数工业环境的温湿度自动检测系统都通过多场地、多点传感器采集的方法来判别生产环境的温湿度状态，即在多个场地采集温湿度，每个场地设置多个传感器采集点。一个常见的问题是：由于场地不同，或同一场地的采集点不同，传感器采集到的温湿度数据之间有时会存在很大的差别，以往的方法大都是通过取平均值进行数据融合，并以此作为当前环境下的温湿度值。

然而，工业环境下的温湿度随时都在发生变化，得到的数据就已经是过时的数据，为了减少温湿度采集频率同时又保证数据质量，温湿度控制系统提供给用户的数据应该有一个能够涵盖当前温湿度值的数值区间（或者是表达当前温湿度状态的一个模糊概念，如“高温”)，而不应该仅仅是一系列的精确数值集合。

解决这一问题可以采用多传感器数据融合方法。首先，基于模糊逻辑，对各场地的传感器所采集到的温湿度数据进行模糊化处理，将其转换成能够代表当前温湿度状态的模糊概念；然后，再对处理后的各场地的多个数据进行综合评判，从而确定当前环境下的温湿度状态。

1. 模糊化处理的一些概念

令 U 为论域，则 U 上的一个模糊数可以由 U 上的模糊集 F 来描述。

定义 5.1（隶属函数）　隶属函数为 μ_F，$U\to[0,1]$，其中对于任意的 $u\in U$，$\mu_F(u)$ 表示 u 属于模糊集 F 的隶属度，模糊集 F 表示如下：

$$F=\{\mu_F(u_1)/u_1,\mu_F(u_2)/u_2,\cdots,\mu_F(u_n)/u_n\} \tag{5.4}$$

定义 5.2（支集）　F 的支集定义为由 F 中隶属度值不为 0 的元素构成的集合，表示为

$$\mathrm{Supp}(F)=\{u\mid u\in U\text{ 且 }\mu_F(u)>0\} \tag{5.5}$$

定义 5.3（核）　F 的核定义为由 F 中完全属于 F 的元素（也就是隶属度值为 1 的元素）构成的集合，表示为

$$\ker(F)=\{u\mid u\in U\text{ 且 }\mu_F(u)=1\} \tag{5.6}$$

定义 5.4（α-截集） F 的 α-截集定义为由 F 中隶属度值大于（大于等于）α 的元素构成的集合，其中式（5.7）和式（5.8）分别称为 F 的强（弱）α-截集，α 取值范围分别为 $0\leqslant\alpha\leqslant1$ 与 $0<\alpha\leqslant1$。

$$F_{\alpha+}=\{u \mid u\in U \text{ 且 } \mu_F(u)>\alpha\} \tag{5.7}$$

$$F_{\alpha}=\{u \mid u\in U \text{ 且 } \mu_F(u)\geqslant\alpha\} \tag{5.8}$$

可定义一个模糊数的 λ-水平截集对应一个区间。例如，令 A 为论域 U 上的模糊数，模糊数 A 的 λ-水平截集为 $A_\lambda=[x,y]$。

2. 温湿度数据的模糊化处理

在采集现场温湿度数据时，可将多个传感器采集到的温湿度数据作为输入变量。然而，在工业环境中，温湿度数据通常在一个数值范围之内波动，而不是一个持续的精确值。为了使输入变量能够模拟当前温湿度状态，需要对其进行模糊化处理，使得每个输入变量都能够对应一种温湿度状态。

温湿度状态可用一个模糊概念来表示，该模糊概念代表一个数值区间，这样对应于每一个输入变量的模糊概念就可以作为输出变量。值得注意的是，可能存在多个输入变量对应同一种温湿度状态的情况。例如，在工业环境下，在数值区间[80,100]内的每个数据值都可能对应模糊概念“高温”。每个模糊概念对应一个隶属函数，监控人员可以根据实际应用，调整隶属函数和阈值的取值，从而能够灵活地控制模糊概念所代表的温湿度取值范围。

根据工业环境的领域知识，模糊概念“高温”的隶属函数定义为

$$\mu_{\text{高温}}(u)=\begin{cases}1, & u\geqslant100,\\ \left[1+\left(\dfrac{u-70}{10}\right)^{-2}\right]^{-1}, & 70<u<100,\\ 0, & u\leqslant70\end{cases} \tag{5.9}$$

假设 λ 取值为 0.8，温度值域为[0,150]，则“高温”的 0.8-截集运算结果为[90,150]，即落在这个区间的温度值都可视为高温状态。

现在考虑模糊概念“中温”，根据工业环境的领域知识，模糊概念“中温”的隶属函数定义为

$$\mu_{\text{中温}}(u)=\begin{cases}0, & u\leqslant40 \text{ 或 } u\geqslant70,\\ \left[1+\left(\dfrac{u-50}{10}\right)^{-2}\right]^{-1}, & 40<u<70\end{cases} \tag{5.10}$$

假设 λ 取值为 0.8，温度值域为[0,150]，则“中温”的 0.8-截集运算结果为[45,55]，即落在这个区间的温度值都可视为中温状态。

现在考虑模糊概念“低温”，根据工业环境的领域知识，模糊概念“低温”的隶属函数定义为

$$\mu_{\text{低温}}(u)=\begin{cases}0, & u\geqslant40,\\ \left[1+\left(\dfrac{u-40}{10}\right)^{-2}\right]^{-1}, & 70<u<100\end{cases} \tag{5.11}$$

假设 λ 取值为 0.8，温度值域为[0,150]，则“低温”的 0.8-截集运算结果为[0,45]，即落在这个区间的温度值都可视为低温状态。

对于复合模糊概念，如温度“非常高”和“比较高”等，可通过相对应的简单模糊概

念“高温”的隶属函数计算得到，方法如下。

聚合原理：
$$\mu_{\text{very}}F(u)=[\mu_F(u)]^2$$
由聚合原理可推出
$$\mu_{\text{very very}\cdots\text{very}}F(u)=[\mu_F(u)]^{2\times(\text{times of very})}$$
以及扩张原理：
$$\mu_{\text{more or less}}F(u)=[\mu_F(u)]^{1/2}$$

通过上述方法，就可以将传感器采集到的每一个温度数据转换成一个对应的模糊概念，这些模糊概念会由于原始温度数据的不同而存在差异，为了准确判断当前整个生产环境下的温度状态，就需要对多场地、多点的温度状态进行数据融合。

3. 模糊综合评判模型

对于综合评判有三要素：

（1）因素集 $U=\{u_1,u_2,\cdots,u_n\}$，它是被评判对象的各因素所组成的集合。

（2）判断集 $V=\{v_1,v_2,\cdots,v_n\}$，它是评语组成的集合。

（3）单因素判断，即对单个因素 $u_i(i=1,2,\cdots,n)$ 的评判，得到 V 上的模糊集 $(r_{i1},r_{i2},\cdots,r_{im})$，它是从 U 到 V 的一个模糊映射，$f:U\to F(V)$；$u_i\to(r_{i1},r_{i2},\cdots,r_{im})$。

模糊映射 f 可以确定一个模糊关系，称为评判矩阵 $\boldsymbol{R}$：

$$\boldsymbol{R}=\begin{bmatrix} r_{11} & r_{12} & \cdots & r_{1m} \\ r_{21} & r_{22} & \cdots & r_{2m} \\ \vdots & \vdots & & \vdots \\ r_{n1} & r_{n2} & \cdots & r_{nm} \end{bmatrix} \tag{5.12}$$

评判矩阵 $\boldsymbol{R}$ 是由所有对单因素评判的 F 集合所组成的。由于各因素地位未必相等，所以需要对各因素加权。用 U 上的 F 集合 $\boldsymbol{A}=(a_1,a_2,\cdots,a_n)$ 表示各因素的权数分配，它与评判矩阵 $\boldsymbol{R}$ 的合成，可以作为对各因素的综合评判，于是可得数据融合后的综合评判模型：

$$\boldsymbol{A}\circ\boldsymbol{R}=\boldsymbol{B}=(b_1,b_2,\cdots,b_m)$$

其中，$\boldsymbol{A}=(a_1,a_2,\cdots,a_n)$；$\sum_{i=1}^{n}a_i=1$，$a_i\geqslant0$；$\boldsymbol{R}=(r_{ij})_{n\times m}$，$b_j=\sum_{i=1}^{n}a_ir_{ij}$，$j=1,2,\cdots,m$。此外，$b_j$ 是 r_{ij} 的函数 $(i=1,2,\cdots,n)$，将其集合 $\boldsymbol{B}$ 称为评判函数。

多场地多传感器数据融合，由多点传感器采集的温湿度数据，经过模糊化处理，转换成对应的温湿度状态。这实际上就是为了使得到的数据能够准确地反映当前环境下的温湿度状态，这些状态值作为模糊综合评判的输入。

根据工业环境下温度采集和评判的特点，可设 $U=\{$场地 1,场地 2,场地 3,场地 4$\}$，$V=\{$非常高,高,中,较低,低$\}$，收集多点传感器数据所对应的温度状态。

对于场地 1，假设有 20%的传感器温度数据对应“非常高”，有 30%的对应“高”，40%的对应“中”，10%的对应“较低”，便可得出：场地 1→(0.2,0.3,0.4,0.1,0)，类似地，有：场地 2→(0.1,0.3,0.4,0.1,0.1)，场地 3→(0.1,0.2,0.6,0,0.1)，场地 4→(0.1,0.2,0.5,0.2,0)。然后，所有单因素评判组成评判矩阵 $\boldsymbol{R}$：

$$\boldsymbol{R}=\begin{bmatrix} 0.2 & 0.3 & 0.4 & 0.1 & 0 \\ 0.1 & 0.3 & 0.4 & 0.1 & 0.1 \\ 0.1 & 0.2 & 0.6 & 0 & 0.1 \\ 0.1 & 0.2 & 0.5 & 0.2 & 0 \end{bmatrix} \tag{5.13}$$

由于各场地的位置不同，因此对各场地所给予的权数也不同，假设监控人员对各场地所给的权重为 $\boldsymbol{A}=(0.3,0.2,0.4,0.1)$，则可求得多场地多传感器温度数据融合的结果为

$$\boldsymbol{B}=\boldsymbol{A}\circ\boldsymbol{R}=(0.13,0.25,0.49,0.07,0.06) \tag{5.14}$$

式（5.14）表示的评价含义是：温度“非常高”的程度为0.13；温度“高”的程度为0.25；“中”的程度为0.49；温度“较低”的程度为0.07；温度“低”的程度为0.06。按最大隶属原则，结论是温度状态为“中”。

由此可见，上述模糊综合评判方法具有很好的容错能力，能够排除错误数据在融合过程中对正确结果的影响，并且能够降低数据冗余。

5.5 本章小结

本章从模糊基本概念入手，从模糊控制器的设计角度，说明了常规模糊控制器的一般设计步骤，并对模糊控制器的相关参数对系统性能的影响做了详细的说明。针对球杆系统这个具体实物，介绍了球杆系统模糊控制器的设计过程，包括语言值的选取、隶属度函数的确定、模糊规则的设计，对设计的模糊控制器做了系统仿真并与PID控制器进行了简单的比较。在常规模糊控制器的基础之上引入了模糊积分，将其改进成模糊积分控制器，以提高控制性能。在模糊推理方面，本章介绍了如何运用模糊运算进行数据融合，建立一种工业环境下、多场地、多点传感器采集的模糊融合方法来判别生产环境的温湿度状态。

参考文献

[1] ZADEH L A. Fuzzy sets [J]. Information and control, 1965, 8 (03): 338-353.

[2] ZADEH L A, Responses to Elkan: Why the success of fuzzy logic is not paradoxical [J]. IEEE Expert. 1994, 9 (04): 43-46.

习题与思考

1. 试辨析模糊与随机在描述不确定性方面的异同，并举例说明

2. 设 $U=\mathbf{R}$，对 $x\in\mathbf{R}$，有 $A(x)=\exp\left[-\left(\frac{x-1}{2}\right)^2\right]$，$B(x)=\exp\left[-\left(\frac{x-2}{2}\right)^2\right]$，求 $\neg A, A\cup B$，$A\cap B$，并画出图形。

3. 有一经销商对其商品销售情况进行研究。设共有6种商品，$U=\{u_1,u_2,u_3,u_4,u_5,u_6\}$。

定义 U 上滞销商品模糊集为

$$A=\frac{1}{u_1}+\frac{0.1}{u_2}+\frac{0}{u_3}+\frac{0.6}{u_4}+\frac{0.5}{u_5}+\frac{0.4}{u_6}$$

脱销商品模糊集为

$$B=\frac{0}{u_1}+\frac{0.1}{u_2}+\frac{0.6}{u_3}+\frac{0}{u_4}+\frac{0}{u_5}+\frac{0.05}{u_6}$$

畅销商品模糊集为

$$C=\frac{0}{u_1}+\frac{0.8}{u_2}+\frac{1}{u_3}+\frac{0.4}{u_4}+\frac{0.4}{u_5}+\frac{0.5}{u_6}$$

则

（1）求不滞销商品模糊集 D 并回答其与 C 的关系；

（2）求又滞销又畅销的商品模糊集；

（3）当 $\lambda=0.5$ 时，分别求滞销、脱销和畅销的商品。

第 6 章　人工神经网络与数据融合方法

对于人类来说，对事物的模式进行识别主要是通过大脑中的大量相互连接的神经元来实现的。神经元之间的相互并行连接，使得人类对信息处理的过程表现为自适应性，上下内容相关性、容错性、大容量性以及实时性等。相对于我们使用计算机所完成的信息处理方式（串行、单处理器结构），人类大脑处理信息的这些特性提供了另一种可以选择的方式。虽然人类的每个神经元处理信息的速度相对来说比较慢（毫秒级），但是在人类大脑里对信息整体的处理，通常只要几百毫秒就可以完成。人类大脑处理信息的这个速度显示了在生物计算中，以串行方式进行计算只占一小部分，而大量存在的是在每个串行计算中所包含的并行计算。人工神经网络就是试图使用并行处理方式来模拟人类的感知能力。

6.1　人工神经网络简介

1. 人工神经网络的发展历程

20 世纪 40 年代初，美国学者 McCulloch 和 Pitts 从信息处理的角度研究神经细胞行为的数学模型表达，并提出了阈值加权和模型——MP 模型。1949 年，心理学家 Hebb 提出著名的 Hebb 学习规则，即由神经元之间结合强度的改变来实现神经学习的方法。Hebb 学习规则的基本思想至今仍在神经网络的研究中发挥着重要作用。

20 世纪 50 年代末期，Rosenblatt 提出感知机（Perceptron）模型。感知机虽然比较简单，却已具有神经网络的一些基本性质，如分布式存储、并行处理、可学习性、连续计算等。这些神经网络的特性与当时串行的、离散的、符号处理的电子计算机及其相应的人工智能技术有着本质上的不同，由此引起许多研究者的兴趣。

20 世纪的 60 代掀起了神经网络研究的第一次高潮，但当时人们对神经网络的研究过于乐观，认为只要将这种神经元连成一个网络，就可以解决人脑思维的模拟问题。然而，后来的研究结果却又使人们走到另一个极端上。

到了 20 世纪 60 年代末，美国著名人工智能专家 Minsky 和 Papert 对 Rosenblatt 的工作进行了深入研究，出版了有较大影响的《感知机》（*Perceptron*）一书，该书指出感知机的功能和处理能力的局限性，同时也指出如果在感知器中引入隐含神经元，增加神经网络的层次，便可以提高神经网络的处理能力，但是却无法给出相应的网络学习算法。另一方面，认为串行信息处理及以它为基础的传统人工智能技术的潜力是无穷的，这就暂时否定了发展新型计算机和寻找新的人工智能途径的必要性和迫切性。再者，当时人们对大脑的计算原理、对神经网络计算的优点、缺点、可能性及其局限性等还很不清楚，使对神经网络的研究进入了低潮。

进入 20 世纪 80 年代，基于“知识库”的专家系统的研究和运用，在许多方面取得了较大成功。但在一段时间以后，实际情况表明专家系统并不像人们所希望的那样高明，特别是在处理视觉、听觉、形象思维、联想记忆以及运动控制等方面，传统的计算机和人工智能技术面临着重重困难。模拟人脑的智能信息处理过程，如果仅靠串行逻辑和符号处理等传统的方法来解决复杂的问题，会产生计算量的组合爆炸。因此，具有并行分布处理模式的神经网络理论又重新受到人们的重视。对神经网络的研究又开始复兴，掀起了第二次研究高潮。

许多具备不同信息处理能力的神经网络已被提出来并应用于信息处理领域，如模式识别、自动控制、信号处理、决策辅助、人工智能等方面。神经计算机的研究也为神经网络的理论研究提供了许多有利条件，各种神经网络模拟软件包、神经网络芯片以及电子神经计算机的出现，体现了神经网络领域的各项研究均取得了长足进展。同时，相应的神经网络学术会议和神经网络学术刊物的大量出现，也给神经网络的研究者们提供了讨论交流的机会。

虽然人们已对神经网络在人工智能领域的研究达成了共识，对其巨大潜力也毋庸置疑，但是须知，人类对自身大脑的研究，尤其是对其中智能信息处理机制的了解，还十分肤浅。因而现有的研究成果仅仅处于起步阶段，还需许多有识之士长期的艰苦努力。

概括以上的简要介绍，可以看出，当前又处于神经网络理论的研究高潮，不仅给新一代智能计算机的研究带来巨大影响，而且将推动整个人工智能领域的发展。但另一方面，由于问题本身的复杂性，不论是神经网络原理自身，还是正在努力进行探索和研究的神经计算机，都还处于发展阶段。随着计算机运算能力的飞速发展，诞生出了多层神经网络技术，特别是美国的谷歌公司以神经网络为主要技术手段，研制出的“Alpha Go”在围棋上的出色表现，给神经网络的研究注入了新的活力，成为当今最热门的研究领域之一。

2. 人工神经网络的应用领域和特点

人工神经网络的应用领域主要包括：在变化的环境下，对物体视觉图像、形状及位置的识别；在声音的音调、语速及音量不同的条件下，对语音的识别；以及在自适应控制方面的应用。这些应用主要涉及特征识别、图像处理以及匹配及搜索算法的直接和并行实现等内容。人工神经网络可以被看成是一种可以学习的，黑箱性质的非传统算法类的方法，这种方法比较适合于解决那些不好定义的问题，并且这些问题往往需要大量的并行处理。这些问题一般具有如下特征：

① 属于高维问题；

② 问题的变量间有复杂的相互关系；

③ 问题的解可能没有，可能唯一，也可能（大多数情况）有很多可用的解。

人工神经网络的计算方式有下面的特征：

① 两个简单元素或单元之间的连接强度是可以变化的；

② 基于改变连接强度的学习算法是训练集数据的函数；

③ 通过学习，可以把信息存储在网络的内部结构中，这样网络对相似的模式就具有正确的分类能力，所以网络具备了事物的关联和推广能力；

④ 网络是一个动态的系统，它的状态（比如，各单元的输出及各连接权值）会随时间变化而变化，这主要是为了响应外部输入或初始的不稳定状态。

神经网络计算有以下的特点：

① 非线性。非线性是自然界的普遍特性，人脑的思考过程就是非线性的。人工神经网络通过模仿人脑神经元结构的信息传递过程，可以进行线性或者非线性的运算，这是人工神经网络的最突出的特性。

② 自适应性。神经网络的结构中设置了权值和阈值参数。网络能够随着输入/输出端的环境而变化，自动调节神经节点上的权值和阈值。因此，神经网络对在一定范围内变化的环境具有很强的适应能力。适用于完成信号处理、模式识别、自动控制等任务，系统运行起来也相当稳定。

③ 较强的容错性。由若干个小的神经元组成的网络十分庞大。信息存储在神经元之间的连接权值上，采用的是分布式的存储方式。局部的或部分的神经元损坏后，不会对全局的活动造成大的影响。

6.2 BP 神经网络的结构与原理

6.2.1 BP 神经网络的结构

BP 神经网络算法，即反向传播算法，是用于前向多层网络（前馈型）的学习算法，也是一种三层静态前向网络，其拓扑结构如图 6.1 所示。它含有输入层、隐含层和输出层。改变隐含层的权系数，可以改变整个多层神经网络的性能[1]。

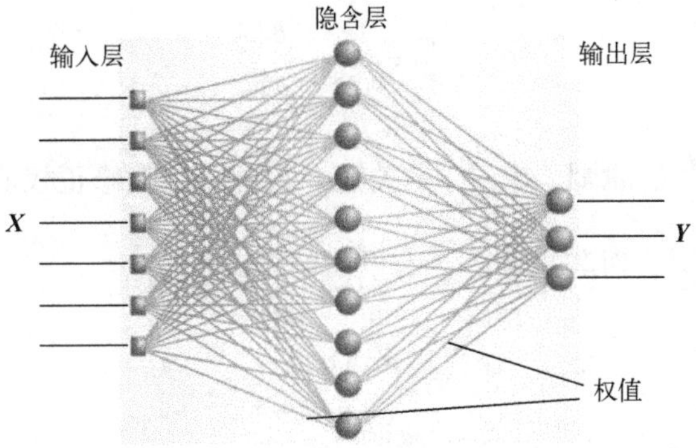

图 6.1　BP 神经网络结构图

设有一个 m 层的神经网络（假设第 m 层是输出层），并在输入层加有样本 $\boldsymbol{X}$；设第 k 层的第 i 个神经元的输入总和表示为 U_i^k，输出为 X_i^k；从第 $k-1$ 层的第 j 个神经元到第 k 层的第 i 个神经元的权值系数为 W_{ij}，各个神经元的激发函数为 f，则各个变量的关系可用下面的数学式表示：

$$X_i^k = f(U_i^k) \tag{6.1}$$

BP 算法分两步进行，分别为正向传播和反向传播，这两个部分的工作过程如下。

（1）正向传播。输入的样本从输入层经过隐含层，一层一层进行处理，通过所有的隐含层之后，则传向输出层。在逐层处理的过程中，每一层神经元的状态只对下一层神经元的状态产生影响。在输出层，把实际输出和期望输出进行比较，如果实际输出不等于期望输出，则进入反向传播过程：

$$U_i^k = \sum_j W_{ij} X_j^{k-1} \tag{6.2}$$

（2）反向传播。反向传播时，把误差信号按原来正向传播的通路反向传回，并对每个隐含层的各个神经元的权值系数进行修改，目的是使误差信号趋向最小。

6.2.2 BP 神经网络算法的数学表达

BP 神经网络算法的实质是求取误差函数的最小值问题，这种算法采用非线性规划中的最速下降方法，按误差函数的负梯度方向修改权系数。

首先，定义输出层的误差函数

$$e = \frac{1}{2}\sum_i (X_i^m - Y_i)^2 \tag{6.3}$$

其中，Y_i 是输出单元的期望输出值；X_i^m 是输出单元的实际输出值。

由于 BP 神经网络算法，按误差函数 e 的负梯度方向修改权系数 W_{ij}，故权系数的修改量为

$$\Delta W_{ij} = -\eta \frac{\partial e}{\partial W_{ij}} \tag{6.4}$$

其中，η 为学习率，即步长。令 e_k 为输出层中第 k 个神经元的误差值，则有

$$\frac{\partial e}{\partial W_{ij}} = \frac{\partial e_k}{\partial U_i^k} \cdot \frac{\partial U_i^k}{\partial W_{ij}} \tag{6.5}$$

根据 BP 神经网络算法原则，求$\frac{\partial e}{\partial W_{ij}}$是关键，它可以用来修正权值 W_{ij}。

由于 $U_i^k = \sum_j W_{ij} X_j^{k-1}$，对其求导数，有下面的公式成立：

$$\frac{\partial U_i^k}{\partial W_{ij}} = \frac{\partial\left(\sum_l W_{il} X_l^{k-1}\right)}{\partial W_{ij}} = X_j^{k-1} \big|_{l=j} \tag{6.6}$$

由式（6.6）可求得$\partial W_{ij} = \frac{\partial U_i^k}{X_j^{k-1}}$，从而有

$$\frac{\partial e}{\partial W_{ij}} = \frac{\partial e}{\partial U_i^k} \cdot X_j^{k-1} \tag{6.7}$$

$$\Delta W_{ij} = -\eta \frac{\partial e}{\partial W_{ij}} = -\eta \frac{\partial e}{\partial U_i^k} \cdot X_j^{k-1} \tag{6.8}$$

由式（6.8）看出，可以沿误差函数的负梯度方向修改权系数。其中，η 为学习率，也称为步长，一般取区间(0,1)内的一个数。式（6.8）也称为“学习公式”。

令 $d_i^k = \frac{\partial e}{\partial U_i^k}$，其中 d_i^k 表示误差函数对于第 k 层第 i 个神经元的权值的负梯度方向，则学

习公式（6.8）可以表示为

$$\Delta W_{ij} = -\eta d_i^k \cdot X_j^{k-1} \tag{6.9}$$

进一步推导，有

$$d_i^k = X_i^k(1 - X_i^k) \cdot \sum_l W_{li} \cdot d_l^{k+1} \tag{6.10}$$

从上述过程可知，多层网络的训练方法是把一个样本加到输入层，并根据向前传播的规则 $X_i^k = f(U_i^k)$，不断一层一层地向输出层传递，最终在输出层可以得到输出 X_i^m。

将实际输出 X_i^m 与期望输出 Y_i 相比较，如果两者不等，则产生误差信号 e，接着则按如下公式反向传播修改权系数：

$$\Delta W_{ij} = \sum_j W_{ij} X_j^{k-1} \tag{6.11}$$

可见，误差函数的求取是从输出层开始到输入层的反向传播过程，在这个过程中不断进行递归求误差。通过多个样本的反复训练，同时向误差渐渐减小的方向对权系数进行修正，以达最终消除误差。

$$\Delta W_{ij}(t+1) = -\eta d_i^k \cdot X_j^{k-1} + \alpha \Delta W_{ij}(t) \tag{6.12}$$

其中，η 为学习率，即步长；α 为权系数修正常数，一般取 0.7~0.9。

在将反向传播算法应用于前向多层网络时，采用 Sigmoid 函数作为激活函数，可通过下列步骤对网络的权系数 W_{ij} 进行递归求取。注意每层有 n 个神经元的情况，即有 $i=1,2,\cdots,n;j=1,2,\cdots,n$。对于第 k 层的第 i 个神经元，则有 n 个权系数 $W_{i1},W_{i2},\cdots,W_{in}$；另外，多取一个 $W_{i,n+1}$ 用于表示阈值 θ_i；并且在输入样本 $\boldsymbol{X}$ 时，取 $\boldsymbol{X}=(X_1,X_2,\cdots,X_n,1)$。

算法执行的步骤如下。

（1）对权系数 W_{ij} 置初值，各层的权系数 W_{ij} 置一个较小的非零随机数，但其中 $W_{i,n+1} = -\theta$；

（2）输入一个样本 $\boldsymbol{X}=(X_1,X_2,\cdots,X_n,1)$，以及对应的期望输出 $\boldsymbol{Y}=(Y_1,Y_2,\cdots,Y_n)$；

（3）计算各层的输出。对于第 k 层第 i 个神经元的输出，有

$$U_i^k = \sum_{j=1}^{n+1} W_{ij} X_j^{k-1}, X_{n+1}^{k-1} = 1, \quad W_{i,n+1} = -\theta, \quad X_i^k = f(U_i^k)$$

（4）求各层的学习误差 d_i^k。

对于输出层有 $k=m$，有

$$d_i^m = X_i^m(1-X_i^m)(X_i^m - Y_i)$$

对于其他各层，有

$$d_i^k = X_i^k(1 - X_i^k) \sum_l W_{li} d_i^{k+1}$$

（5）修正权系数 W_{ij} 和阈值 θ：

$$\Delta W_{ij}(t+1) = -\eta d_i^k \cdot X_j^{k-1} + \alpha \Delta W_{ij}(t)$$

（6）当求出了各层的各个权系数之后，可按给定指标判别是否满足要求，如果满足要求，则算法结束；如果未满足要求，则返回步骤（3）执行。这个学习过程，对于任一给定的样本 $\boldsymbol{X}_p=(X_{p1},X_{p2},\cdots,X_{pn},1)$ 和期望输出 $\boldsymbol{Y}_p=(Y_{p1},Y_{p2},\cdots,Y_{pn})$ 都要执行，直到满足所有输入和输出要求为止。

BP 神经网络算法的流程图如图 6.2 所示。

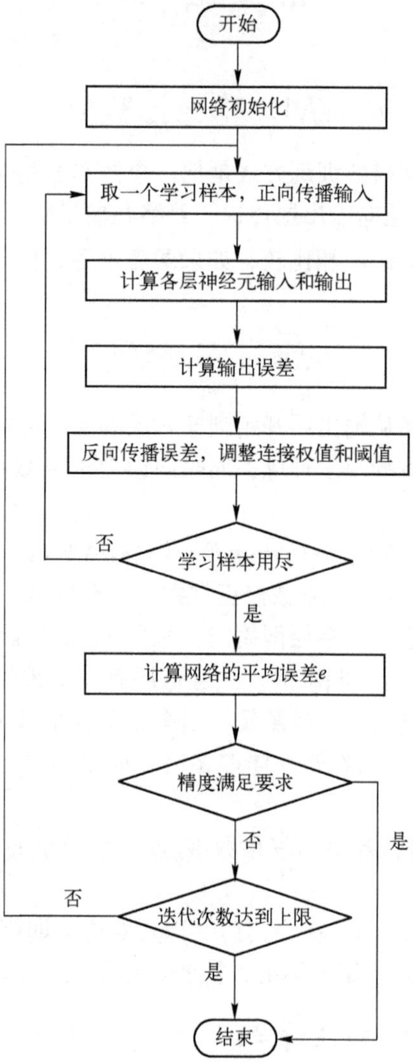

图 6.2　BP 神经网络算法的流程图

6.3　BP 神经网络与多传感器数据融合算法

假定传感器分别为雷达传感器和红外传感器，雷达传感器可以提供目标视线方向的方位角、俯仰角和速度观测；红外传感器提供方位角和俯仰角信息以及图像信息。雷达可测角、测距，但测角精度较低；红外具有测角精度高的特点，但不能测距。把两者结合起来使用，就可实现性能互补，从而提高对目标的跟踪能力。因为红外传感器的数据传输速率比雷达传感器的数据传输速率高，所以红外测量数据还须经过异步融合处理才能与雷达测量数据保持同步。神经网络数据融合示意图如图 6.3 所示。

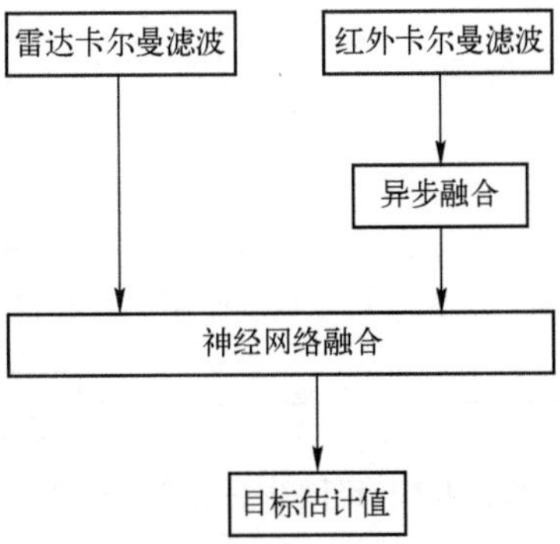

图 6.3 神经网络数据融合示意框图

假定系统的状态方程和观测方程如下所示：

$$\begin{cases}\boldsymbol{X}(k+1)=\boldsymbol{\Phi}(k+1,k)\boldsymbol{X}(k)+\boldsymbol{U}(k)\bar{a}+\boldsymbol{W}(k), \\ \boldsymbol{Z}(k)=\boldsymbol{H}(k)\boldsymbol{X}(k)+\boldsymbol{V}(k)\end{cases} \tag{6.13}$$

设 N 是雷达采样周期 $\Delta\tau$ 与红外测量器的采样周 ΔT 之比，即 $N=\Delta\tau/\Delta T$。设雷达跟踪滤波器对目标状态的最近一次更新时间为 $(k-1)\Delta\tau$，雷达下次更新时间为 $k=(k-1)\Delta\tau+N\Delta T$，这就意味着在连续两次雷达观测目标状态更新之间，红外传感器有 N 次测量值。可以采用最小二乘法，先对红外数据自行滤波，然后再与雷达共同获得的测量值进行融合。

在进行了有效的时间与空间配准之后，可以使用下式对两个传感器的观测值进行融合计算：

$$\boldsymbol{Z}(k)=\alpha\boldsymbol{Z}_{\text{radar}}(k)+(1-\alpha)\boldsymbol{Z}_{\text{ir}}(k) \tag{6.14}$$

其中，α 为权值，可以依据雷达和红外的精度，作为先验概率值来确定其大小。

设被观测目标的典型离散化状态方程和观测方程分别为

$$\begin{cases}\boldsymbol{X}(k+1)=\boldsymbol{\Phi}(k+1,k)\boldsymbol{X}(k)+\boldsymbol{U}(k)\bar{a}+\boldsymbol{W}(k), \\ \boldsymbol{Y}(k)=\boldsymbol{H}(k)\boldsymbol{X}(k)+\boldsymbol{V}(k)\end{cases} \tag{6.15}$$

其中，$\boldsymbol{X}(k)=[x(k),\dot{x}(k),\ddot{x}(k)]^{\mathrm{T}}$ 为状态变量，$x(k)$、$\dot{x}(k)$ 和 $\ddot{x}(k)$ 分别为目标的位置、速度和加速度。$\boldsymbol{\Phi}(k+1,k)$ 为状态转移矩阵；$\boldsymbol{U}(k)$ 为输入矩阵；$\boldsymbol{W}(k)$ 为状态噪声矩阵，此处假定其为离散时间白噪声序列，均值为零、方差为 $\boldsymbol{Q}(k)=2\alpha\sigma_a^2Q_0$；$\boldsymbol{V}(k)$ 是均值为零、方差为 $\boldsymbol{R}(k)$ 的观测噪声矩阵。

假定 $\Delta\hat{x}(k)=|\hat{x}(k|k)-\hat{x}(k|k-1)|$，则 BP 神经网络的输出为

$$O_{\text{net}}=\begin{cases}1, & \Delta\hat{x}(k)=\infty, \\ W, & \text{其他}, \\ 0, & \Delta\hat{x}(k)=0\end{cases} \tag{6.16}$$

采用双滤波器交互混合结构，BP 神经网络基于滤波器 F_1 选择速度的预测值与滤波值及相应的输出进行离线训练，样本由仿真得出。

训练好的网络会根据加速度方差在线自动调节网络输出，网络输出反馈给滤波器 F_2，再融合 F_2 的加速度方差调整系统方差，以适应目标的各种机动变化。滤波器 F_2 的输出变量即为系统最终的融合输出滤波值。基于 BP 神经网络的混合滤波器示意图如图 6.4 所示。

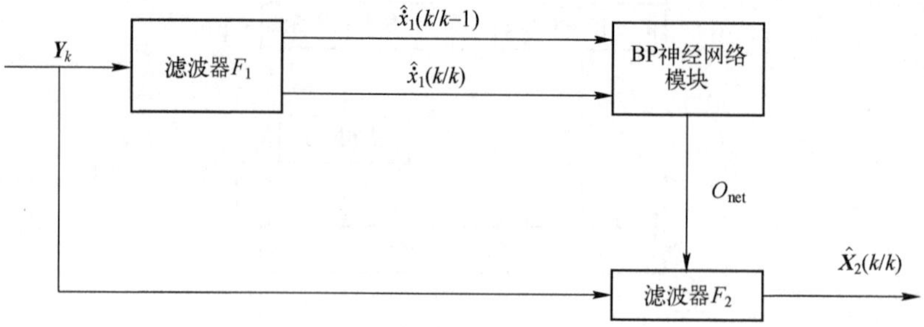

图 6.4　基于 BP 神经网络的混合滤波器示意框图

融合算法的卡尔曼滤波公式如下所示：

$$\begin{cases}\hat{\boldsymbol{X}}_i(k\mid k)=\hat{\boldsymbol{X}}_i(k\mid k-1)+K_i(k)[\boldsymbol{Y}(k)-\boldsymbol{H}(k)\hat{\boldsymbol{X}}_i(k\mid k-1)]\\ \hat{\boldsymbol{X}}_i(k\mid k-1)=\boldsymbol{\Phi}_1(T)\hat{\boldsymbol{X}}_i(k-1\mid k-1)\\ K_i(k)=\boldsymbol{P}_i(k\mid k-1)\boldsymbol{H}^{\mathrm{T}}(k)\times[\boldsymbol{H}(k)\boldsymbol{P}_i(k\mid k-1)\boldsymbol{H}^{\mathrm{T}}(k)+\boldsymbol{R}(k)]^{-1}\\ \boldsymbol{P}_i(k\mid k-1)=\boldsymbol{\Phi}(k,k-1)\boldsymbol{P}_i(k-1\mid k-1)\boldsymbol{\Phi}^{\mathrm{T}}(k,k-1)+\boldsymbol{Q}_i(k-1)\\ \boldsymbol{P}_i(k\mid k)=[\boldsymbol{I}-K_i(k)\boldsymbol{H}(k)]\boldsymbol{P}_i(k\mid k-1)\\ i=1,2\end{cases}\tag{6.17}$$

其中，$Q_i(k)=2\alpha\sigma_{ai}^2Q_0$，$i=1,2$；$\sigma_{a1}^2(k)=2|\hat{x}_1(k/k)-\hat{x}_1(k/k-1)|$；$\sigma_{a2}^2=O_{\mathrm{net}}\sigma_{a\mathrm{NAF}}^2$（其中$\sigma_{a\mathrm{NAF}}^2$是新的跟踪算法的加速度方差）。

滤波器 F_2输出$\hat{\boldsymbol{X}}_2(k/k)$，即为系统经过神经网络融合后的最终输出滤波值[2]。

6.4　Hopfield 神经网络原理及应用

6.4.1　Hopfield 神经网络原理

1986 年，美国物理学家 J. J. Hopfield 利用非线性动力学系统理论中的能量函数方法研究反馈人工神经网络的稳定性，提出了 Hopfield 神经网络，并建立了求解优化计算问题的方程。

基本的 Hopfield 神经网络是一个由非线性元件构成的全连接型单层反馈系统，Hopfield 神经网络中的每一个神经元都将自己的输出通过连接权传送给所有其他神经元，同时又都接收所有其他神经元传递过来的信息。Hopfield 神经网络是一个反馈型神经网络，网络中的神经元在某一时刻的输出状态实际上间接地与自己在该时刻的输出状态有关。

反馈型网络的一个重要特点就是它具有稳定状态，当网络达到稳定状态的时候，也就是它的能量函数达到最小的时候。Hopfield 神经网络的能量函数可以表征网络状态的变化趋势，并依据 Hopfield 工作运行规则不断进行状态变化，最终能够达到某个极小值。能量函数达到极小值的过程，称为网络收敛。

如果把一个最优化问题的目标函数转换成网络的能量函数，把问题的变量对应于网络的状态，那么 Hopfield 神经网络就能够用于解决优化组合问题。Hopfield 神经网络模型是由一系列互联的神经单元组成的反馈型网络，如图 6.5 所示[3]。

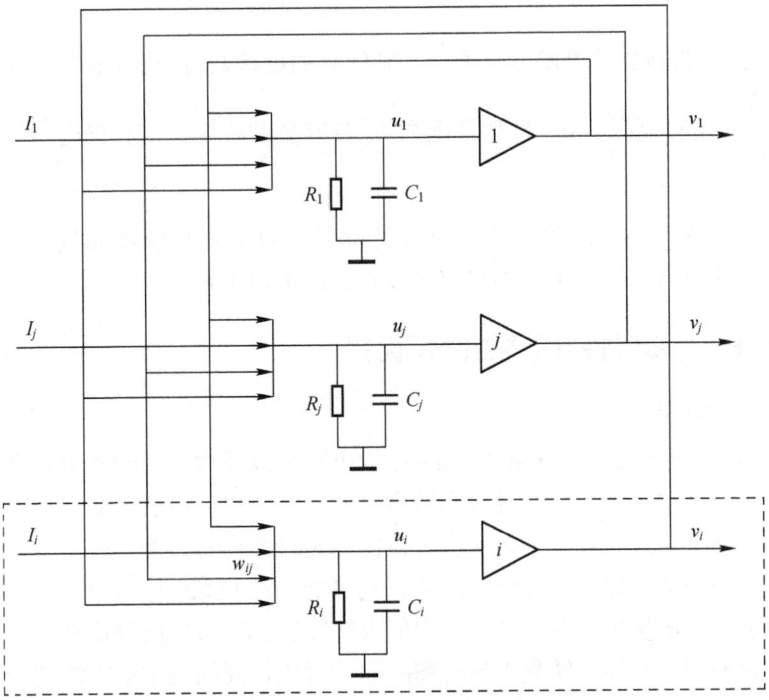

图 6.5　Hopfield 神经网络模型

对于 Hopfield 神经网络第 i 个神经元，采用微分方程建立其输入输出关系，即

$$\begin{cases} C_i \dfrac{\mathrm{d}u_i}{\mathrm{d}t} = \sum\limits_{j=1}^{n} w_{ij}v_j - \dfrac{u_i}{R_i} + I_i, \\ v_i = g(u_i) \end{cases} \tag{6.18}$$

其中，$i=1,2,\cdots,n$，$g(\cdot)$为双曲函数，一般取为

$$g(s)=\rho\,\frac{1-\mathrm{e}^{-s}}{1+\mathrm{e}^{-s}} \tag{6.19}$$

$\boldsymbol{U}=(u_1,u_2,\cdots,u_n)^{\mathrm{T}}$ 为 n 个神经元的网络状态向量；$\boldsymbol{V}=(v_1,v_2,\cdots,v_n)^{\mathrm{T}}$ 为网络的输出向量；$\boldsymbol{I}=(I_1,I_2,\cdots,I_n)^{\mathrm{T}}$为网络的输入向量。

定义 Hopfield 网络的 Lyapunov 能量函数为

$$E_{\mathrm{N}} = -\frac{1}{2}\sum_i \sum_j w_{ij}v_iv_j + \sum_i \frac{1}{R_i}\int_0^{v_i} g_i^{-1}(v)\,\mathrm{d}v - \sum_i I_iv_i \tag{6.20}$$

若权值矩阵是对称的（$w_{ij}=w_{ji}$），则有

$$\frac{\mathrm{d}E_{\mathrm{N}}}{\mathrm{d}t} = \sum_{i=1}^{n} \frac{\partial E}{\partial v_i}\cdot\frac{\partial v_i}{\partial t} = -\sum_i \frac{\mathrm{d}v_i}{\mathrm{d}t}\left(\sum_j w_{ij}v_j - \frac{u_i}{R_i} + I_i\right) = -\sum_i \frac{\mathrm{d}v_i}{\mathrm{d}t}\left(C_i\frac{\mathrm{d}u_i}{\mathrm{d}t}\right) \tag{6.21}$$

由于 $v_i=g(u_i)$，则式（6.21）可以表示为

$$\frac{\mathrm{d}E_{\mathrm{N}}}{\mathrm{d}t}=-\sum_i C_i\frac{\mathrm{d}g^{-1}(v_i)}{\mathrm{d}v_i}\left(\frac{\mathrm{d}v_i}{\mathrm{d}t}\right)^2 \tag{6.22}$$

由于 $C_i>0$，双曲函数是单调上升函数，显然它的反函数 $g^{-1}(v_i)$ 也为单调上升函数，即有 $\frac{\mathrm{d}g^{-1}(v_i)}{\mathrm{d}v_i}>0$，则可得到 $\frac{\mathrm{d}E}{\mathrm{d}t}\leqslant 0$，即能量函数 E_{N} 具有负的梯度，当且仅当 $\frac{\mathrm{d}v_i}{\mathrm{d}t}=0$ 时，$\frac{\mathrm{d}E_{\mathrm{N}}}{\mathrm{d}t}=0$ $(i=1,2,\cdots,n)$。

由此可见，随着时间的演化，网络的解在状态空间中总是朝着能量 E_{N} 减少的方向运动。网络的最终输出向量即为网络的稳定平衡点，即 E_{N} 的极小点。

6.4.2 基于 Hopfield 神经网络的路径优化

1. 旅行商问题的描述

旅行商问题（Traveling Salesman Problem，TSP）可描述为：已知多个城市之间的相互距离，推销员必须遍访这些城市，并且每个城市只能访问一次，最后又必须返回出发城市。问题是如何安排推销员对这些城市的访问次序，使其旅行路线总长度最短。

旅行商问题是一个典型的组合优化问题，其可能的路径数目与城市数目呈指数型增长，一般很难精确求出其最优解，寻找有效的近似求解算法具有重要的理论意义。很多实际应用问题，经过简化处理后，均可转化为旅行商问题，对旅行商问题求解方法的研究也具有重要的应用价值。

在庞大的搜索空间中寻求最优解，对于常规方法和现有的计算工具而言，存在着诸多的计算困难。Hopfield 等[1]采用神经网络求得经典组合优化问题（TSP）的最优解，开创了优化问题求解的新方法。

2. 求解 TSP 问题的 Hopfield 网络设计

TSP 是一个经典的人工智能难题，该问题描述为：有 r 个城市，推销员要到达每个城市各一次，再回到起点，要求旅行路径最短。

已知条件：r 个城市的坐标和各城市之间的距离；求解：一条闭合路径；目标函数：最小化（Minimize）闭合路径的距离；约束条件：闭合路径经过每一个城市且仅经过一次。

这是一个典型的约束优化问题，如果已知城市 A，B，C，D，…，之间的距离为 d_{AB}，d_{BC}，d_{CD}，…，那么总的距离，$d=d_{AB}+d_{BC}+d_{CD}+\cdots$。对于这种动态规划问题，要去求其 $\min(d)$ 的解。采用 V_{xi} 表示神经元 (x,i) 的输出，相应的输入用 U_{xi} 表示。如果城市 x 在 i 位置上被访问，则 $V_{xi}=1$，否则 $V_{xi}=0$。定义能量函数如下所示：

$$\begin{aligned}E=&\frac{A}{2}\sum_{x=1}^{N}\sum_{i=1}^{N}\sum_{j=1}^{N}V_{xi}V_{xj}+\frac{B}{2}\sum_{i=1}^{N}\sum_{x=1}^{N}\sum_{y=x}^{N}V_{xi}V_{yj}+\frac{C}{2}\left(\sum_{x=1}^{N}\sum_{i=1}^{N}V_{xi}-N\right)^2+\\&\frac{D}{2}\sum_{x=1}^{N}\sum_{y=1}^{N}\sum_{i=1}^{N}d_{xy}V_{xi}(V_{y,i+1}+V_{y,i-1})\end{aligned} \tag{6.23}$$

式（6.23）中，A、B、C、D 是权值，d_{xy} 表示城市 x 到城市 y 之间的距离；E 的前三项是问题的约束项，最后一项是优化目标项。E 的第一项用来保证矩阵 $\boldsymbol{V}$ 的每一行不多于一个

1 时 E 最小（即每个城市只去一次），E 的第二项用来保证矩阵的每一列不多于一个 1 时 E 最小（即每次只访问 1 个城市），E 的第三项用来保证矩阵 $\boldsymbol{V}$ 中访问城市的个数恰好为 N 时 E 最小。

Hopfield 将能量函数的概念引入神经网络中，开创了求解优化问题的新方法。但该方法在求解上存在局部极小、不稳定等问题。为此，为了保证对称性，假定 $A=B$，将 TSP 的能量函数定义为

$$E=\frac{A}{2}\sum_{x=1}^{N}\left(\sum_{i=1}^{N}V_{xi}-1\right)^{2}+\frac{A}{2}\sum_{i=1}^{N}\left(\sum_{x=1}^{N}V_{xi}-1\right)^{2}+\frac{D}{2}\sum_{x=1}^{N}\sum_{y=1}^{N}\sum_{i=1}^{N}V_{xi}d_{xy}V_{y,i+1} \tag{6.24}$$

此时 Hopfield 神经网络的动态方程为

$$\begin{aligned}\frac{\mathrm{d}U_{xi}}{\mathrm{d}t}&=-\frac{\partial E}{\partial V_{xi}}\quad(x,i=1,2,\cdots,N)\\&=-A\left(\sum_{i=1}^{N}V_{xi}-1\right)-A\left(\sum_{y=1}^{N}V_{yi}-1\right)-D\sum_{y=1}^{N}d_{xy}V_{y,i+1}\end{aligned} \tag{6.25}$$

采用 Hopfield 网络求解 TSP 问题的算法描述如下：

1）置初值，$t=0$，$A=1.5$，$D=1.0$，$\mu=50$；

2）计算 N 个城市之间的距离$(x,y=1,2,\cdots,N)$；

3）神经网络输入 $U_{xi}(t)$的初始化在 0 附近产生；

4）利用式（6.25）计算$\frac{\mathrm{d}U_{xi}}{\mathrm{d}t}$；

5）根据一阶欧拉法计算 $U_{xi}(t+1)$：

$$U_{xi}(t+1)=U_{xi}(t)+\frac{\mathrm{d}U_{xi}}{\mathrm{d}t}\Delta T \tag{6.26}$$

6）为了保证收敛于正确解，即矩阵 $\boldsymbol{V}$ 各行各列只有一个元素为 1，其余为 0，采用 Sigmoid 函数计算 $V_{xi}(t)$

$$V_{xi}(t)=\frac{1}{1+\mathrm{e}^{-\mu U_{xi}(t)}} \tag{6.27}$$

其中，$\mu>0$，μ 值的大小决定了 Sigmoid 函数的形状。

7）根据式（6.25），计算能量函数 E；

8）检查路径的合法性，判断迭代次数是否结束，如果结束，则终止，否则返回到步骤 4）；

9）显示输出迭代次数、最优路径、最优能量函数、路径长度的值，并画出能量函数随时间变化的曲线图。

3. 仿真实例

在 TSP 问题的 Hopfield 神经网络能量函数［式（6.25）］中，取 $A=B=1.5$，$D=1.0$。采样时间取 $\Delta T=0.1$，网络输入 $U_{xi}(t)$ 的初始值选择在区间$[-1,+1]$内的随机值，在式（6.25）的函数中，取较大的μ 值，以使函数图形比较陡峭，从而在稳态时 $V_{xi}(t)$能够趋于 1 或趋于 0。图 6.6 所示为 MATLAB 仿真中某次运算得到的 10 城市 TSP 问题的有效解。

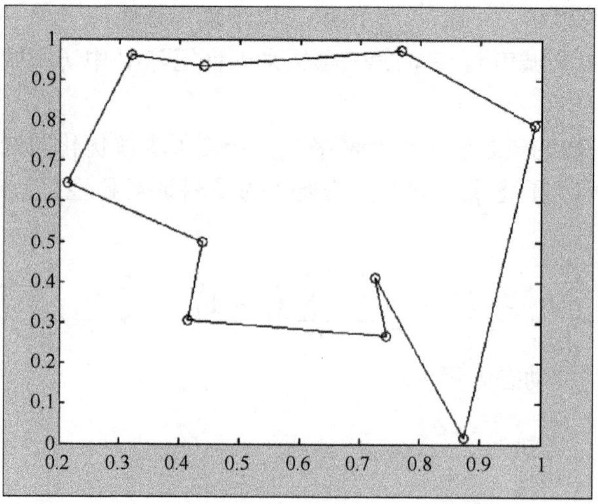

图 6.6 10 城市 TSP 问题的一个有效解[4]

6.5 本章小结

人工神经网络通常用来解决一些输入变量之间有复杂相互关系的问题。它的应用领域包括目标分类、语音合成、语音识别、模式映射和识别、数据压缩、数据关联、视觉特征识别和系统优化等。本章简单介绍了 BP 神经网络、Hopfield 神经网络的算法和应用，并对数据融合技术、优化路径问题中采用的神经网络方法进行了介绍。

参考文献

[1] WIDROW B, LEHR M A. 30 years of adaptive neural networks: perceptron, madaline, and backpropagation [J]. Proceedings of the IEEE, 1990, 78 (09): 1415-1442.

[2] 樊国创. 基于贝叶斯理论的机动目标跟踪算法研究 [D]. 北京：北京理工大学，2009.

[3] 刘金琨. 智能控制 [M]. 北京：电子工业出版社，2009.

[4] 骆再红，张正宇，王庆华. 基于 Hopfield 神经网络的最短路径路由算法 [J]. 信息通信，2014 (01): 7-8.

习题与思考

1. 6.3 节介绍的 BP 神经网络融合方法属于什么融合层次？

2. Sigmoid 激活函数在 BP 神经网络的早期研究中被广泛使用，为何要采用 Sigmoid 激活函数？将激活函数更换为 $y=x$ 会有什么效果？

3. 在很多商用的非线性优化软件中，经常会使用性能更强大的牛顿法、拟牛顿法，但在神经网络参数优化中，最速下降方法是首选方法，原因何在？

第 7 章　遗传算法及其在数据融合中的应用

遗传算法（Genetic Algorithm，GA）诞生于 20 世纪 60 年代，主要由美国 Michigan 大学 John Holland 教授提出，其内涵哲理启迪于自然界生物从低级、简单到高级、复杂，乃至人类这样一个漫长的进化过程。20 世纪 70 年代 De Jong 基于遗传算法的思想在计算机上进行了大量的纯数值函数优化计算实验。在一系列研究工作的基础上，20 世纪 80 年代由 Goldberg 进行归纳总结，形成了遗传算法的基本框架。借鉴达尔文的物竞天择、优胜劣汰、适者生存的自然选择和自然遗传的机理，其本质是一种求解问题的高效并行全局搜索方法，它能在搜索过程中自动获取和积累有关搜索空间的知识，并自适应地控制搜索过程以求得最优解[1]。

7.1　遗传算法简介

遗传算法是从代表问题可能潜在解集的一个种群开始的，而一个种群则由经过基因编码的一定数目的个体组成。每个个体实际上是带有染色体特征的实体。染色体作为遗传物质的主要载体，即多个基因的集合，其内部表现（即基因型）是由某种基因组合决定的。因此，由于仿照基因编码的工作很复杂，我们往往需要进行简化，如二进制编码。初始种群产生之后，按照适者生存和优胜劣汰的原理，逐代演化产生出越来越好的近似解。在每一代，根据问题域中个体的适应度来挑选个体，并借助于自然遗传学的遗传算子进行组合交叉和变异，产生出代表新的解集的种群。像自然进化一样，这个过程将导致后代种群比前代更加适应环境，末代种群中的最优个体经过解码，可以作为问题的近似最优解。

1. 简单的遗传算法的操作步骤

（1）将问题的解表示成编码串（“染色体”），每一码串代表问题的一个可行解。

（2）产生一定数量的初始串群，该群体就是问题的一个可行解集。

（3）将码串置于问题的“环境”中，并给出群体中每一个体的码串适应问题环境的适应度（评价）。

（4）根据码串个体适应度的高低，执行复制操作，优良的个体被大量复制，而劣质个体则很少被复制，甚至被淘汰掉，复制操作具有优化群体的作用。

（5）根据交叉概率 P_c 及变异概率 P_m，执行交叉和变异操作，在上一代群体的基础上产生新一代的码串群体。这样反复执行第（1）步到第（5）步，使码串群体一代一代不断进化，最后搜索到最适合问题环境的个体，求得问题的最优解。

2. 遗传算法主要特点

（1）遗传算法是对参数的编码进行操作，而非对参数本身。

（2）遗传算法是从许多初始点开始并行操作，而不是从一个点开始。因此可以有效防止搜索过程收敛于局部最优解，而且有较大的可能求得全局最优解。

（3）遗传算法通过目标函数来计算适应度，而不需要其他推导，从而对问题的依赖性较小。

（4）遗传算法的寻优规则是由概率决定的，而非确定性的。

（5）遗传算法在解空间进行高效启发式搜索，而非盲目地穷举或完全随机搜索。

（6）遗传算法对于待寻优的函数基本没有限制，它既不要求函数连续，也不要求函数可微，既可以是数学解析式所表示的显函数，又可以是映射矩阵，甚至是神经网络等隐函数，因而应用范围较广。

（7）遗传算法具有并行计算的特点，因而可通过大规模并行计算来提高计算速度。

（8）遗传算法更适合大规模复杂问题的优化。

（9）遗传算法计算简单，功能强。

7.2 遗传算法的基本操作

遗传算法有三种基本操作：选择（Selection）、交叉（Crossover）和变异（Mutation）。下面针对这三种操作进行接单介绍。

7.2.1 选择

选择的目的是为了从当前群体中选出优良的个体，使它们有机会作为父代为下一代繁殖子孙。根据各个个体的适应度，按照一定的规则或方法从上一代群体中选择出一些优良的个体遗传到下一群体中。遗传算法正是通过选择运算体现这一思想，进行选择的原则是适应性强的个体为下一代贡献一个或多个后代的概率大，这样就体现了达尔文的适者生存原则。

计算适应度有多重方法。

（1）按比例的适应度计算。根据码串的适应度确定码串个体被复制的概率，适应度高的码串被大量复制；而适应度低的码串则复制的少，甚至被淘汰。群体中的第 i 个码串 A_i 期望被复制的数量为 n_r，即

$$n_r = n\frac{E(A_i)}{\sum_{i=1}^{n} E(A_i)} \tag{7.1}$$

其中，n 为群体规模；$E(A_i)$为码串 A_i 的适应度。注意：$E(A_i)$为正值，否则需要经过变换使其变为正值。

（2）基于排序的适应度计算。适应度计算之后的实际选择，按照适应度值由低到高排序进行父代个体的选择。有以下算法：轮盘赌选择（roulette wheel selection）、随机遍历抽样（stochastic universal sampling）、局部选择（local selection）、截断选择（truncation selection）、锦标赛选择（tournament selection）。

7.2.2 交叉

交叉操作是遗传算法中最主要的遗传操作。通过交叉操作可以得到新一代个体，新个体

组合了父辈个体的特征。将群体内的各个个体随机搭配成对，对每一个个体，以某个概率（称为交叉概率）交换它们之间的部分染色体。交叉概率 P_c 给出了期望参与交叉的码串数量 n_c，即

$$n_c = P_c \cdot n \tag{7.2}$$

其中，n 为群体规模；P_c 为交叉概率。

根据个体编码表示方法的不同，可以进行重组，重组的算法包括实值重组（real valued recombination）、离散重组（discrete recombination）、中间重组（intermediate recombination）、线性重组（linear recombination）、扩展线性重组（extended linear recombination）。

在进行交叉计算中时的交叉模式包括二进制交叉（binary valued crossover）、单点交叉（single-point crossover）、多点交叉（multiple-point crossover）、均匀交叉（uniform crossover）、洗牌交叉（shuffle crossover）、缩小代理交叉（crossover with reduced surrogate）。

7.2.3 变异

变异操作首先在群体中随机选择一个个体，对于选中的个体，以一定的概率来随机改变串结构数据中某个串的值，即对群体中的每一个个体，以某一概率（称为变异概率）改变某一个或某一些基因座上的基因值为其他的等位基因。对于二进制编码，即码值从 1 变 0，或从 0 变 1。变异概率 P_m 给出了期望突变的码串的位数：

$$B_m = P_m \cdot L \cdot n \tag{7.3}$$

其中，n 为群体规模；L 为码串长度；P_m 为突变概率。

7.3 遗传算法的实现与应用举例

对于一个实际的待优化的问题，首先需要将其表示为适合于遗传算法进行操作的二进制字串。这个过程通常包括以下几个步骤。

（1）根据具体问题确定待寻优的参数。

（2）对每一个参数确定其变化范围，并用一个二进制数来表示。例如，若参数 a 的变化范围为$[a_{min}, a_{max}]$，且可以用 m 位二进制数 b 来表示，则两者之间满足：

$$a = a_{min} + \frac{b}{2^m - 1}(a_{max} - a_{min}) \tag{7.4}$$

这时参数范围的确定应覆盖全部的寻优空间，字长 m 的确定应在满足精度要求的情况下，尽量取小的 m，以尽量减小遗传算法计算的复杂性。

将所有表示参数的二进制串连接起来组成一个长的二进制串。该字串的每一位只有 0 或 1 两种取值。该字串即为遗传算法可以操作的对象。此为二进制编码，也是最常见的编码方式。

1. 初始种群的产生

产生初始种群的方法通常有两种。一种是完全随机的方法产生。可用随机数发生器来产生。设要操作的二进制字串总共 p 位，则最多可以有 2^p 种选择，设初始种群取 n 个样本（$n \ll 2^p$）。这种随机产生样本的方法适合对问题的解无任何先验知识的情况。对于具有某些先验知识的情况，可先将这些先验知识转化为必须满足的一组要求，然后在满足这些要求的

解中再随机地选取样本。这样选择初始种群可使遗传算法更快地到达最优解。

2. 遗传算法的操作

遗传算法的实现流程图如图 7.1 所示，计算适应度可以看成是遗传算法与优化问题之间的一个接口。遗传算法评价一个解的好坏，不是取决于它的解的结构，而是取决于该解的适应度。复制操作的目的是产生更多的高适应度的个体，它对尽快收敛到优化解具有很大的影响。但是为了达到全局最优解，必须防止过早的收敛。因此，在复制过程中也要尽量保证样本的多样性。变异是作用于单个串，它以很小的概率随机地改变一个串位的值，其目的是为了防止丢失一些有用的遗传模式，增加样本的多样性。

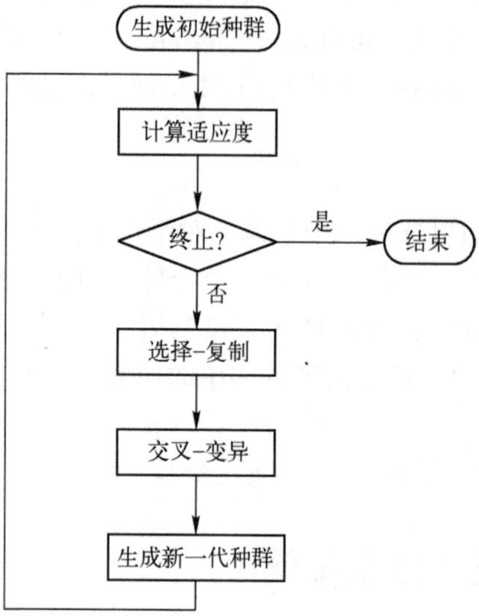

图 7.1　遗传算法的操作流程图

3. 遗传算法中参数的选择

在具体实现遗传算法的过程中，尚有一些参数需要事先选择，它们包括初始种群的大小 M、交叉概率、变异概率。这些参数对遗传算法的性能都有很大的影响。一般来说，选择较大数目的初始种群可以同时处理更多的解，因而更容易找到全局的最优解，其缺点是增加了每代迭代所需要的时间；交叉概率的选择界定了交叉操作的概率，概率越高，可能越快地收敛到最优希望的最优解区域，但是太高的概率也可能会导致收敛于一个解；变异概率通常只取较小的数值（一般为 0.001~0.1)，若选取高的变异概率，一方面会增加样本模式的多样性，另一方面则有可能引起不稳定，但是选取的变异概率太小，则可能难以找到全局的最优解。

7.3.1　求函数 $y=x^2$ 在区间[0,31]范围内的最大值

问题可转化为在区间[0,31]内搜索能使 y 取最大值的点 a 的问题。那么，区间[0,31]中的点 x 就是个体，函数值 $y=f(x)$ 恰好就可以作为 x 的适应度，区间[0,31]就是一个（解）空间。这样只要能给出个体 x 的适当染色体编码，该问题就可以用遗传算法来解决。

1. 生成初始种群，并进行选择操作

（1）设定种群规模，编码染色体，产生初始种群。将种群规模设定为4，用5位二进制数编码染色体，取下列个体组成初始种群 S_1：

$$s_1=13=(01101)_2,\ s_2=24=(11000)_2,\ s_3=8=(01000)_2,\ s_4=19=(10011)_2$$

（2）定义适应度函数，取适应度为函数 $f(x)=x^2$。

（3）计算各代种群中的各个体的适应度，并对其染色体进行遗传操作，直到适应度最高的个体［此处为31，即 $(11111)_2$］出现为止。

首先，计算初始种群 S_1 中每个个体的适应度 $f(s_i)$，$i=1,2,3,4$。

已知：

$$s_1=13=(01101)_2,\ s_2=24=(11000)_2,\ s_3=8=(01000)_2,\ s_4=19=(10011)_2$$

容易求得：

$$f(s_1)=f(13)=13^2=169,\ f(s_2)=f(24)=24^2=576,$$
$$f(s_3)=f(8)=8^2=64,\ f(s_4)=f(19)=19^2=361$$

再计算初始种群 S_1 中每个个体的选择概率，选择概率的计算公式为

$$P(x_i)=\frac{f(x_i)}{\sum_{j=1}^{N}f(x_j)}$$

由此可求得每个个体的选择概率为

$$P(s_1)=P(13)=0.14,\ P(s_2)=P(24)=0.49,\ P(s_3)=P(8)=0.06,\ P(s_4)=P(19)=0.31$$

在算法中轮盘赌选择法（见图7.2）可用下面的子过程来模拟：

1）在区间[0,1]内产生一个均匀分布的随机数 r。

2）若 $r\leqslant q_1$，则染色体 x_1 被选中。

3）若 $q_{k-1}\leqslant r\leqslant q_k(2\leqslant k\leqslant N)$，则染色体 x_k 被选中。其中的 q_i 称为染色体 $x_i(i=1,2,\cdots,n)$ 的积累概率，其计算公式为 $q_i=\sum_{j=1}^{i}P(x_j)$。

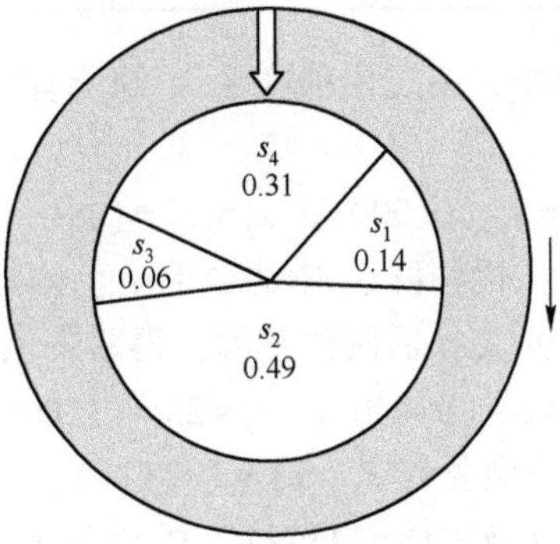

图7.2 轮盘赌选择法示意图

2. 选择-复制

设从区间[0,1]中产生4个随机数如下：

$$r_1=0.450126,\ r_2=0.110347,\ r_3=0.572496,\ r_4=0.98503$$

第一代（初始）种群 S_1 中各染色体的情况如表7.1所示。

表 7.1　第一代种群 S_1 中各染色体的情况

染色体	适应度值	选择概率	积累概率	选中次数
$s_1=(01101)_2$	169	0.14	0.14	1
$s_2=(11000)_2$	576	0.49	0.63	2
$s_3=(01000)_2$	64	0.06	0.69	0
$s_4=(10011)_2$	361	0.31	1.00	1

于是，经复制得到群体 S_1' 的每个个体如下：

$$s_1'=24=(11000)_2,\ s_2'=13=(01101)_2,\ s_3'=24=(11000)_2,\ s_4'=19=(10011)_2$$

3. 交叉

设交叉率 $P_c=100\%$，即初始群体 S_1 中的全部染色体都参加交叉运算。设 s_1' 与 s_2' 配对，s_3' 与 s_4' 配对。分别交换后两位基因，得新染色体 S_1''：

$$s_1''=29=(11101)_2,\ s_2''=8=(01000)_2,\ s_3''=27=(11011)_2,\ s_4''=16=(10000)_2$$

4. 变异

设变异率 $P_m=0.1\%$，这样，初始群体 S_1 中共有（$5\times4\times0.001=0.02$）位基因可以变异。0.02 位显然不足 1 位，所以本轮遗传操作不进行变异。

于是，将 $\{s_1'',s_2'',s_3'',s_4''\}$ 赋值到第二代种群 S_2：

$$s_1=29=(11101)_2,\ s_2=8=(01000)_2,\ s_3=27=(11011)_2,\ s_4=16=(10000)_2$$

第二代种群 S_2 中各染色体的情况如表 7.2 所示。

表 7.2　第二代种群 S_2 中各染色体的情况

染色体	适应度值	选择概率	积累概率	估计的选中次数
$s_1=(11011)_2$	841	0.445	0.445	1
$s_2=(01000)_2$	64	0.034	0.479	1
$s_3=(11011)_2$	729	0.386	0.865	1
$s_4=(10000)_2$	256	0.135	1.00	1

假设这一轮选择-复制操作中，第二代种群 S_2 中的所有染色体全部参加交叉运算，则得到群体：

$$s_1'=29=(11101)_2,\ s_2'=8=(01000)_2,\ s_3'=27=(11011)_2,\ s_4'=16=(10000)_2$$

设交叉率 $P_c=100\%$，即第二代种群 S_2 中的全部染色体都参加交叉运算。比较明显的是 s_1' 与 s_3' 配对，s_2' 与 s_4' 配对，分别交换后两位基因，得新染色体 S_2''：

$$s_1''=31=(11111)_2,\ s_2''=8=(01000)_2,\ s_3''=25=(11001)_2,\ s_4''=16=(10000)_2$$

此时出现了适应度值最高的染色体 $s_1''=31=(11111)_2$，于是遗传操作终止，将染色体“11111”作为最终结果输出。将染色体“11111”解码为表现型，即得所求的最优解：$x=31$，代入函数 $y=x^2$ 中，即得原问题的解：最大值为 961。

在编码过程中，为了设计合适的染色体和相应的遗传运算，专家学者提出了许多编码方法和相应的特殊化了的交叉、变异操作：如顺序编码或整数编码、随机键编码、部分映射交叉、顺序交叉、循环交叉、位置交叉、反转变异、移位变异、互换变异，等等。从而巧妙地用遗传算法解决了各种不同的问题。

7.3.2 一种基于多参数融合适应度函数的遗传算法

1. 利用遗传算法整定 PID 三个系数的优点

球杆系统是一个非线性不稳定系统，因此必须在球杆系统中设计一个合适的控制器才能使其稳定。PID 控制是迄今为止最通用的控制方法，由于其算法简单、鲁棒性好和可靠性高等优点，被广泛应用于过程控制和运动控制中。

但常规 PID 对具有非线性、时变不确定性的系统（如球杆系统）却无法达到预期的控制效果。随着计算机技术和智能控制理论的发展，出现了许多新型的 PID 控制器，其中基于遗传算法的 PID 控制得到了越来越广泛的应用。采用遗传算法对控制器参数进行直接或间接的优化设计，在很大程度上减少了控制器调参过程中的试凑和反复，故在此讨论如何运用遗传算法进行 PID 控制器设计，对球杆系统进行控制。采用遗传算法进行 PID 三个系数的整定，具有以下优点：

（1）与单纯形法相比，遗传算法同样具有良好的寻优特性，而且它克服了单纯形法参数初值的敏感性。当初始条件选择不当时，遗传算法在不需要给出调节器初始参数的情况下，仍能寻找到合适的参数，从而使控制目标满足要求。同时，单纯形法难以解决多值函数问题而且它在多参数寻优中容易造成寻优失败或时间过长，而遗传算法的特性决定了它能很好地克服以上问题。

（2）与专家整定法相比，遗传算法具有操作方便、速度快的优点，不需要复杂的规则，只通过字串进行简单的复制、交叉、变异，便可达到寻优。避免了专家整定法中前期大量的知识库整理工作及大量的仿真实验。

（3）遗传算法是从许多点开始的并行操作，它能够在解空间进行高效启发式搜索，克服了从单点出发的弊端以及搜索的盲目性，从而使寻优速度更快，避免了过早陷入局部最优解。

（4）遗传算法不仅适用于单目标寻优，而且也适用于多目标寻优。根据不同的控制系统，针对一个或多个目标，遗传算法均能在规定的范围内寻找到合适的参数。

2. 利用遗传算法整定 PID 控制器的参数

本小节探讨一种基于多参数融合适应度函数的遗传算法[2]来整定 PID 参数，设计合适的 PID 控制器。遗传算法整定 PID 参数的过程如下。

（1）确定变量空间。将 PID 控制器的三个参数 K_{p}、K_{i}、K_{d} 确定为待优化的变量，其取值范围可以由经验和实际情况确定。

（2）对参数进行编码。遗传算法是对待优化参数转化成的染色体进行遗传操作的，所以首先要将参数编码为遗传空间中的基因串。基本的编码方式有实数编码和二进制编码，实数编码虽然不用解码，但是不便于进行遗传操作，二进制编码虽然需要解码，但是遗传操作方便。

（3）建立多参数融合的适应度函数。遗传算法在进化搜索中基本上不利用外部信息，仅以适应度函数为依据，利用群体中每个个体的适应度来进行搜索。在求解有约束的优化问题时，一般采用惩罚函数方法将目标函数和约束条件建立成一个无约束的优化目标函数，然后再对目标函数进行适当处理，建立适合遗传算法的适应度函数。因此，适应度函数的选取至关重要，它直接影响到遗传算法的收敛速度以及能否找到最优解。

一般的寻优方法在约束条件下可以求得满足条件的一组参数，在设计中是从该组参数中寻找一个最好的。衡量一个控制系统的指标有三个方面，即稳定性、准确性和快速性。而上升时间则反映了系统的快速性，上升时间越短，控制进行得也就越快，系统品质也就越好。

在使用遗传算法求解具体问题时，适应度函数的选择对算法的收敛性以及收敛速度的影响较大，针对不同的问题需要根据经验或算法来确定相应的参数。适应度函数用来评价个体的优越性，从而为后续的遗传操作提供依据。在 PID 控制中，为了获得较好的阶跃响应，应使时间乘以误差的绝对值的积分尽可能小，并且控制输入量不要太大，超调量不要太大，上升时间不要太大，调节时间不要太长。为此，选用一个多参数融合组成的适应度函数如下式所示：

$$J = \int_0^\infty [w_1 |e(t)| + w_2 \mathrm{sup}(t) + w_3 u^2(t)]\mathrm{d}t + w_4 t_u + w_5 t_s \tag{7.5}$$

式中，$e(t)$为系统误差；$u(t)$为控制器输出；$\mathrm{sup}(t)$为系统超调量；t_u为上升时间；t_s为调节时间；w_1、w_2、w_3、w_4、w_5为系统权值。权值的选取可以使用自适应调节方法，也可以采用实验方法来确定。这里根据实际的球杆系统，在进行多次实验的情况下选取 $w_1=100$、$w_2=1000$、$w_3=0.1$、$w_4=200$、$w_5=100$，获得的系统响应如图 7.3 所示。

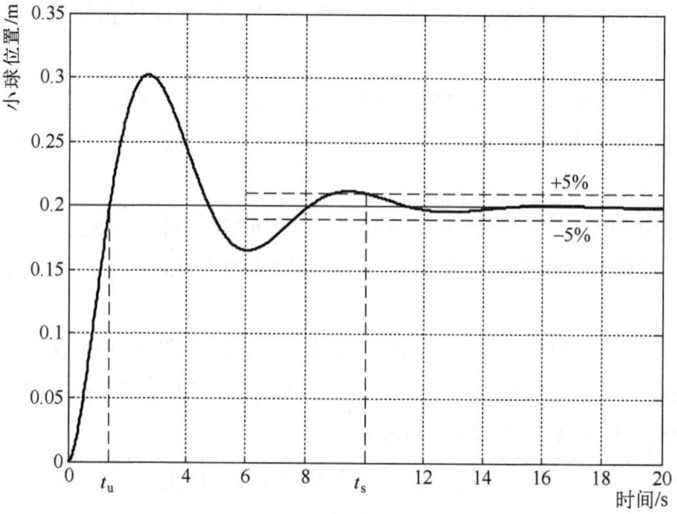

图 7.3　PID 控制的阶跃响应

（4）确定遗传操作的参数。根据实际情况或经验确定群体规模 M、遗传代数 G、选择概率、交叉概率、变异概率等。

（5）终止条件。遗传计算进化到给定的代数后，算法即终止。在遗传进化过程中，最好的染色体（适应度最大的染色体）不一定出现在最后一代中，因此在程序设计中，设计了变量来保存最好的染色体。如果在新的种群中又发现了更好的染色体，则用它代替原来的染色体变量，在进化完成之后，这个染色体就可以看作是最优解。

7.3.3　遗传算法在空中目标航迹关联融合中的应用

在分布式多传感器环境中，每个传感器都有自己的信息处理系统，并且各系统中都收集了大量的目标航迹信息。那么，一个重要的问题是如何判断来自于不同系统的两条航迹是否代表同一个目标，这就是航迹与航迹关联问题。如何解决关联过程中产生的多维分配问题，是研究多节点航迹关联的关键。虽然遗传算法能够很好地解决组合优化问题，但传统的遗传算法具有收敛速度慢和易于过早收敛于局部最优解（也称早熟）等缺点，对于计算航迹关联问题来说实时性较差。因此，加入自适应策略，来提高航迹的正确关联率与计算速度，是一个富有挑战性的工作[3]。

假定空中目标的运动方程可以用下面的状态方程和观测方程描述：

$$\boldsymbol{X}(k+1)=\boldsymbol{\Phi}(k)\boldsymbol{X}(k)+\boldsymbol{G}(k)\boldsymbol{W}(k) \tag{7.6}$$

$$\boldsymbol{Z}(k)=\boldsymbol{H}(k)\boldsymbol{X}(k)+\boldsymbol{V}(k) \tag{7.7}$$

其中，$\boldsymbol{X}(k)\in\mathbf{R}^n$ 是 k 时刻的状态向量；$\boldsymbol{W}(k)\in\mathbf{R}^n$ 是具有零均值且协方差矩阵为 $\boldsymbol{Q}(k)$ 的高斯噪声向量。对于第 s 个传感器，它获得的观测方程为

$$\boldsymbol{Z}_s(k)=\boldsymbol{H}_s(k)\boldsymbol{X}(k)+\boldsymbol{V}_s(k) \tag{7.8}$$

其中，$\boldsymbol{Z}_s(k)\in\mathbf{R}^m$ 是第 s 个传感器在 k 时刻的观测向量；$\boldsymbol{V}_s(k)\in\mathbf{R}^m$ 是具有零均值且协方差矩阵为 $\boldsymbol{R}_s(k)$ 的高斯噪声向量；$\boldsymbol{H}_s(k)\in\mathbf{R}^{m,n}$ 是第 s 个传感器的测量矩阵（$s=1,2,3,\cdots,M$，分别为局部节点的传感器编号）。不失一般性，假定所有的状态变量都在同一坐标系下，且传感器同步采样，并假设信息传输没有延迟。

对于具有 M 个局部节点的公共监视区，设 $i_{s-1}=\{1,2,\cdots,n_{s-1}\}$，为节点 $s-1$ 的航迹数目集合；$i_s=\{1,2,\cdots,n_s\}$ 为节点 s 的航迹数目集合。设 H_0 和 H_1 是下列事件，

$$\begin{cases} H_0: X_{i_s} \text{与} X_{i_{s-1}} \text{是同一目标的航迹估计，} \\ H_1: X_{i_s} \text{与} X_{i_{s-1}} \text{不是同一目标的航迹估计} \end{cases}$$

对上述事件进行假设检验，这样航迹相关问题便转化成假设检验问题。

构造充分统计量如下式所示：

$$\lambda_{i_{s-1}i_s}(k)=\lambda_{i_{s-1}i_s}(k-1)+[\hat{\boldsymbol{X}}_{i_{s-1}}(k\mid k)-\hat{\boldsymbol{X}}_{i_s}(k\mid k)]^{\mathrm{T}}\boldsymbol{C}_{i_{s-1}i_s}^{-1}[\hat{\boldsymbol{X}}_{i_{s-1}}(k\mid k)-\hat{\boldsymbol{X}}_{i_s}(k\mid k)] \tag{7.9}$$

其中，$\hat{\boldsymbol{X}}_{i_{s-1}}(k|k)$ 为节点 $s-1$ 对应的传感器对于目标 i_{s-1} 航迹的状态估计值；$\hat{\boldsymbol{X}}_{i_s}(k\mid k)$ 为节点 s 对应的传感器对于目标 i_s 航迹的状态估计值。如何判定 i_{s-1} 与 i_s 是否为同一条航迹？依据式（7.9），假定一个阈值变量为 $\Delta(k)$，当 $\lambda_{i_{s-1}i_s}\leqslant\Delta(k)$ 时，则航迹 i_{s-1} 与 i_s 为同一条航迹。

令 $\boldsymbol{C}_{i_{s-1}i_s}(k\mid k)$ 为 $[\hat{\boldsymbol{X}}_{i_{s-1}}(k\mid k)-\hat{\boldsymbol{X}}_{i_s}(k\mid k)]$ 的协方差矩阵，当状态误差不相关时，有下式成立：

$$\boldsymbol{C}_{i_{s-1}i_s}(k\mid k)=\boldsymbol{P}_{i_{s-1}}(k\mid k)+\boldsymbol{P}_{i_s}(k\mid k) \tag{7.10}$$

当状态误差相关时，协方差矩阵变为下式：

$$\boldsymbol{A}_{i_{s-1}i_s}(k\mid k)=\boldsymbol{P}_{i_{s-1}}(k\mid k)+\boldsymbol{P}_{i_s}(k\mid k)-\boldsymbol{P}_{i_{s-1}i_s}(k\mid k)-\boldsymbol{P}_{i_{s-1}i_s}^{\mathrm{T}}(k\mid k) \tag{7.11}$$

构造全局统计量：

$$\alpha_{i_1,i_2,\cdots,i_m}=\sum_{s=2}^{M}\lambda_{i_{s-1}i_s}(k) \tag{7.12}$$

定义一个二进制变量：

$$\eta_{i_1,i_2,\cdots,i_m}=\begin{cases}1, & H_0, \\ 0, & H_1\end{cases} \tag{7.13}$$

多局部节点相关序列航迹关联问题，可以认为是一个多维分配问题：

$$\min_{\eta_{i_1,i_2,\cdots,i_m}} \sum_{i_1=1}^{n_1}\sum_{i_2=1}^{n_2}\cdots\sum_{i_M=1}^{n_M}\eta_{i_1,i_2,\cdots,i_M}\alpha_{i_1,i_2,\cdots,i_M}(k) \tag{7.14}$$

上式的约束条件是

$$\begin{cases}\sum_{i_2=1}^{n_2}\sum_{i_3=1}^{n_3}\cdots\sum_{i_M=1}^{n_M}\eta_{i_1,i_2,\cdots,i_M}=1, & \text{任意 } i_1=1,2,\cdots,n_1, \\ \sum_{i_1=1}^{n_1}\sum_{i_3=1}^{n_3}\cdots\sum_{i_M=1}^{n_M}\eta_{i_1,i_2,\cdots,i_M}=1, & \text{任意 } i_2=1,2,\cdots,n_2, \\ \vdots & \\ \sum_{i_1=1}^{n_1}\sum_{i_2=1}^{n_2}\cdots\sum_{i_M=1}^{n_{M-1}}\eta_{i_1,i_2,\cdots,i_M}=1, & \text{任意 } i_M=1,2,\cdots,n_M,\end{cases} \tag{7.15}$$

因此，可以运用遗传算法求解多维分配问题的解。

1. 染色体编码

对于多传感器系统，假定 M 为公共监视区的总节点数，n 为目标的航迹数，不失一般性，假定 $M=3$，$n=9$，针对每一条航迹进行编码。

节点 1：1 2 3 4 5 6 7 8 9

节点 2：5 8 7 1 2 4 9 3 6

节点 3：4 1 6 3 9 5 8 2 7

以上编码方式代表节点 1 的第一个航迹，与节点 2 的第五个航迹以及节点 3 的第四个航迹为同一目标，以此类推。要求每个子串内部不允许出现相同的基因数字，也就意味着对已关联的航迹不能重复关联。第一个节点是已经确定的航迹排序，其他节点的排序均应该以第一个节点为参照。

2. 适应度函数

航迹关联需要求解 $\sum_{i_1=1}^{n_1}\sum_{i_2=1}^{n_2}\cdots\sum_{i_M=1}^{n_M}\eta_{i_1,i_2,\cdots,i_M}\alpha_{i_1,i_2,\cdots,i_M}(k)$ 的最小值，根据遗传算法对适应度函数概率非负的要求，需将目标函数改为最大值问题，我们利用幂函数变换法将适应度函数定义为

$$f=\left[\sum_{i_1=1}^{n_1}\sum_{i_2=1}^{n_2}\cdots\sum_{i_M=1}^{n_M}\eta_{i_1,i_2,\cdots,i_M}\alpha_{i_1,i_2,\cdots,i_M}(k)\right]^{-2} \tag{7.16}$$

3. 遗传操作

（1）选择。选择方法采用轮盘赌选择机制，按适应度的比例进行选择。区别于传统的选择方式，由于采用了适应度的变换，在进化初期，那些原本适应度较小的个体经过转换后有可能适应度变大，因此存活的概率上升；而那些原本适应度较大但对基因改良作用不大的个体，经过转换后很可能适应度反而变小，因此存活的概率下降。这样做的目的就是要尽可能地加大搜索空间，减少掉入局部最优值陷阱的概率。

设群体的大小为 n，个体 x_i 的适应度为 $f(x_i)$，个体 x_i 在群体中被选中的概率表示如下：

$$P(x_i)=\frac{f(x_i)}{\sum_{j=1}^{N}f(x_j)} \tag{7.17}$$

显然，个体适应度越大，被选中的概率越高。

(2) 交叉。交叉算子采用部分匹配交叉法（Partially Matching Crossover，PMX）。在PMX操作中，先依据均匀随机分布产生两个位串交叉点，定义这两点之间的区域为一匹配区域，并使用位置交换操作，交换父串中两个子串的匹配区域。为了叙述方便，我们首先给出两个来自不同父体的子串A和B。它们的染色体编码分别为

A:5 8 7 1 2 4 9 3 6

B:7 2 6 9 8 5 3 1 4

如果采用基本遗传算法中的实值交叉操作的话，在后代中势必会出现基因重复的现象，这与之前的编码要求不符。具体算法如下：首先，在A、B中随机选择两个交叉点“|”，即

A:5 8 7 | 1 2 4 9 | 3 6

B:7 2 6 | 9 8 5 3 | 1 4

将两个交叉点之间的中间段交换，得到

A_1:××× | 9 8 5 3 | ××

B_1:××× | 1 2 4 9 | ××

其中，“×”表示暂未定义码，得到中间段的映射关系，有：1 ↔ 9，2 ↔ 8，4 ↔ 5，9 ↔ 3。然后对A、B中的“×”部分，分别保留从父个体中继承但未选定的码6、7，得到

A_1:××7 | 9 8 5 3 | ×6

B_1:7×6 | 1 2 4 9 | ××

最后，根据中间段的映射关系，对于A的第1位上的“×”，使用最初父码5，由5 ↔ 4，交换得到第一个“×”为4；第2位上的“×”，使用父码8，由8 ↔ 2，交换得到第二个“×”为2。以此类推。如果映射关系中存在传递关系，即备选交换有多个码，则选择此前未确定的一个码作为交换。例如，第8位上的“×”，使用父码3，由3↔9、9↔1，得到第三个“×”为1。这样，最终生成的后代子串分别为

A_1:4 2 7 | 9 8 5 3 | 1 6

B_1:7 8 6 | 1 2 4 9 | 3 5

(3) 变异。变异采用基于次序的实值变异。即先随机地产生两个变异位置，然后交换这两个变异位置上的基因。这里的变异操作仍然是对子串进行。例如，变异前的某个子串为

C:5 8 7 1 2 4 9 3 6

若随机产生的两个变异位置分别为第2位和第6位，则变异后的字串为

C_1:5 4 7 1 2 8 9 3 6

(4) 交叉概率与变异概率。遗传算法参数中的交叉概率 P_c 和变异概率 P_m 的选择是影响遗传算法行为和性能的关键所在，直接影响算法的收敛性。P_c 越大，新个体产生的速度就越快。然而，P_c 过大时遗传模式被破坏的可能性也越大，使得具有高适应度的个体结构很快就会被破坏；但是如果 P_c 过小，又会使搜索过程缓慢，以致停滞不前。对于变异概率 P_m，如果 P_m 过小，就不易产生新的个体结构；如果 P_m 取值过大，那么遗传算法就变成纯

粹的随机搜索算法。

为此，Srinivas 等提出一种自适应遗传算法[4]，使得 P_c 和 P_m 能够随适应度自动改变。当种群每个个体的适应度趋于一致或者趋于局部最优时，使 P_c 和 P_m 增加，而当群体适应度比较分散时，使 P_c 和 P_m 减少。同时，对于适应度高于群体平均适应度的个体，将其对应于较低的 P_c 和 P_m，使该解得以被保护进入下一代；而对于适应度低于平均适应度值的个体，则将其对应于较高的 P_c 和 P_m，使该解被淘汰掉。

但是，尹靓等人[5]指出，这种调整方法对处于进化后期的群体比较合适，而对处于进化初期的群体则不利。因为在进化初期，群体中较优的个体几乎处于一种不发生变化的状态，而此时的优良个体不一定是优化的全局最优解，这容易使进化陷入局部最优解的可能性增加。为此，可以做进一步改进，使群体中适应度最大的个体的交叉概率和变异概率不为零，分别提高到 P_{c2}和 P_{m2}。

交叉概率 P_c 的改进表达式如下：

$$P_c=\begin{cases}P_{c1}-\dfrac{(P_{c1}-P_{c2})(f'-f_{avg})}{f_{max}-f_{avg}}, & f'\geqslant f_{avg},\\ P_{c1}, & f<f_{avg}\end{cases}$$

变异概率 P_m 的改进表达式如下：

$$P_c=\begin{cases}P_{m1}-\dfrac{(P_{m1}-P_{m2})(f_{max}-f)}{f_{max}-f_{avg}}, & f\geqslant f_{avg},\\ P_{m1}, & f<f_{avg}\end{cases}$$

式中，f_{max}为群体中的最大适应度；f_{avg}为每代群体的平均适应度；f'为要交叉的两个个体中较大的适应度；f为要变异个体的适应度。

(5) 自适应遗传算法。尹靓等人[5]提出了一种自适应遗传算法，该算法首先对进化阶段做了划分，设最大进化代数为 T，将整个进化进程划分为三个阶段，按照如下的方法划分。

第一阶段：$[0,T_1]$，其中 $T_1=\alpha T$。

第二阶段：$[T_1,T_2]$，其中 $T_2=(1-\alpha)T$。

第三阶段：$[T_2,T]$，取 $\alpha=0.382$，则有 $T_1=0.382T$，$T_2=0.618T$。

针对交叉概率和变异概率分别增加如下两个约束条件：

$$P_{c1}=\begin{cases}0.9, & t\in[0,T_1],\\ 0.8, & t\in[T_1,T_2],\\ 0.7, & t\in[T_2,T],\end{cases}\quad P_{c1}=\begin{cases}0.1, & t\in[0,T_1],\\ 0.08, & t\in[T_1,T_2],\\ 0.06, & t\in[T_2,T]\end{cases}$$

(6) 精英保留策略。精英保留策略的定义为：如果下一代群体的最佳个体适应度小于当前群体最佳个体适应度，则将当前群体最佳个体，或者适应度大于下一代最佳个体适应度的多个个体，直接复制到下一代，随机替代或替代最差的下一代群体中的相应数量个体。

精英保留策略保证了当前的最优个体不会被交叉、变异等遗传操作破坏，它是群体收敛到优化问题最优解的一种基本保障。

（7）算法流程。基于上面的交叉概率与变异概率的自适应遗传算法的流程如下。

① 给遗传算法参数赋值，包括种群个数 N、精英保留个数 N_e、交叉概率参数 P_{c2} 和变异概率参数 P_{m2}、遗传计算允许的最大进化代数 T 和划分进化阶段的参数 α 等。

② 种群初始化，产生初始种群，并计算其适应度函数。

③ 判断进化阶段。

④ 对种群个体按照该阶段对应的适应度大小进行排序。

⑤ 执行精英个体保留策略，将适应度最优的前 n 个个体直接保留至下一代。

⑥ 执行遗传算法进化操作，产生后代。

⑦ 更新交叉概率和变异概率。

⑧ 计算新种群个体适应度。

⑨ 若遗传计算达到所允许的最大代数 T 或连续若干代种群最优个体没有进化，则输出最优结果，迭代结束；否则转向步骤 ③，继续进行进化搜索。

7.4 本章小结

遗传算法通常用来解决一些优化问题，应用领域包括目标分类、模式映射和识别、数据压缩、数据关联、视觉特征识别和系统优化等。本章简单介绍了遗传算法的基本原理与应用，并对多指标优化条件下的球杆系统控制方法、航迹关联优化算法中所采用的遗传算法进行了介绍。

参考文献

[1] 何友，彭应宁，陆大绘．多传感器数据融合模型综述［J］．清华大学学报，1996，36（09）：14-20.

[2] 廉聪丛．基于遗传算法的球杆控制系统［D］．北京：北京理工大学．2010.

[3] 何友，陆大绘，彭应宁，等．多传感器数据融合系统中两种新的航迹相关算法［J］．电子学报，1997，25（09）：10-14.

[4] SRINIVAS M，PATNAIK L M. Adaptive probabilities of crossover and mutation in genetic algorithms［J］. IEEE Transactions on Systems，Man and Cybernetics，1994，24（04）：656-667.

[5] 尹靓，李连，刘东鑫．基于自适应遗传算法的航迹关联模型［J］．海军航空工程学院学报，2009，24（03）：272-276.

[6] 田宝国，何友，杨日杰．基于遗传算法的分布式多传感器航迹关联算法［J］．火力与指挥控制，2005，30（05）：44-47.

[7] 詹武平，肖同林，聂冲．基于遗传算法的目标轨迹测量数据融合处理方法［J］．电子学报，2010，38（2A）：89-93.

习题与思考

1. 试画出遗传算法的结构流程图并说明每一步完成的主要操作。

2. 概率值 $P_x=0.005$，可能是下面哪种操作中随机产生的概率（　　）？

A. 遗传操作　　B. 选择　　C. 交叉　　D. 变异

3. 并不是每个女孩都适合穿高跟鞋。研究表明，当一个女孩的下肢高度和身高的比例正好是黄金分割（0.618）时，看起来最美。设某女孩下肢躯干部分长为 x cm，身高为 l cm，鞋跟高 d cm。

（1）设计适应度函数；

（2）已知店内最高的鞋跟高为 D（单位：cm），请为女孩定性描述此例的遗传算法优化过程。

第 8 章　粒子群算法及其在数据融合中的应用

粒子群优化（Particle Swarm Optimization，PSO）算法是一种进化计算（Evolutionary Computation）技术，由 Eberhart 和 Kennedy 于 1995 年提出[1]。该算法源于对鸟群捕食行为的研究，主要用于优化计算，基本思想是通过群体中个体之间的协作和信息共享来寻找最优解。PSO 算法的优势在于简单、容易实现，并且没有许多参数的调节。目前已被广泛应用于函数优化、神经网络训练、模糊系统控制以及其他遗传算法的应用领域。

8.1　粒子群算法介绍

我们经常能够看到成群的鸟、鱼或者浮游生物，这些生物的聚集行为有利于它们觅食和逃避捕食者。它们的群落动辄以十、百、千甚至万计，并且经常不存在一个统一的指挥者。它们是如何完成聚集、移动这些行为呢？设想这样一个场景：一群鸟在随机搜索食物。在这个区域里只有一块食物，所有的鸟都不知道食物在哪里。但是它们知道自己当前的位置距离食物还有多远。那么找到食物的最优策略是什么？最简单有效的方式就是搜寻目前离食物最近的鸟的周围区域。

Millonas 在开发人工生命算法时（1994 年），提出了群体智能的概念并提出以下五点原则。

（1）接近性原则：群体应能够实现简单的时空计算。

（2）优质性原则：群体能够响应环境要素。

（3）变化相应原则：群体不应把自己的活动限制在一狭小范围。

（4）稳定性原则：群体不应每次随环境改变自己的模式。

（5）适应性原则：群体的模式应在计算代价值得的时候改变。

社会组织的全局行为是由群内个体行为以非线性方式呈现的。个体间的交互作用在构建群行为中起到了重要的作用。从不同的群研究得到不同的应用。最引人注目的是对蚁群和鸟群的研究，其中粒子群优化方法就是通过模拟鸟群的社会行为发展而来。

Reynolds、Heppner 和 Grenader 等学者提出对鸟群行为的模拟。他们发现，鸟群在行进中会突然同步地改变方向、散开或者聚集等。那么一定有某种潜在的能力或规则保证了这些同步的行为。这些科学家都认为上述行为是基于不可预知的鸟类社会行为中的群体动态学。在这些早期的模型中仅仅依赖个体间距的操作，也就是说，这种同步是鸟群中个体之间努力保持最优距离的结果。

生物社会学家 E. O. Wilson 对鱼群进行了研究。提出："至少在理论上，鱼群的个体成员能够受益于群体中其他个体在寻找食物过程中的发现和以前的经验，这种受益超过了个体之间的竞争所带来的利益消耗。"这说明，同种生物之间信息的社会共享能够带来好处。

以上的研究，构成了 PSO 算法的基础。如果，将飞行的鸟群抽象为没有质量和体积的微粒（点），并延伸到 N 维空间，粒子 I 在 N 维空间的位置表示为向量 $\boldsymbol{X}_i=(x_1,x_2,\cdots,x_N)$，飞行速度表示为向量 $\boldsymbol{V}_i=(v_1,v_2,\cdots,v_N)$；每个粒子都有一个由目标函数决定的适应度（fitness value），并且知道自己到目前为止发现的最好位置 $\boldsymbol{p}_{\text{best}}$ 和现在的位置 $\boldsymbol{X}_i$，这可以看作是粒子自己的飞行经验。除此之外，每个粒子还知道到目前为止，整个群体中所有粒子发现的最好位置 $\boldsymbol{g}_{\text{best}}$（$\boldsymbol{g}_{\text{best}}$ 是 $\boldsymbol{p}_{\text{best}}$ 中的最好值），这可以看作是粒子同伴的经验，粒子就是通过自己的经验和同伴中最好的经验来决定下一步的运动。

PSO 算法初始化为一群随机粒子（随机解），然后通过迭代找到最优解，在每一次的迭代中，粒子会通过跟踪两个“极值”（$\boldsymbol{p}_{\text{best}}$ 和 $\boldsymbol{g}_{\text{best}}$）来更新自己。在找到这两个最优值后，粒子通过下面的公式来更新自己的速度和位置。

$$\boldsymbol{V}_i=\boldsymbol{V}_i+c_1\times\text{rand}(\,)\times(\boldsymbol{p}_{\text{best}}-\boldsymbol{X}_i)+c_2\times\text{rand}(\,)\times(\boldsymbol{g}_{\text{best}}-\boldsymbol{X}_i) \tag{8.1}$$

$$\boldsymbol{X}_i=\boldsymbol{X}_i+\boldsymbol{V}_i \tag{8.2}$$

其中，$i=1,2,\cdots,M$，M 是该群体中粒子的总数；$\boldsymbol{V}_i$ 是粒子的速度；$\boldsymbol{p}_{\text{best}}$ 和 $\boldsymbol{g}_{\text{best}}$ 如前定义；rand( )是介于［0,1］之间的随机数；$\boldsymbol{X}_i$ 是粒子的当前位置；c_1 和 c_2 是学习因子，通常取 $c_1=c_2=2$。在每一维，粒子都有一个最大限制速度 $\boldsymbol{V}_{\max}$，如果某一维的速度超过设定的 $\boldsymbol{V}_{\max}$，那么这一维的速度就被限定为 $\boldsymbol{V}_{\max}$（$\boldsymbol{V}_{\max}>\boldsymbol{0}$）。

从社会学的角度来看，式（8.1）的第一部分称为记忆项，表示上次速度大小和方向的影响；式（8.1）第二部分称为自身认知项，是从当前点指向粒子自身最好点的一个向量，表示粒子的动作来源于自己经验的部分；式（8.1）的第三部分称为群体认知项，是一个从当前点指向种群最好点的向量，反映了粒子间的协同合作和知识共享。粒子就是通过自己的经验和同伴中最好的经验来决定下一步的运动。

1998 年 Shi 等人在进化计算国际会议上发表了一篇题为“A modified particle swarm optimizer”的论文，对式（8.1）进行了修正，引入惯性权重因子 ω，使得式（8.1）变成下面的公式：

$$\boldsymbol{V}_i=\omega\boldsymbol{V}_i+c_1\times\text{rand}(\,)\times(\boldsymbol{p}_{\text{best}}-\boldsymbol{X}_i)+c_2\times\text{rand}(\,)\times(\boldsymbol{g}_{\text{best}}-\boldsymbol{X}_i) \tag{8.3}$$

其中，ω 非负，称为惯性因子。

式（8.3）和式（8.2）构成了标准的 PSO 算法。ω 值较大，全局寻优能力强，局部寻优能力弱；ω 值较小，则反之（局部寻优能力强，全局寻优能力弱）。

初始时，Shi 等人将 ω 取为常数，后来实验发现，动态 ω 能够获得比固定值更好的寻优结果。动态 ω 可以在 PSO 搜索过程中线性变化，也可根据 PSO 性能的某个测度函数动态改变。目前，采用较多的是 Shi 等人建议的线性递减权值（Linearly Decreasing Weight，LDW）策略：

$$\omega^{(t)}=(\omega_{\text{ini}}-\omega_{\text{end}})(G_k-g)/G_k+\omega_{\text{end}} \tag{8.4}$$

其中，G_k 为最大进化代数；ω_{ini} 为初始惯性权值；ω_{end} 为迭代至最大代数时的惯性权值。典型取值为 $\omega_{\text{ini}}=0.9$，$\omega_{\text{end}}=0.4$。

惯性权值 ω 的引入，使 PSO 算法的性能有了很大的提高，针对不同的搜索问题，可以调整全局和局部搜索能力，也使得 PSO 算法能成功地应用于很多实际问题。

标准 PSO 算法的流程如下。

1）初始化一群微粒（群体规模为 m），包括随机位置和速度。

2）评价每个微粒的适应值。

3）对每个微粒，将其适应度与其所经过的最好位置 $\boldsymbol{p}_{\text{best}}$ 做比较，如果优于往次 $\boldsymbol{p}_{\text{best}}$，则将当前的值更新为最好位置 $\boldsymbol{p}_{\text{best}}$。

4）对每个微粒，将其适应度与其经过的最好位置 $\boldsymbol{g}_{\text{best}}$ 做比较，如果优于往次 $\boldsymbol{g}_{\text{best}}$，则将当前的值更新为最好位置 $\boldsymbol{g}_{\text{best}}$。

5）根据式（8.2）、式（8.3）调整微粒速度和位置。

6）未达到迭代终止条件，则转到步骤 2）。

7）结束。

迭代终止条件，根据具体问题一般选为最大迭代次数 G_k 或（和）粒子群迄今为止搜索到的最优位置满足的预定最小适应阈值。

8.2 基于动态权值的粒子群算法在多传感器数据融合中的应用

多传感器信息融合（数据融合）是指对来自多个传感器的数据进行多级别、多方面、多层次的处理，从而产生新的有意义的信息，得到关于目标状态或目标特征的判定。被融合的信息可能是冗余的，也可能是互补的。要使融合后的数据最有效，就要有尽可能合理的算法（融合法则）。通过加权系数调整融合结果中测量数据的比例，是一种较好的方法，而确定加权因子则是这一方法的关键。

朱培逸与张宇林[3]提出一种随着粒子进化过程而变化的动态权值（Dynamical Weight，DW）的改进策略，使粒子具有自适应变化的速度，能够随着进化过程自适应地调整粒子的多样性，从而有效地跳出局部最优。从标准的 PSO 算法中，可以看出粒子寻优的过程就是在不断进化的过程，可以将它分为两个部分：粒子速度进化程度和粒子聚合的程度不断变化的过程。

定义 8.1 若第 t 代种群中的第 i 个粒子用 $x_i(t)\mid(i\in\{1,2,\cdots,N\})$ 表示，该粒子当前最优适应度用 f_i 表示，当前时刻的个体极值用 $f_{i,\text{best}}(t)$ 表示，那么第 $t-1$ 代个体极值为 $f_{i,\text{best}}(t-1)$，用 $\alpha(x)$ 表示粒子速度进化的程度，则有

$$\alpha(x)=\frac{f_{i,\text{best}}(t)}{f_{i,\text{best}}(t-1)} \tag{8.5}$$

从算法的数学模型中可知，全局最优值是由个体的最优值决定的，并且在迭代过程中，当前的全局最优值总是优于或者等于前一次迭代的全局最优值，$\alpha(x)$ 考虑到了粒子以前的运行状况，反映了粒子群在速度上进化的程度。早期 $\alpha(x)$ 值较大，速度进化快，反之亦然。当经过若干次迭代后，$\alpha(x)$ 值保持为 1 时则表明算法停滞或找到了最优值。

定义 8.2 若第 t 代种群中的第 i 个粒子用 $x_i(t)\mid(i\in\{1,2,\cdots,N\})$ 表示，该粒子当前最优适应度用 f_i 表示，当前时刻的个体极值用 $f_{i,\text{best}}(t)$ 表示，当前所有粒子的平均值用 $f_{\text{avg}}(t)$ 表示，用 $\beta(x)$ 表示粒子聚合的程度，则有

$$\beta(x)=\frac{f_{i,\text{best}}(t)}{f_{\text{avg}}(t)} \tag{8.6}$$

全局最优值总是优于或者等于当前个体中的最优值，当所有粒子都达到全局最优值时，粒子群就聚合到一个点上即 $\beta(x)=1$，可以从参数的定义中看出当前的粒子群的密集性。同时，$\beta(x)$ 越大，说明粒子群中粒子的分布越集中。

根据定义 8.1 和定义 8.2，可以很清楚地反映出粒子群的寻优过程。假如根据粒子速度进化程度和粒子聚合程度来调整权值，就能够将权值与粒子寻优过程相结合，从而可以通过调整权值达到调整种群多样性的目的。所以权值的大小是随粒子速度进化程度和粒子聚合程度的变化而变化的，能够从数学模型上解决粒子早熟收敛的问题。当$\alpha(x)$较大时进化速度快，算法可以在较大的空间内继续搜索，即粒子在较大范围内寻优。当$\alpha(x)$较小时，可以减少权值ω，使得粒子在小范围内搜索，从而更快地找到最优值。当$\beta(x)$较小（即粒子比较分散）时，粒子不易陷入局部最优，随着$\beta(x)$的增大，算法容易陷入局部最优值，此时需要增大权值ω，从而增大搜索的空间，提高粒子群的全局寻优能力。

综上所述，ω随着粒子速度进化程度$\alpha(x)$的增大而减小，随着粒子聚合程度$\beta(x)$的增大而增大，所以ω与$\alpha(x)$及$\beta(x)$之间的函数关系可以表示为下式：

$$\omega=f(\alpha,\beta)=\omega_0-0.5\alpha(x)+0.1\beta(x) \tag{8.7}$$

其中，ω_0为ω的初始值，一般取$\omega_0=0.9$。

由于算法通过引入粒子的进化程度和聚合程度来改变惯性因子，使得粒子有吸收和排斥的作用，从而达到优化时误差小、收敛速度快的特点。本章参考文献［4］中已经做了详细的仿真实验，证明了这种算法的优越性能。

采用本章参考文献［5］提出的广义期望算子（generalized mean operator），其定义为

$$g(x_1,\cdots,x_n;p,\omega_1,\cdots,\omega_n)=\left(\sum_{i=1}^{n}\omega_i x_i^p\right)^{\frac{1}{p}} \tag{8.8}$$

其中，p为模糊度；ω_i为x_i上的权值因子，并且$\sum_{i=1}^{n}\omega_i=1$；n为传感器的个数。

广义期望算子的主要性质归纳如下：

$$\min(a,b)\leqslant \mathrm{mean}(a,b)\leqslant \max(a,b) \tag{8.9}$$

通过将p的值在$-\infty$和$+\infty$之间变化，可以得到一个介于最小值和最大值之间的值。如果关于传感器的可靠信息已知，那么权值ω_i可以容易地确定；如果关于冗余度或者互补程度的信息可知，则可以确定参数p。为此采用 PSO 算法，流程如下。

（1）初始化。确定改进 PSO 算法的各项参数，在搜索范围内均匀设计初始种群中m个权值向量$(y_{id}^{(0)},p^{(0)})$，其中维数d对应传感器的数目n。设计目标函数如下：

$$f=\sum_{k=1}^{l}(desired_k-actual)^2 \tag{8.10}$$

其中，$desired_k$表示期望输出；l表示样本数；$actual=\left(\sum_{i=1}^{n}\omega_{id}x_{id}^p\right)^{\frac{1}{p}}$表示传感器信息，是通过式（8.8）所求的值，根据约束条件，做归一化处理，得权值$\omega_{id}=y_{id}\Big/\sum_{d=1}^{n}y_{id}$。

（2）根据改进 PSO 算法更新各粒子的位置y_{id}和模糊度p，确定融合后每个传感器的权值ω_{id}和模糊度p。

经过以上处理，可以有效地滤除噪声干扰，提高融合精度。

8.3 一种自适应模型集的交互多模型辅助粒子滤波算法

在机动目标跟踪的研究和实践过程中，人们逐渐认识到使用基于单模型的自适应滤波器

进行机动目标跟踪时效果往往并不好，主要表现是跟踪精度与对目标机动的快速响应之间难以很好地协调，特别是随着目标的机动能力变得越来越强，目标运动模式的结构和参数变化都会很大，单模型的自适应滤波器难以及时准确地辨识出这些变化，造成模型不准确，从而导致跟踪性能下降。交互多模型（Interacting Multiple Model，IMM）方法被认为是迄今为止最有效的多模型方法之一，由于 IMM 算法能够在计算精度和计算开销上获得较好的折中，因此是被广泛使用的多模型算法之一。当系统可以被描述为线性模型，并且系统和传感器误差均为高斯白噪声时，卡尔曼（Kalman）滤波可得到统计意义上的无偏最优估计。然而，许多实际的目标运动模型和传感器的量测模型是非线性的，而噪声也是非高斯的，这时卡尔曼滤波的使用便受到限制。人们提出了扩展卡尔曼滤波（EKF），其在目标当前状态附近做近似线性处理，该方法适用于非线性不太剧烈的情况。当模型的非线性比较剧烈时，这种方法会出现滤波不稳定甚至发散。针对非线性问题，常用的滤波算法还有去偏转换卡尔曼滤波（DCMKF）、无迹卡尔曼滤波（UKF）等。但这些算法均要求观测噪声和过程噪声是独立或相关的高斯白噪声，因此实际应用中迫切需要能处理更一般问题的滤波算法。

本节介绍一种基于目标转弯速率自适应模型集的交互多模型辅助粒子滤波算法[6]（Adaptive Model Sets Interacting Multiple Model Auxiliary Particle Filter，AMS-IMM-APF），该算法可以构造包含目标机动转弯率的状态转移矩阵，在线估计目标的机动转弯角速率，并依据辨识到的转弯率自适应调整模型结构，实时地与目标实际运动模式相匹配。同时，将交互多模型的思想与辅助粒子滤波算法相结合，使得该算法既可以处理线性模型、高斯噪声的问题，又可以处理非线性、非高斯问题。

8.3.1 机动目标跟踪模型介绍

1. 模型的建立

一般的机动目标跟踪问题可由非线性状态方程和非线性量测方程进行描述：

$$\boldsymbol{x}_{k+1}=f_{k-1}(\boldsymbol{x}_{k-1},m_k,\boldsymbol{u}_k) \tag{8.11}$$

$$\boldsymbol{z}_k=h_k(\boldsymbol{x}_k,m_k,\boldsymbol{v}_k) \tag{8.12}$$

假定过程噪声 $\boldsymbol{u}_k$ 和量测噪声 $\boldsymbol{v}_k$ 是零均值白噪声，独立于过去和现在的状态，概率密度函数（PDF）已知，且方差分别为 Q_k、R_k。m_k 表示目标在时刻 k 的有效模式。$m_k \in S$，S 为目标所有可能运动模式的集合；s 为 S 中模式的个数。模型转换概率可由马尔可夫链表示：

$$\pi_{ij}=P(m_k=j \mid m_{k-1}=i) \quad (i,j\in S) \tag{8.13}$$

式中，π_{ij}满足

$$\pi_{ij} \geqslant 0,\ \sum_{j=1}^{s}\pi_{ij}=1 \tag{8.14}$$

初始模型概率为

$$\mu_i=P(m_1=i),\mu_i \geqslant 0,\ \sum_{i=1}^{s}\mu_i=1 \tag{8.15}$$

在进行目标跟踪的过程中，目标运动方式的不确定性是指目标在未知的时间段内可能会做已知的或未知的机动。一般情况下，目标的非机动方式及目标发生机动时的不同机动形式，都可以通过不同的数学模型来加以描述。采用不正确的目标运动模型会导致跟踪系统跟踪性能的严重下降。因而在目标跟踪过程中，运动模型采用的正确与否对目标的跟踪性能是至关重要的。在多模型算法中，为了获得好的估计性能，在模型集中，至少要有一个模型接近于系统实际起作用的模型。

为了方便起见，考虑目标在水平面上做机动。假设目标在 k 时刻的转弯速率为 $\omega(k)$（假设在采样周期其角速率为常数）。选择目标的状态变量由位置(x,y)、速度(v_x,v_y)和角速率 ω 组成，即 $\boldsymbol{x}'=(x,v_x,y,v_y,\omega)$，则目标的状态方程可表示为

$$\boldsymbol{x}(k+1)=\boldsymbol{\Phi}(k)\boldsymbol{x}(k)+\boldsymbol{G}u_k \tag{8.16}$$

式中，T 为采样周期，

$$\boldsymbol{\Phi}(k)=\begin{bmatrix} 1 & \sin(\omega(k)\cdot T)/\omega(k) & 0 & -[1-\cos(\omega(k)\cdot T)]/\omega(k) & 0 \\ 0 & \cos(\omega(k)\cdot T) & 0 & -\sin(\omega(k)\cdot T) & 0 \\ 0 & [1-\cos(\omega(k)\cdot T)]/\omega(k) & 1 & \sin(\omega(k)\cdot T)/\omega(k) & 0 \\ 0 & \sin(\omega(k)\cdot T) & 0 & \cos(\omega(k)\cdot T) & 0 \\ 0 & 0 & 0 & 0 & 1 \end{bmatrix} \tag{8.17}$$

当 $\omega(k)\to 0$ 时，$\lim\limits_{\omega(k)\to 0}\boldsymbol{\Phi}(k)=\begin{bmatrix} 1 & T & 0 & 0 & 0 \\ 0 & 1 & 0 & 0 & 0 \\ 0 & 0 & 1 & T & 0 \\ 0 & 0 & 0 & 1 & 0 \\ 0 & 0 & 0 & 0 & 1 \end{bmatrix}$，即匀速运动模型。$\boldsymbol{G}=\begin{bmatrix} T^2/2 & 0 & 0 \\ T & 0 & 0 \\ 0 & T^2/2 & 0 \\ 0 & T & 0 \\ 0 & 0 & T \end{bmatrix}$。

从式（8.17）可以看出，该模型中的状态转移矩阵为时变矩阵。状态转移矩阵的时变性主要是体现在角速率这个变量上，而角速率恰恰又是我们需要估计的状态之一，可以对其进行实时估计，且目标的运动模式由目标的转弯速率 $\omega(k)$ 确定。此外，随着 ω 的变化，模型可以适应不同的机动模式。当 $\omega(k)\to 0$ 时，模型对应为匀速运动模型。由此可以看出，该模型可以跟踪目标不同的机动水平。

假设可以观测到目标的距离及方位信息，量测方程为

$$z_k=\begin{bmatrix} \arctan(y/x) \\ \sqrt{x^2+y^2} \end{bmatrix}+\boldsymbol{I}v_k \tag{8.18}$$

式中，$\boldsymbol{I}$ 为单位矩阵。

2. 模型集自适应

在多模型算法中，为了获得好的估计性能，模型集中至少要有一个模型接近于系统实际起作用的模型。如果模型集中不包含当前目标的运动模式，跟踪精度就会大大下降，甚至发散。一种简单的做法是增加模型集中的模型数量，以便能覆盖系统的各种机动模式。理论研究已经证明，由于多模型数据融合中存在着过多不必要模型的额外竞争作用，采用过大的模型集，不仅会使计算量增加，而且还降低了参数的估计精度。变结构多模型方法是对固定结构多模型方法的一种改进，它避免了固定结构多模型的缺陷，变结构多模型的一个主要优点是，不需要提前指定所有的系统模式集合。

交互多模型（IMM）算法的一个关键因素是目标运动模型，其应该能够尽可能真实地反映目标的实际机动情况。一般情况下，模型离目标的真实运动模式越接近，跟踪精度也就越高。因此，模型集应尽可能选择在目标真实运动模式的附近。我们首先选择可以辨识目标运动模式的模型。在很多情况下，精确的目标运动模式是难以获得的，因此，更为实际的做

法是在目标运动模式的估计值周围选择一定数量的模型集，即采用自适应交互多模型估计。考虑到辨识到的参数可能有正偏或负偏两种可能，一般可用如下方法选取三个模型，即：根据辨识到的参数所建的模型、正偏模型和负偏模型。可以根据当前时刻估计的目标转弯角速率，确定下一周期目标可能的转弯角速率。为了覆盖目标可能的运动模式，构造三个运动模式。其中一个模式以当前估计的角速率构造状态转移矩阵 $\boldsymbol{\Phi}_1(k)[\omega(k)]$，另外两个模式则以 ε 偏离当前的角速率构造状态转移矩阵，即 $\boldsymbol{\Phi}_-(k)[\omega(k)-\varepsilon]$ 和 $\boldsymbol{\Phi}_+(k)[\omega(k)+\varepsilon]$，$\varepsilon$ 的取值可以根据先验信息确定。

8.3.2 交互多模型辅助粒子滤波算法

1. 辅助粒子滤波

因为目标运动模型公式［式（8.16）和式（8.18）］中含有非线性项，故将粒子滤波算法应用于目标的状态估计，以解决其中的非线性、非高斯问题。但是标准粒子滤波算法存在权值退化、样本衰减、计算量大等问题，将扩展卡尔曼滤波（EKF）算法引入到交互多模型算法之中，利用非线性交互多模型算法来产生粒子滤波的重要性采样概率密度函数，这样做可以使重要性采样函数更加接近系统的后验概率分布，避免粒子滤波的固有问题。但扩展卡尔曼滤波算法本身就存在线性化近似，辅助粒子滤波算法的核心思想就是通过一个辅助变量 i，将那些对下一时刻观测值而言似然值高的粒子进行标识，利用这些高似然值的粒子进行滤波和重采样，从而提高估计的精度。

算法具体过程表述如下。

（1）初始化，设定 $k=0$，从 $P(\boldsymbol{x}_0)$ 中抽取 N 个粒子 $\{X_0^{(i)}\}_{i=1}^N$，赋权值 $\widetilde{w}_0^{(i)}=1/N$，$\boldsymbol{\mu}_k^{(i)}=\boldsymbol{x}_k^{(i)}$，$i^j=j,j=1,2,\cdots,N$。

（2）计算 $\boldsymbol{\mu}_{k+1}^{(i)}=E(X_{k+1}\mid X_k^{(i)})$。

（3）计算新的粒子索引集合，依据 $P(i|z_{1:k+1})\propto P(z_{k+1}|\mu_{k+1}^{(i)})\widetilde{w}_k^{(i)}$，重新采样 N 次得到 $\{i^j\}_{j=1}^N$。

（4）计算粒子的预测值，$\boldsymbol{x}_{k+1}^{(j)}\sim P(\boldsymbol{x}_{k+1}|\mu_k^{(i^j)}),j=1,2,\cdots,N$。

（5）计算粒子的权值 $\widetilde{w}_{k+1}^{(j)}=P(\boldsymbol{z}_{k+1}|\boldsymbol{x}_{k+1}^{(j)})/P(\boldsymbol{z}_{k+1}|\boldsymbol{\mu}_{k+1}^{(i^j)})$，归一化后 $w_{k+1}^{(j)}=\widetilde{w}_{k+1}^{(j)}\Big/\sum_{j=1}^{N}\widetilde{w}_{k+1}^{(j)}$。

（6）评估粒子匮乏度 $\hat{N}_{\text{eff}}=1\Big/\sum_{j=1}^{N}(w_{k+1}^{(j)})^2$，若 $\hat{N}_{\text{eff}}<N_{\text{threshold}}$，则执行下一步，否则跳到步骤（8）。

（7）从 $\{\boldsymbol{x}_{k+1}^{(j)}\}_{j=1}^N$ 中依粒子权值重新采样 N 次得到 $\{\boldsymbol{x}_{k+1}^{(i^j)}\}_{j=1}^N$，并重新赋以权值 $w_{k+1}^{(j)}=1/N,j=1,2,\cdots,N$。

（8）输出结果

$$E(\boldsymbol{x}_{k+1})=\sum_{j=1}^{N}(w_{k+1}^{(j)}\boldsymbol{x}_{k+1}^{(i^j)}) \tag{8.19}$$

$$P(\boldsymbol{x}_{k+1})=\sum_{j=1}^{N}w_{k+1}^{(j)}(\boldsymbol{x}_{k+1}^{(i^j)}-E(\boldsymbol{x}_{k+1}))(x_{k+1}^{(i^j)}-E(\boldsymbol{x}_{k+1}))^{\mathrm{T}} \tag{8.20}$$

（9）$k=k+1$，返回步骤（2）。

2. 交互多模型辅助粒子滤波算法设计及实现

将交互多模型算法的思想与辅助粒子滤波算法相结合，提出交互多模型辅助粒子滤波算法，下面给出一个周期的具体步骤。

（1）对各模型的滤波结果进行输入交互。

对于任意 $i,j\in S$，混合概率为 $\mu_{i|j}(k-1\mid k-1)=(1/\bar{c}_j)\pi_{ij}\mu_i(k-1)$，其中$\bar{c}_j$ 是归一化常数；$\bar{c}_j=\sum_i \pi_{ij}\mu_i(k-1)$；$\mu_i(k-1)$表示模型初始概率。

混合状态：

$$\hat{\boldsymbol{x}}_{0j}(k-1\mid k-1)=\sum_i \hat{\boldsymbol{x}}_i(k-1\mid k-1)\mu_{i|j}(k-1\mid k-1) \tag{8.21}$$

$$\begin{aligned}\boldsymbol{P}_{0j}(k-1\mid k-1)=\sum_i \mu_{i|j}(k-1\mid k-1)\{&\boldsymbol{P}_i(k-1\mid k-1)+\\&[\hat{\boldsymbol{x}}_i(k-1\mid k-1)-\hat{\boldsymbol{x}}_{0j}(k-1\mid k-1)]\\&[\hat{\boldsymbol{x}}_i(k-1\mid k-1)-\hat{\boldsymbol{x}}_{0j}(k-1\mid k-1)]^{\mathrm{T}}\}\end{aligned} \tag{8.22}$$

（2）根据状态变量均值$\hat{\boldsymbol{x}}_{0j}(k\mid k)$和协方差 $\boldsymbol{P}_{0j}(k\mid k)$随机抽取各模型粒子。

（3）模型匹配辅助粒子滤波。采用辅助粒子滤波对各模型进行滤波。得到$\hat{\boldsymbol{x}}_j(k\mid k)$和 $\boldsymbol{P}_j(k\mid k)$，$j\in S$。

（4）模型概率更新。

量测预测：

$$\hat{z}_j(k\mid k-1)=h(k)\hat{\boldsymbol{x}}_j(k\mid k-1) \tag{8.23}$$

残差协方差：

$$S_j(k\mid k)=\boldsymbol{h}(k)\boldsymbol{P}_j(k-1\mid k-1)\boldsymbol{h}(k)^{\mathrm{T}}+\boldsymbol{R}(k) \tag{8.24}$$

残差似然函数：

$$\Lambda_j(k)=N(r_j(k));0,S_j(k)) \tag{8.25}$$

模型概率：

$$\mu_j(k)=\frac{1}{C}\Lambda_j(k)\sum_i \pi_{ij}\mu_i(k-1) \tag{8.26}$$

式中，C 是归一化常数。

（5）交互输出

$$\hat{\boldsymbol{x}}(k\mid k)=\sum_j \hat{\boldsymbol{x}}_j(k\mid k)\mu_j(k) \tag{8.27}$$

$$\boldsymbol{P}(k\mid k)=\sum_j \mu_j(k)\{\boldsymbol{P}_j(k\mid k)+[\hat{\boldsymbol{x}}_j(k\mid k)-\hat{\boldsymbol{x}}(k\mid k)][\hat{\boldsymbol{x}}_j(k\mid k)-\hat{\boldsymbol{x}}(k\mid k)]^{\mathrm{T}}\} \tag{8.28}$$

8.3.3 算法特点分析

将 IMM 算法中的卡尔曼（Kalman）滤波用粒子滤波替代，用于任意轨迹非线性目标的跟踪有其优越性：设算法中粒子总数为 N，因此从各模型中采集的粒子数与该模型的存在概率成正比；缺陷是当某个模型的存在概率接近于 0 时，会造成该模型粒子的大量流失，当模型的存在概率再次增大时，需要重新随机确定粒子，这会造成一段时间内估计误差的明显增加。

本节介绍的 AMS-IMM-APF 算法有以下特点：

（1）采用了辅助粒子滤波算法，对下一时刻观测值中似然值高的粒子进行标识，利用这些高似然值的粒子进行滤波和重采样，从而提高估计的精度。

（2）在每一周期都会对粒子重新进行初始化。

（3）输入交互中重组了模型概率、各子滤波器估计及其协方差等数据，因而输入交互可以被看作是特殊的滤波器，从而保障粒子更加接近目标的真实状态。

AMS-IMM-APF 算法结构与其他现有的算法比较如图 8.1 所示。

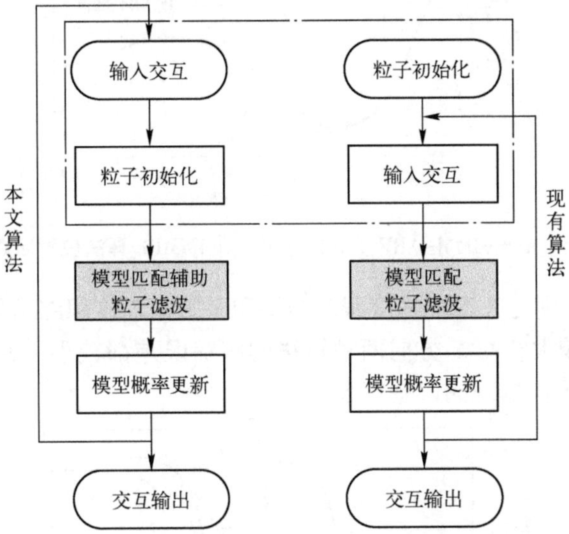

图 8.1　AMS-IMM-APF 算法与现有算法结构比较

假设 ω 小于零表示目标顺时针转弯。目标的初始状态为 $\boldsymbol{x}'=(20000,150,50000,-260,0)$，选取 $\varepsilon=-3°/s$，初始运动的三个模式为：$\omega_{01}=0°/s,\omega_{02}=3°/s,\omega_{03}=-3°/s$。初始模型概率为 $\mu_0=(0.6,0.2,0.2)$。马尔可夫状态转移矩阵为 $\boldsymbol{\pi}_{ij}$。过程噪声和观测噪声均为零均值高斯白噪声，方差分别为 $\boldsymbol{Q}_k$、$\boldsymbol{R}_k$。各模型的粒子数为 100，蒙特卡罗仿真 50 次。其中，

$$\boldsymbol{\pi}_{ij}=\begin{bmatrix}0.97 & 0.015 & 0.015\\ 0.015 & 0.97 & 0.015\\ 0.015 & 0.015 & 0.97\end{bmatrix},\ \boldsymbol{Q}_k=\begin{bmatrix}15^2 & 0 & 0\\ 0 & 15^2 & 0\\ 0 & 0 & 0.1^2\end{bmatrix},\ \boldsymbol{R}_k=\begin{bmatrix}0.1^2 & 0\\ 0 & 100^2\end{bmatrix}$$

图 8.2 为目标的实际运动轨迹。AMS-IMM-APF 算法与交互式多模型粒子滤波算法进行比较，图 8.3 为一次随机试验中两种算法的跟踪结果，图中实线为目标的实际运动轨迹，虚线和长划线分别为 AMS-IMM-APF 算法和 IMMPF 算法跟踪结果。可以看出，在目标匀速直

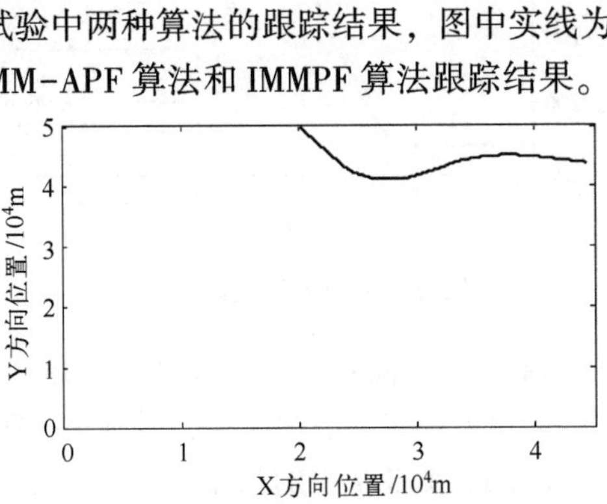

图 8.2　目标的实际运动轨迹

线运动阶段，两种算法都能较好地跟踪目标，但 IMMPF 算法在目标第一次转弯之后有了较大的误差，而 AMS-IMM-APF 算法始终跟踪较好。这个结果说明 AMS-IMM-ARF 算法能较好地进行模型自适应，而采用固定模型的 IMMPF 算法在目标机动时会产生较大的误差。

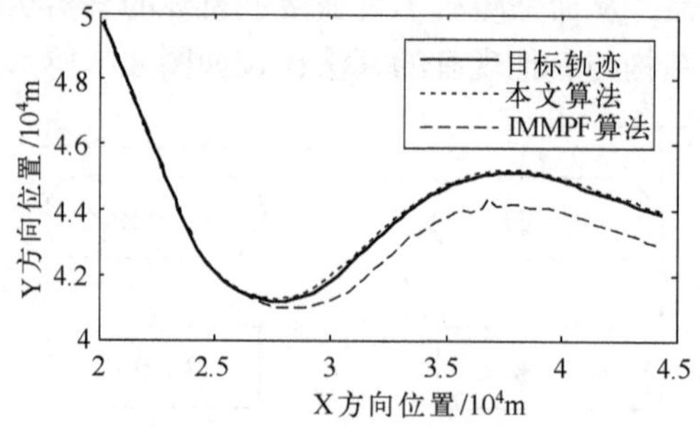

图 8.3 AMS-IMM-ARF（本文算法）和 IMMPF 算法位置跟踪结果

图 8.4 和图 8.5 分别为 X 方向速度跟踪结果和 Y 方向速度跟踪结果。可以看出，X 方向两种算法的跟踪误差较大，而 Y 方向两种算法的跟踪误差都较小，原因在于观测点和目标的相对位置决定了 X 方向的观测误差较大。

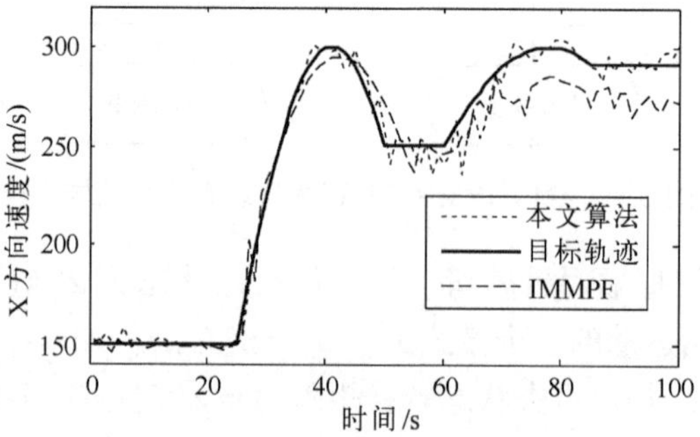

图 8.4 X 方向速度跟踪比较

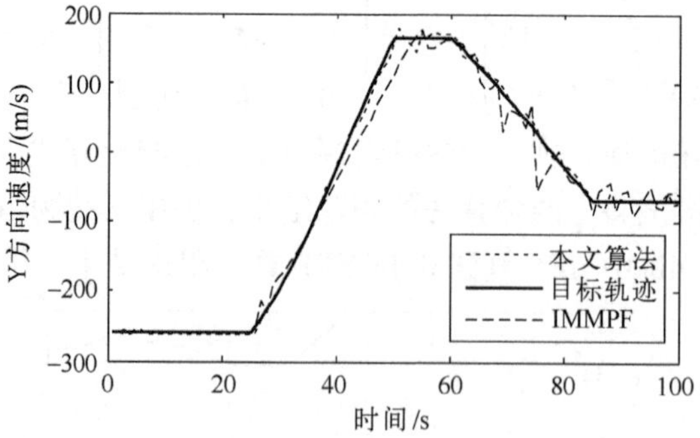

图 8.5 Y 方向速度跟踪比较

图 8.6 和图 8.7 分别为目标在 X 方向和 Y 方向 50 次试验的均方根误差（RMSE）比较。在前 25 s，两种算法都有较好的速度跟踪。在 25 s 时，目标进行第一次转弯机动，IMMPF 算法出现明显的速度误差（见图 8.6、图 8.7 中的长划线），而 AMS-IMM-APF 算法则跟踪良好见（图 8.6、图 8.7 中的实线）。从位置和速度跟踪比较来看，AMS-IMM-APF 算法较

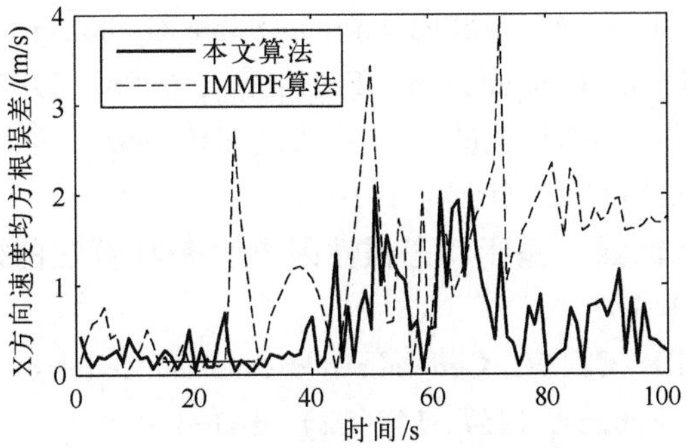

图 8.6　AMS-IMM-APF 算法和 IMMPF 算法 X 方向速度均方根误差比较

IMMPF 算法在跟踪精度上具有不同程度的提高。同时，在计算机上对 AMS-IMM-APF 算法和 IMMPF 算法进行仿真来比较它们的计算量。AMS-IMM-APF 算法和 IMMPF 算法 50 次试验平均时间分别为 1.7945 s 和 5.3297 s。可以看出 AMS-IMM-APF 算法具有更小的计算量。

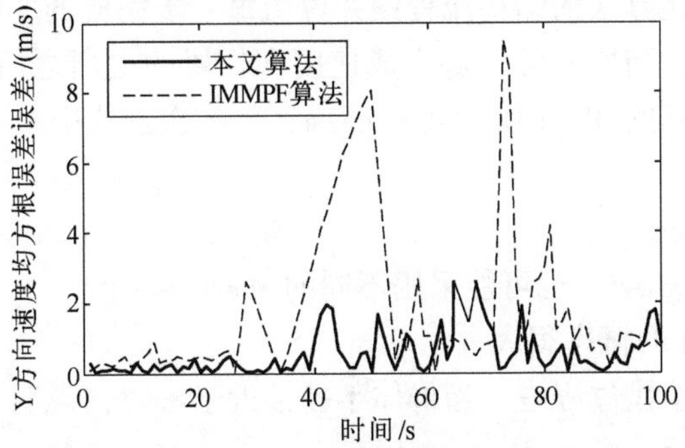

图 8.7　AMS-IMM-APF 算法和 IMMPF 算法 Y 方向速度均方根误差比较

8.4　本章小结

本章介绍了粒子群滤波及其在数据融合等方面的具体应用。首先，介绍了粒子群算法的原理，之后介绍了粒子群算法在多参数数据融合中的优化方法，又结合多模型信息的 IMM 算法，结合具体应用，分析了一种基于目标转弯率模型的模型集自适应交互多模型辅助粒子滤波算法（AMS-IMM-APF），该方法采用修正转弯率模型实时辨识目标的角速率，利用辨识的目标角速率更新交互多模型的模型集，采用辅助粒子滤波进行模型滤波优化。

粒子群方法来自于仿生学，属于人工智能中的一种优化方法之一，可以更多地寻找应用场合，以提高检测技术、目标识别与跟踪等领域的智能性。

参考文献

[1] EBERHART R, KENNEDY J. A New Optimizer Using Particle Swam Theory [C] //Proceedings of the 6th International Symposium on Micro Machine and Human Science. 1995: 39-43.

[2] SHI Y H, EBERHART R. A Modified Particle Swam Optimizer [C] //IEEE International Conference of Evolutionary Computation. IEEE press, 1998: 69-73.
[3] 朱培逸，张宇林. 基于动态权值的PSO算法的多传感器数据融合 [J]. 常熟理工学院学报（自然科学），2009，23（02）：111-114.
[4] 朱小六，熊伟丽，徐保国. 基于动态惯性因子的PSO算法的研究 [J]. 计算机仿真，2007，24（05）：154-157.
[5] DYCKHOFF H, PEDRYCZ W. Generalized Means as Model of Compensative Connectives [J]. Fuzzy Sets and Systems, 1984, 14 (02): 143-154.
[6] 樊国创，戴亚平，刘岩. 模型集自适应的交互多模型辅助粒子滤波算法 [J]. 北京理工大学学报，2008，28（12）：1070-1073.

习题与思考

1. 试画出粒子群优化算法的结构流程图并说明每一步完成的主要操作。

2. 在每一次迭代中，当所有粒子都完成速度和位置的更新之后才对粒子进行评估，更新各自的pbest，再选最好的pbest作为新的gbest，则本次迭代中所有粒子（　　）。

A. 都采用相同的gbest

B. 都采用不同的gbest

C. 可能采用相同的gbest，也可能采用不同的gbest

D. 采用相同的gbest的概率很大

3. 在粒子群算法的迭代过程中，当群体半径接近于零时，说明（　　）。

A. 达到结束条件

B. 达到最大迭代次数

C. 算法不收敛

D. 找到了最优解

第9章　智能视频监控系统的数据融合算法

随着人们对社会安全的重视，视频监控系统已经开始广泛应用到社会的各个领域和行业，产业发展态势呈现出明显的4P（Platform平台+Product产品+Provision服务+People大众）融合趋势。社会各行业中所需要的远程视频监控的范围已逐步扩大，并且向着管理监控和生产经营监控的方向发展。目前，我国的视频监控多数集中在行业用户方面的应用，个人用户市场特别是家庭安全领域方面的监控需求具有较大潜力。随着电信运营商的宽带升级，使得现有的宽带网络能够满足用户多方面的视频传输需求，在传统的以文字和图片为主的内容服务上，还要能够提供具有视频和音频的多媒体内容服务。这种需求与平台的结合，使得视频监控业务成为极具发展潜力的新兴行业。以前的视频监控系统需要安全人员长时间值守，因为工作量大，越来越不能满足各类公共场所安全保障的需求。随着人工智能算法的快速发展，智能视频监控（Intelligent Video Surveillance，IVS）系统得到了迅速发展。本章针对多目标跟踪问题，对智能监控系统中的数据融合算法进行探讨，提高视频监控的智能性和准确度。

9.1　智能视频监控系统介绍

迄今为止，视频监控经历了四个发展阶段：第一个阶段是模拟信号监控系统，第二个阶段是数字信号监控系统，第三个阶段是智能监控系统，第四个阶段是分布式智能监控系统。现在正处于由数字信号监控向网络化、分布式及智能处理的监控系统过渡的阶段。智能视频监控系统的定义为：利用计算机视觉技术对视频信号进行在线处理、分析及理解，并对监控布防点进行分布式处理及控制，达到提高对异常行为预警的精确度，减少系统漏检和误识率的目的。当紧急事件发生时能有效地缩短响应时间、保留现场数据；甚至在安全威胁发生之前，就能够提示安全人员为潜在威胁做好准备。

智能视频监控系统的框架结构如图9.1所示[1]，该系统包含目标检测（object detection）、目标外观建模（object appearance modeling）、目标跟踪（object tracking）、目标行为识别（object behavior recognition）、身份识别（person identification）、场景理解与描述

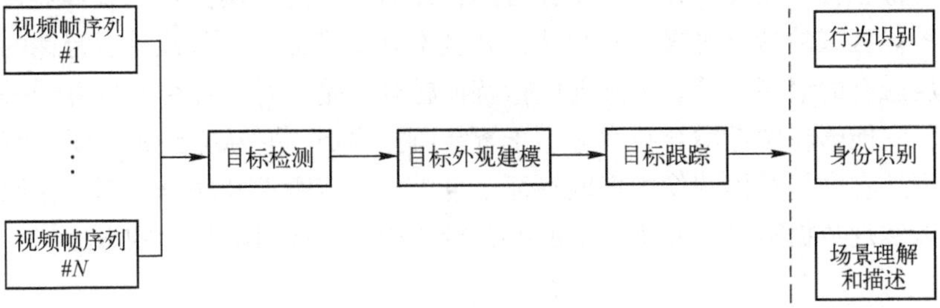

图9.1　智能视频监控系统框架结构图

(scene understanding and description) 等处理模块。这些处理模块涵盖了多个研究领域，如计算机视觉、模式识别、自动控制等，对其进行研究具有很强的理论及应用价值。由于相关领域的研究仍未完全解决存在的问题，加之硬件平台运算能力有限，在实际应用中普遍采取简化、工程化的方法来解决简单场景中的特定问题。大量潜在的应用需求仍难以得到满足。例如，在全天候、目标外观变化、目标复杂运动及存在较多遮挡与互动的场景中，跟踪或识别运动目标的结果并不能令人满意。在目标检测阶段，如何融合采集视频中的显著信息并在网络通信时排除冗余信息，是保证全天候状况下目标检测模块鲁棒性的重要前提。

传统的多分辨率图像融合方法需要分解及重构图像像素，这容易造成融合效率低下且占用过多的网络通信带宽。该问题涉及的多传感器信息融合技术主要包括像素层图像融合，以及特征层图像融合两种解决途径，如图 9.2 所示[2]。

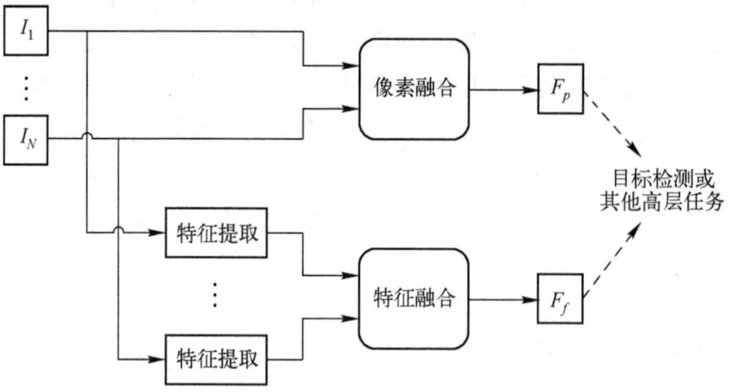

图 9.2　像素层图像融合与特征层图像融合比较框图

针对像素层图像融合的研究已经得到了较为充分的研究，Burt 首次将拉普拉斯金字塔 (Laplacian Pyramid，LP) 用于双目图像融合。1993 年，Burt 和 Kolczynski 提出了基于梯度金字塔 (Gradient Pyramid，GP) 的图像融合方法。Li 等人在图像融合中采用了离散小波变换 (Discrete Wavelet Transformation，DWT)。此后，Rockinger 在图像序列融合中提出基于移不变小波变换 (Scale-Invariant Discrete Wavelet Transformation，SIDWT) 的图像融合方法。然而，像素层的融合方法存在以下不足：①对信号噪声较为敏感；②缺乏移不变的信号表示，容易导致重构误差；③由于无参考图像，仅提出了一些基于视觉感知的主观评估指标。

特征层图像融合，需要首先提取图像特征，然后通过融合图像特征获得对目标更完整的描述。由于图像区域的特征对噪声不敏感，并且不容易受配准误差或移变特性的影响，因而克服了像素层融合的诸多不足。传感器图像特征融合，是一种研究由多传感器采集视频序列的融合方法，它能够将图像融合技术应用于智能监控领域。它从方法论上研究特征层图像融合机理，实现从各个传感器图像中提取特征信息，并进行甄选及融合处理。在原始图像中选择显著特征以实现数据降维，并将产生的融合特征用于后续目标检测的方法。

9.2 多传感器图像融合方法

9.2.1 基于多分辨率像素融合

在图像融合方法中，基于多分辨率（Multiple Resolution，MR）分析的图像像素融合方法是应用非常广泛并极其重要的一类方法。客观世界的物体一般是由不同尺度的结构组成的，而多分辨率方法通过在不同尺度、不同分辨率上对图像进行分解或重构，为融合处理提供了尺度不变的图像信号表示。MR 像素融合的基本思想是：对每一幅输入图像进行多分辨率分解变换，再利用融合法则从这些变换图像中选择或合并图像系数来构成融合变换图像，最后再对其进行反变换得到输出的融合图像，如图 9.3 所示。MR 像素融合方法也可以被称为变换域图像融合，主要分为金字塔变换融合方法、小波变换融合方法两类，下面分别进行简要介绍。

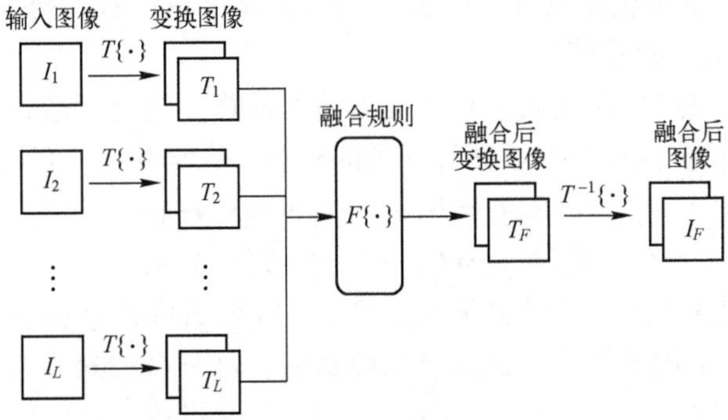

图 9.3 基于 MR 变换的像素融合方法

1. 金字塔变换融合方法

多分辨率图像金字塔变换由连续滤波器和下采样滤波器构成，金字塔变换的种类很多，目前用于图像融合的主要包括拉普拉斯金字塔（Laplacian pyramid）、梯度金字塔（Gradient pyramid）或对比度金字塔（Contrast pyramid）、比率低通金字塔（Ratio of lowpass pyramid）等，它们各自基于不同的滤波器。

金字塔分解可以提取图像灰度突变信息，而人类视觉系统通常对这些信息较为敏感，而且金字塔分解还提供了空间和频率两方面的局部化信息。但其缺点是，在图像融合中高频信息损失较大，在金字塔重建时可能出现模糊、不稳定性。特别是当多源图像中存在明显差异区域时，融合图像中可能会出现斑块。

2. 小波变换融合方法

小波变换思想最早由法国地球物理学家 Morlet 和理论物理学家 Grossman 在 20 世纪 80 年代初在分析地球物理信号时作为一种信号分析工具提出来的。1986 年，Duabechies 等人对完全重构的非正交小波基做了详细的研究，构造了连续小波变换理论中的容许条件。20 世纪 90 年代之后，小波算法在图像融合领域得到了广泛的应用，成为图像融合处理领域的研究热点之一。小波变换包括了水平、垂直和对角方向上的高通子带，较金字塔变换方向性更强。此外，小波变换的尺寸和原始图像是相等的，因而是紧致的。

与金字塔变换一样，基于小波算法的像素融合方法存在以下不足：①对信号噪声较为敏感；②缺乏移不变的信号表示，容易导致重构误差；③若同一目标在不同输入中对比度相反，会导致输出的区域不一致；④由于无参考图像，融合质量仅依赖主观评估指标。

9.2.2 HOG 算法介绍

梯度方向直方图（Histogram of Oriented Gradients，HOG）是 Dalal 在 2005 年举行的计算机视觉与模式识别（CVPR）会议上提出的特征提取算法，并将其与支持向量机（SVM）分类器配合，用于行人检测[3]。由于 HOG 算子独特的优势，在 HOG 特征提出之后，被迅速应用于图像分类识别领域并取得了很好的成就。

HOG 特征提取算法的示意图如图 9.4 所示，具体步骤如下。

① 对图像进行灰度化处理。

② 利用 Gamma 方法对图像全局归一化，压缩公式为

$$I'(x,y)=I(x,y)^{gamma} \tag{9.1}$$

当 $gamma<1$ 时，图像整体灰度值变大，图像会显得亮一些；当 $gamma>1$ 时，图像整体灰度值变小，图像会变得暗淡。

③ 对处理后的图像进行梯度大小和梯度方向的计算。通过对像素梯度的计算能够获得图像的边缘信息，降低光照因素对于图像识别的影响。像素点(x,y)的梯度为

$$G_y(x,y)=H(x,y+1)-H(x,y-1) \tag{9.2}$$

$$G_x(x,y)=H(x+1,y)-H(x-1,y) \tag{9.3}$$

其中，$H(x,y)$表示像素点(x,y)的像素值；$G_y(x,y)$表示像素点(x,y)的垂直方向梯度；$G_y(x,y)$为像素点(x,y) 的水平方向梯度。在图像中，每一个像素点(x,y)的梯度值和方向角分别为

$$G(x,y)=\sqrt{G_x^2(x,y)+G_y^2(x,y)} \tag{9.4}$$

$$\alpha(x,y)=\arctan\left(\frac{G_y(x,y)}{G_x(x,y)}\right) \tag{9.5}$$

④ 将图像划分成小的细胞单元（cell）。

⑤ 统计每个细胞单元的梯度直方图，即可形成每个细胞单元的 HOG 特征。这里将细胞

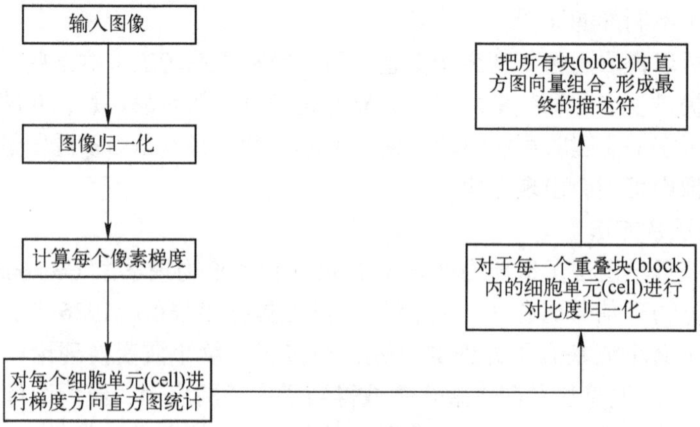

图 9.4　HOG 特征提取算法示意图

单元的梯度方向分成 9 个方向块。

⑥ 将几个细胞单元（cell）组成一个块（block）。把一个块内所有细胞单元的 HOG 特征串联起来归一化便得到该块的 HOG 特征。归一化能够克服局部光照变化和对比度变化造成的梯度变化范围较大的影响，进一步地对光照、阴影和边缘进行压缩。归一化之后的块特征描述符就称为 HOG 描述符，如图 9.5 所示为 3×3 个细胞单元组成块的示意图。

⑦ 将该图像内的所有块的 HOG 特征串联起来就可以得到该图像的 HOG 特征了。这便是最终用于分类的整幅图像的 HOG 特征向量。

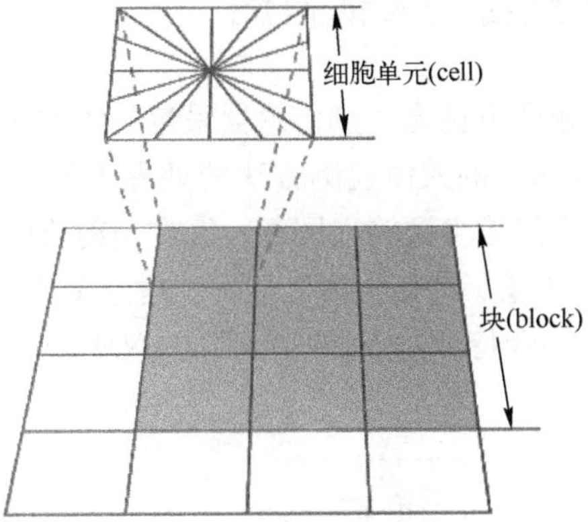

图 9.5　细胞单元组成块

9.2.3　HOG 特征融合

2005 年，Dalal 等人将 HOG 特征用于描述人体局部方向性，提出了一种识别结果优良的人体检测方法[3]。Dalal 的方法没有利用多传感器信息，对室外光照变化的适应能力有限，而且其冗余的密集网格特征提取易造成运算量过大，对实时的人体检测较为不利。为在全天候状况下提高人体检测的准确性和鲁棒性，在人体检测任务中，Dalal 采用了结构固定的 HOG 描述符，由细胞单元（cell）构成块（block），并连接细胞的梯度方向直方图（HOG）得到块区域的特征描述。

这里为了降低特征维数，仅用单个（6×6 像素）细胞单元构成块，如图 9.6 所示。在对块进行 HOG 特征提取时，每个像素 p 按有 6 个梯度方向的通道 k 进行梯度幅值累计，得到的箱体值（$\Delta\alpha=30°$，“无符号”箱体）如下式所示：

$$\text{bin}(k)=\sum_{p\in cell}|\nabla I(p)|,\text{当}(k-1)\Delta\alpha\leqslant\alpha(\nabla I(p))<k\cdot\Delta\alpha\text{ 时,其中 }k=\{1,2,\cdots,6\}\tag{9.6}$$

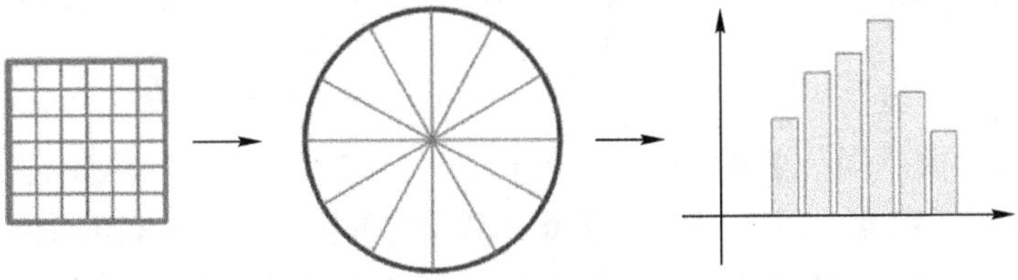

图 9.6　由 6×6 像素的单个细胞单元计算得到 6 个梯度方向 30°等分的方向梯度直方图

为增强梯度方向鲁棒性，在 HOG 相邻箱体间进行双线性插值来平滑直方图。最后，每个块用 L2 单位长度归一化后的 6 维特征向量描述。在实际应用中，首先用模板 $[-1,0,1]$ 和 $[-1,0,1]^{\mathrm{T}}$ 提取所有像素梯度，然后用滑动步长为 3 像素的块扫描检测窗口，最后连接块来构成检测窗口的 HOG 特征向量。这样每个 48×24 的像素检测窗口可用 630 维的特征向量描述。由于在直方图中采用了“无符号”方向梯度的累加，因此有效地解决了输入图像之间“相位反转”的问题。

9.3 基于 HOG 特征融合的人体检测

本节构造一种在特征层融合可见光及热传感器采集的图像序列的方法，用于全天候的人体检测任务。基于 HOG 特征融合的人体检测方法的处理流程如图 9.7 所示，它可以概括为以下步骤。①用检测窗口同步扫描多源输入图像；②在当前检测窗口中，分别对多源图像的 HOG 特征进行选择和提取；③基于特征层融合规则，对选择得到的 HOG 特征进行融合，得到融合特征（FHOG）；④将融合特征输入训练得到的 SVM 分类器进行分类，输出当前检测窗口的类别（人体/非人体）。

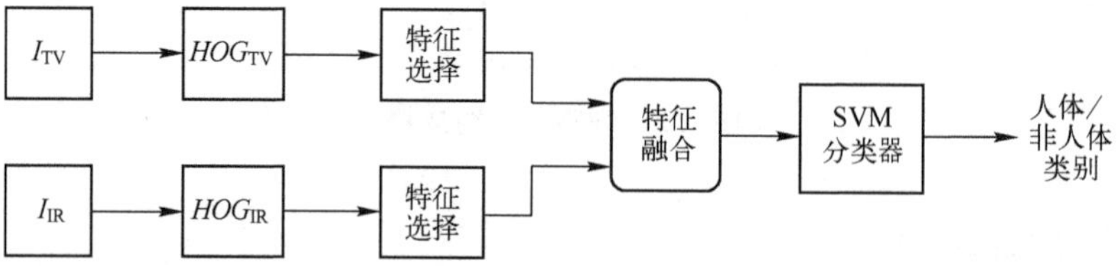

图 9.7　基于 HOG 特征融合的人体检测方法的处理流程

9.3.1 视觉激活度

在检测窗口内，不同位置的 HOG 特征对同类目标（如人体）的分类贡献程度不同。为避免密集提取 HOG 特征引起特征维数过大及运算耗时，可以采用视觉激活度（Visual Active Measurement，VAM）对检测窗口内的 HOG 特征进行排序，即仅选择视觉激活度较高的特征来完成分类任务。HOG 特征的每个箱体通过梯度累加得到该方向上的边缘强度响应，因而可被用于度量 HOG 特征的激活程度。

若共有 K 个箱体，直方图 $\boldsymbol{h}=(\mathrm{bin}(1),\mathrm{bin}(2),\cdots,\mathrm{bin}(K))$，其中最大箱体值 $\mathrm{bin}_{\max}(k^*)$ 代表了该 HOG 特征的主方向，即该区域梯度能量最集中的方向，$k\in\{1,2,\cdots,K\}$。那么可以对单个 HOG 特征的所有箱体值求和（显著性度量），并用主方向箱体值加权（方向性度量）来表示该 HOG 特征的激活程度。HOG 特征的视觉激活度（VAM）用由下式定义：

$$E_l=\mathrm{bin}_{l,\max}(k^*)\sum_{k=1}^{K}\mathrm{bin}_l(k),\quad l\in\{1,2,\cdots,L\} \tag{9.7}$$

其中，l 为检测窗口内不同位置的 HOG 特征标记，共 L 个。由于 VAM 定义了检测窗口中 HOG 特征的局部激活程度，因此为提高分类效率仅需保留 VAM 较高的 HOG 特征，而舍弃其余的未激活特征。为统计检测窗口内不同位置 HOG 特征的 VAM，遍历训练样本，提取每个样本检测窗口的 HOG 特征并对相同位置 l 的 VAM 进行累加，得到的平均激活度 s_l 如下式所示（示例参见图 9.8 a）：

$$s_l = \frac{1}{T}\sum_{t=1}^{T} E_l(t), \quad l \in \{1,2,\cdots,L\} \tag{9.8}$$

其中，t 为训练样本标记，共 T 个。基于平均激活度 s_l，我们选取最为活跃的特征子集构成激活特征模板$\{s_l^*\}$，激活特征模板生成函数如下式所示（示例参见图 9.8b）：

$$s_l^* = \begin{cases} 1, & s_l > \dfrac{2}{L}\sum_{l=1}^{L} s_l, \\ 0, & 其他 \end{cases} \tag{9.9}$$

在训练及识别时，仅需在 s_l^* 值为“1”的激活区域内，提取 HOG 特征 $h_{l'}^*$，$l' \in \{1,2,\cdots,M\}$，构成该检测窗口的一个特征描述$\boldsymbol{f}=(h_1^*,h_2^*,\cdots,h_M^*)$。由于舍弃了 s_l^* 值为“0”的非激活区域内的特征，检测窗口的运算效率得到提高。

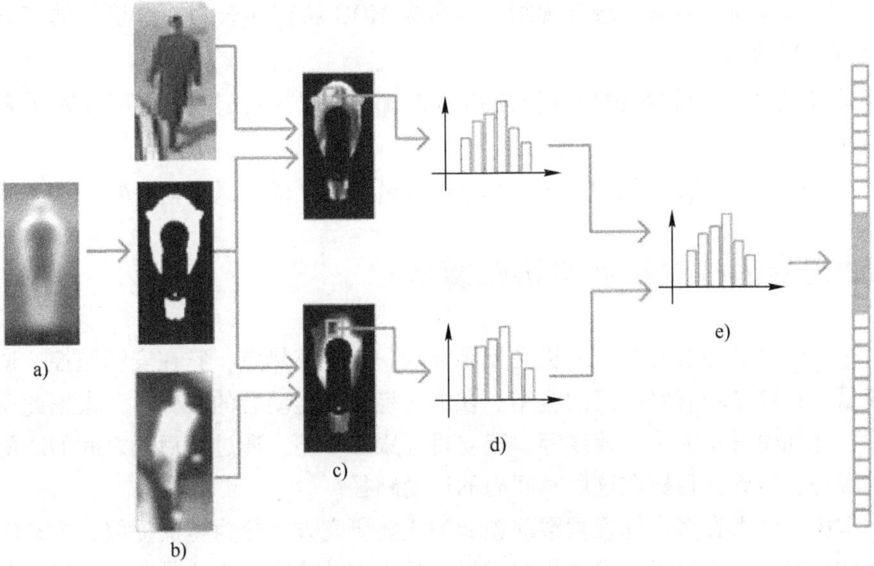

图 9.8 HOG 特征融合步骤[2]

a）训练样本集的平均激活度的二维图示 b）~d）在特征模板的激活区域，分别对输入图像提取 HOG 特征 e）基于视觉感知进行特征融合 f）构成检测窗口的融合特征向量

9.3.2 融合梯度方向直方图

梯度方向直方图（HOG）特征基于生物视觉模型，每个方向上的 HOG 箱体值，代表了局部梯度在该特定方向上的能量响应。对多源图像中相同方向的 HOG 箱体值进行融合，来获取包含完整显著信息的融合梯度方向直方图（FHOG）特征。一般可以采取最简单的平均直方图箱体（choose mean-bin）的融合规则，如下式所示：

$$\mathrm{bin}_l^{\mathrm{F}} = \frac{\mathrm{bin}_l^{\mathrm{A}}(k)+\mathrm{bin}_l^{\mathrm{B}}(k)}{2}, \qquad l \in \{1,2,\cdots,L\} \tag{9.10}$$

然而，式（9.10）对箱体求平均值会减弱方向的显著性，为了解决这个问题，可以利用 HOG 特征的视觉方向感知原理（即在直方图箱体中统计值大者视觉特征更为显著），来

构造一种非线性融合规则（choose max-bin），用下式表示

$$\text{bin}_l^{\text{F}}=\begin{cases}\text{bin}_l^{\text{A}}(k), & \text{bin}_l^{\text{A}}\geqslant\text{bin}_l^{\text{B}}(k),\\ \text{bin}_l^{\text{B}}(k), & \text{其他},\end{cases}\quad l\in\{1,2,\cdots,L\} \tag{9.11}$$

式（9.11）类似像素层融合的“choose max”融合规则，但在不同输入的 HOG 特征箱体中选择较大值构成融合 FHOG 特征，可以避免像素层融合中常见的移变特性和噪声敏感问题。如图 9.8 所示，将 FHOG 特征融合概括为以下步骤。

① 统计训练样本得到激活特征模板 s_l^*，用于 HOG 特征选择。

② 针对不同传感器采集到的输入图像帧，在帧内相同位置处提取当前检测窗口（48×24 像素）。

③ 用固定尺寸的描述符块（6×6 像素）分别扫描检测窗口内的激活区域。

④ 提取当前描述符块的 HOG 特征 s_l^*。

⑤ 基于“choose max-bin”融合规则，将多源 HOG 特征融合为一个统一的直方图，即用 $h_{l'}^{\text{F}}$表示的 FHOG 特征。

⑥ 联合所有 $h_{l'}^{\text{F}}$构成该检测窗口的特征描述 $\boldsymbol{f}=(h_1^*,h_2^*,\cdots,h_M^*)$，也可以表示为下式中用箱体值描述的特征向量：

$$\boldsymbol{f}^{\text{F}}=(\{\text{bin}_1^{\text{F}}(k)\},\{\text{bin}_2^{\text{F}}(k)\},\cdots,\{\text{bin}_M^{\text{F}}(k)\}),k\in\{1,2,\cdots,K\} \tag{9.12}$$

9.4 运动目标的视频检测与跟踪算法

运动目标跟踪是计算机视觉、人机交互领域的一个研究热点，它在安防监控、道路交通管制、客流量统计等领域有着广泛的应用。在成功检测到运动着的目标后，根据此运动目标的各个属性，比如位置、大小、速度等，建立目标跟踪模型，通过前后帧之间的匹配可以完成对目标的跟踪，得到此目标在这段时间内的运动路径。

目前，国内外学者在多目标视觉跟踪领域的主要研究方法分为特征提取、主动轮廓、模型以及运动估计等，并取得了一定的研究成果。基于主动轮廓的方法是利用封闭的曲线轮廓来表达运动目标，但初始化轮廓必须非常靠近目标真实边缘；基于模型的方法是对目标建立二维或三维模型，虽能在一定程度上处理遮挡问题，但计算工作大，实时性较差；基于运动估计的方法，在预测目标下一时刻的可能位置时，存在目标跟踪区域有限，无法自适应调整跟踪窗大小的问题；基于特征的方法，虽然利用质心位置、颜色、SIFT、角点等特征进行匹配跟踪，实现简单，但利用单一特征容易受复杂环境及目标形变的影响。由于多目标间的遮挡、背景的复杂性、光照的变化等因素使得多目标特征容易发生变化，如何可靠有效地对运动目标进行表示，从而对多目标进行准确跟踪，具有重要的研究价值。

9.4.1 多个运动目标的跟踪问题描述

由于目标间的相似性、运动目标瞬间丢失以及遮挡等原因，仅用单一目标特征匹配往往不能保证跟踪精度。采用多种特征自适应融合的方法来跟踪多个目标对象，可充分利用各种特征信息之间的内在互补性，提高跟踪目标的准确性和稳定性。

基于视频的多目标跟踪的原理框图如图 9.9 所示。

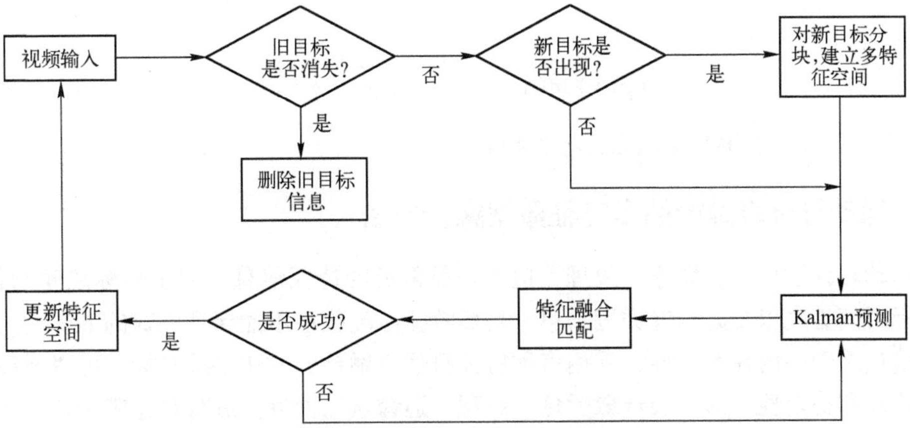

图 9.9　基于视频的多目标跟踪原理的框图

通过目标检测方法得到初始目标的外接矩形，但外接矩形中会引入背景，尝试采用目标和背景区分度 L_u 来抑制框定目标中背景的比例。目标和背景区分度 L_u 的定义如下[4]：

$$L_u=\log\left\{\frac{\max\{h_{oj}(u),\varepsilon\}}{\max\{h_{bg}(u),\varepsilon\}}\right\} \tag{9.13}$$

其中，$h_{oj}(u)$是特征值 u 在目标直方图的取值；$h_{bg}(u)$是特征值 u 在背景直方图的取值；ε 是一个小数值，目的是防止分母为零的情况出现。采用 Sigmoid 函数将 L_u 映射到区间$(0,1)$内，有 $\lambda_u=\dfrac{1}{1+e^{-L_u/0.5}}$。设$\{x_i^*\}_{i=1,\cdots,N}$为目标区域的像素点集，$b(x_i^*)$是 x_i^* 处的特征值，特征空间被均匀地划分成 m 个子区间，统计 $u=1,\cdots,m$ 落在每个区间的像素数，则目标的加权特征直方图数值为

$$\hat{q}_u(x)=C\sum_{i=1}^{N}k(\|x_i^*\|^2)\lambda_u\delta(b(x_i^*)-u) \tag{9.14}$$

设$\{x_i\}_{i=1,\cdots,M}$为候选目标区域的像素点集，中心点为 y，则候选目标的加权特征直方图数值为

$$\hat{p}_u(y)=C_h\sum_{i=1}^{M}k\left(\left\|\frac{y-x_i}{h}\right\|^2\right)\lambda_u\delta(b(x_i)-u) \tag{9.15}$$

其中，$C=\dfrac{1}{\sum_{i=1}^{N}k(\|x_i^*\|^2)}$，$C_h=\dfrac{1}{\sum_{i=1}^{M}k\left(\left\|\frac{y-x_i}{h}\right\|^2\right)}$为归一化系数；$h$ 为窗口半径；$\delta(x)$为狄拉克函数；$k(\cdot)$是加权函数，定义为

$$k(x)=\begin{cases}1-x^2, & x\leqslant 1,\\ 0, & 其他\end{cases} \tag{9.16}$$

使用 Bhattacharyya 距离 $d(y)$来度量目标和候选目标之间的匹配度，距离越小，说明两者越相似：

$$d(y)=\sqrt{1-\rho(\hat{p}(y),\hat{q}(x))} \tag{9.17}$$

其中

$$\rho(\hat{p}(y),\hat{q}(x))=\sum_{u=1}^{m}\sqrt{\hat{p}_u(y)\,\hat{q}_u(x)} \tag{9.18}$$

$\rho(\hat{p}(y),\hat{q}(x))$也被称作 Bhattacharyya 系数$\rho$。

9.4.2 运动目标跟踪中的多特征数据融合方法

在运动跟踪过程中，颜色、纹理、边缘是最常见的特征信息。由于目标之间的相似性、运动目标瞬间丢失以及遮挡等原因，单一目标特征匹配往往不能保证跟踪的准确性。利用各种特征信息之间的内在互补性，采用多种特征自适应融合的方法跟踪目标，可以提高跟踪目标的准确性和稳定性。通常会选取颜色、纹理、边缘这三种特征进行自适应融合，然后再跟踪目标，以提高跟踪精度。

颜色可以反映目标整体的特征，根据式（9.14）将颜色空间量化成 8^3 个子区间，得到核函数加权颜色直方图 $q_c=\{q_u\}^{c}_{u=1,\cdots,m}$。颜色容易受到光照影响，纹理是反映图像中同质现象的视觉特征，可采用 LBP 纹理特征作为第二个描述目标的特征描述。LBP 算子的计算公式为

$$\mathrm{LBP}_{(P,R)}(x_i)=\sum_{p=0}^{p-1}s(g_p-g_c)2^p \tag{9.19}$$

其中，P 是领域值；R 是半径；g_c 为中心点像素值；g_p 是以 R 为半径的各个像素值；函数 $s(x)$的定义为

$$s(x)=\begin{cases}1, & x\geqslant 0,\\ 0, & x<0\end{cases} \tag{9.20}$$

可以采用 $\mathrm{LBP}_{(8,1)}$算子，根据式（9.14）将纹理空间量化成 2^8 个子区间，得到核函数加权纹理直方图的数值 $q_t=\{q_u\}^{t}_{u=1,\cdots,m}$。由于边缘特征能够体现图像的高频细节信息，采用 Sobel 算子边缘检测方法，得到水平边缘 $G_x(x_i)$和垂直边缘 $G_y(x_i)$，像素的边缘幅值和方向分别为

$$G(x_i)=\sqrt{G_x^2(x_i)+G_y^2(x_i)} \tag{9.21}$$

$$\theta=\arctan\frac{G_y(x_i)}{G_x(x_i)} \tag{9.22}$$

将边缘方向角的范围区间$[0,2\pi)$量化成 36 份，统计每个角度分格的像素边缘幅值，根据式（9.14）获得目标区域的核函数加权边缘直方图 $q_e=\{q_u\}^{e}_{u=1,\cdots,m}$。给多特征分配相等的融合权值，或者分配固定的融合权值，则在遮挡时或目标与背景相似时，会影响跟踪的稳定性。采用自适应动态权值对多特征进行融合，根据目标特征的 Bhattacharyya 系数，自适应融合距离为

$$\rho=\sum_{j=1}^{n}\omega_j\rho_j \tag{9.23}$$

其中，$\omega_j=\dfrac{\rho_j}{\sum_{j=1}^{n}\rho_j}$ 为自适应权值。

9.4.3 分块多特征融合的多目标跟踪

遮挡是运动目标跟踪中经常出现的问题，而遮挡会给目标跟踪的可靠性带来很大的不稳定因素。在一般情况下，视频中的遮挡是从目标的某个侧面逐渐开始的。此过程中，目标只有被遮挡的部分会丢失信息，而未被遮挡的部分仍然保持原有的特征。可以尝试对被遮挡的目标进行分块处理（图 9.10a 为分块方式实例，整体目标与背景的关系如图 9.10b 所示），以获取较明显特征的子块，再对每个子块目标与子块目标模板进行匹配，获得此刻的位移向量。当子块全部被遮挡时，可利用目标的位置采用卡尔曼滤波方法进行轨迹预测，从而实现对目标的稳定跟踪。

为了在遮挡情况下能够可靠地跟踪目标，将目标和候选目标进行分块并根据式（9.23）计算每个子块的多特征融合 Bhattacharyya 系数，对目标进行匹配跟踪。首先，将跟踪目标分块，假设各个子块的中心相对于目标中心位置的偏移量为 Δx^i，$i=1,\cdots,t$ 为子块的个数。

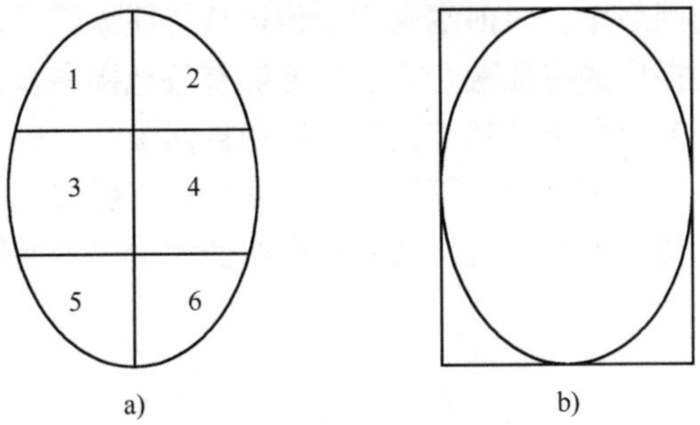

图 9.10　分块与目标背景示意图
a）分块方式　b）目标和背景

根据式（9.23），分别计算每个目标子块与候选子块的多特征融合 Bhattacharyya 系数，当其中最小的某一子块的多特征融合 Bhattacharyya 系数小于某一阈值 Th_1时（可取 0.7），说明该子块产生了遮挡。发生遮挡时，采用置信度最大的子块的位置作为整体目标的位置，子块的置信度 C_i 由候选目标子块的 Bhattacharyya 系数值与背景的多特征融合 Bhattacharyya 系数的比值来决定：

$$C_i=\frac{\rho_o^i}{\rho_b^i} \tag{9.24}$$

其中，ρ_o^i 为第 i 个目标子块的 Bhattacharyya 系数；ρ_b^i 为背景的多特征融合 Bhattacharyya 系数。假定获得的最大置信度子块 N 的位置为 x^N，可得到整个目标的中心位置为

$$x=x^N+\Delta x^N \tag{9.25}$$

而当子块中最大的 Bhattacharyya 系数也小于某一阈值 Th_2时（可取 0.3），说明子块完全被遮挡。在目标处于完全被遮挡的情况下，目标的大部分信息都已经丢失，此时可以运用卡尔曼滤波方法对目标的位置进行预测。对视频中的运动目标而言，假定其噪声符合高斯分布，目标运动可以看作是线性的，对目标的跟踪可以利用卡尔曼滤波预测目标下一帧位置。

综上所述，基于图像的运动目标跟踪算法的具体实现步骤如下。

① 输入视频，当旧目标消失时，删除目标信息；当新目标出现时，对新目标分块，建立新目标的多特征空间。

② 利用卡尔曼滤波器作为预估计器，预测目标下一帧的位置。

③ 目标和候选目标进行分块多特征融合匹配。若$\{\min\{\rho_o^i(y)\},i=1,\cdots,t\}<Th_1$，则认为目标被部分遮挡，选择置信度最大的子块的位置，再根据初始偏移量计算出跟踪目标位置；若$\{\max\{\rho_o^i(y)\},i=1,\cdots,t\}<Th_2$，则认为目标被全部遮挡，利用卡尔曼滤波器进行轨迹预测。

④ 对未被遮挡的目标，更新特征空间。返回步骤 1)。

9.5 本章小结

在目标检测阶段，本章首先讨论了一种基于特征融合的人体检测方法。该方法采用视觉激活度（VAM）来选取分类特征，在保留有效分类信息的同时降低了特征维数。此外，基于 HOG 特征的视觉方向感知原理，构造了"choose mean-bin"及"choose max-bin"两种特征融合规则。在传感器网络中，对前端采集图像进行特征编码，并在网络中传输所提取的特征可以减少带宽，因而提出的特征融合方法，能够有效地提高基于分布式处理的网络监控系统的传输性能。在 9.4 节中介绍了基于视频的运动目标跟踪方法，对分块多特征自适应融合的多目标视觉跟踪算法进行了阐述。算法对目标和模板目标进行分块匹配和融合，并结合卡尔曼滤波器来预测被遮挡目标的位置，从而在有遮挡的情况下能够有效跟踪运动目标。

参考文献

[1] 王蒙，戴亚平．多传感器人体检测的 FHOG 图像特征融合［J］．北京理工大学学报，2015，35（02）：192-196.

[2] 王蒙．智能视频监控特征融合及行为识别研究［D］．北京：北京理工大学，2012.

[3] DALAL N，TRIGGS B. Histograms of Oriented Gradients for Human Detection［C］// Computer Vision and Pattern Recognition（CVPR）. IEEE Computer Society Conference on IEEE，2005：886-893.

[4] 施滢．智能视频监控与检索系统开发［D］．南京：南京理工大学，2016.

习题与思考

1. 简述金字塔变换融合算法、小波变换算法、梯度方向直方图算法的优缺点。

2. 最初的梯度方向直方图（HOG）算法仅能处理静态图像。尝试对梯度方向直方图算法进行改进，从而可以提取并融合视频中的空间与运动特征。

3. 查阅一篇近几年的相关文献，简要叙述该文献中基于视频的多模态（如视频帧、音频信息等）数据融合方法。

第 10 章　深度学习及其在数据融合中的应用

深度学习（Deep Learning）又称深度神经网络（Deep Neural Network），是人工神经网络不断深入研究发展的成果。几十年来通过不断总结经验，人们逐渐发现神经网络系统随着隐含层数的增加，其表达能力不断趋于提高，从而能够完成更复杂的分类任务，逼近更复杂的数学函数模型。网络模型经过“学习”后得到的特征或者信息则分布式存储在连接矩阵中，“学习”完成的神经网络便具有特征提取、学习概括、知识记忆等能力。由于深度学习有更显著的“智能”性，有很多学者尝试将其应用到数据融合算法中，以提升多传感器数据融合后的准确度。

10.1　引言

在神经网络中，随着层数的增加，网络的“训练”难度也迅速变大。采用传统反向传播（Back Propagation，BP）算法进行网络训练，常常会受到梯度扩散的影响而导致收敛速度极其缓慢，甚至陷入局部极值点。由于没有找到有效的方法解决这一难题，导致人工神经网络的发展在很长一段时间内停滞不前。2006 年，多伦多大学（University of Toronto）的 Geoffrey Hinton 教授在《科学》（*Science*）杂志上发表题为“Reducing the dimensionality of data with neural networks”以及“Deep Belief Networks”的论文，开启了深度学习的研究浪潮。这两篇文章指出，传统神经网络增加层数导致无法有效训练的瓶颈，可以通过“逐层初始化”的训练方法来克服；含有多隐含层的人工神经网络比单隐含层的网络具有更强的特征学习能力；通过自主学习得到的特征，能够更深刻地反映数据的本质。

2011 年以来，深度学习再次取得历史突破，并广泛应用于计算机视觉、语音识别、自然语言处理、音频识别与生物信息学等诸多领域。在 2014 年举行的 ImageNet 挑战赛中，绝大多数参赛队伍都开始抛弃传统方法而采用了卷积神经网络，或者将传统方法与卷积神经网络相结合；2015 年，Yann LeCun、Yoshua Bengio 和 Geoffrey Hinton 三位教授一起在《自然》（*Nature*）杂志上发表了一篇题为“Deep Learning”的综述文章，对深度学习理论与方法进行了系统而全面的介绍。2016 年 3 月，基于深度学习算法的 Alpha Go 战胜了围棋名将李世石，深度学习从此变得家喻户晓，逐渐走进人们生活中的各个领域。

在科研领域，深度学习也越来越受到科研人员的重视。从 2015 年起，在以计算机视觉与模式识别（Computer Vision and Pattern Recognition，CVPR）为代表的各类国际计算机视觉顶级会议上，关于深度学习的研究成果较往年有了大幅提升。如图 10.1 所示为 2016—2019 年 CVPR 的有效投稿数量与接收论文数量，从中可知近年来 CVPR 的投稿量与录用量呈现大幅增长趋势。

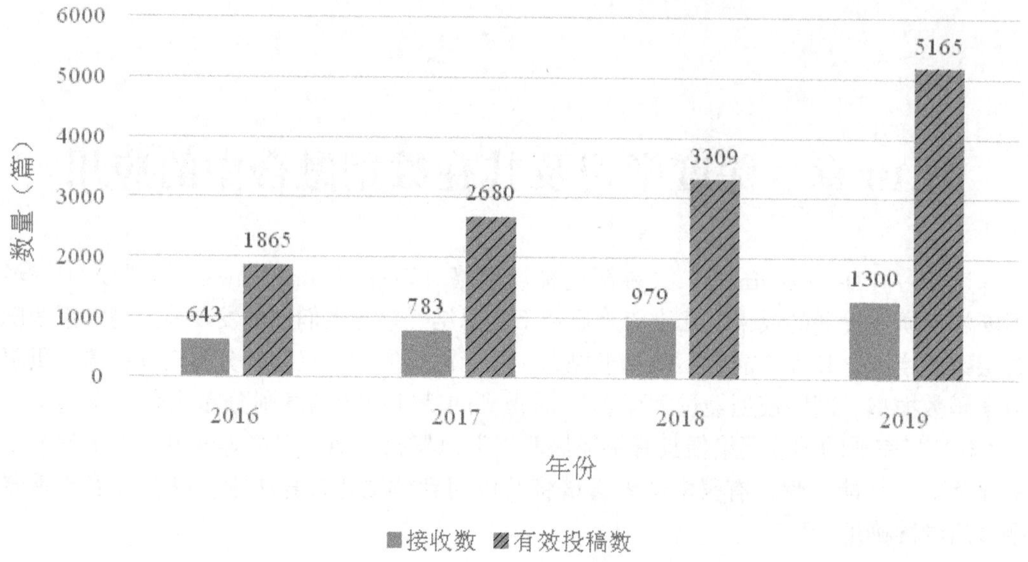

图 10.1　2016—2019 年 CVPR 有效投稿数量与接收论文数量

10.2　卷积神经网络

当前，卷积神经网络（Convolutional Neural Network，CNN）是研究智能图像与视频处理领域的重要方法之一。其中，卷积操作是卷积神经网络中最主要的操作，所提取出的特征在理论上具有针对图像平移、旋转、比例缩放的不变性，并且具有局部感知与权值共享两大特点，使得卷积神经网络更加贴近于真实生物的感知特性，并且相比于全局连接减少了大量的权值学习参数。其中的全卷积网络（Fully Convolution Network，FCN）可以输入任意分辨率大小的图像，从而避免了由于全连接层（fully-connected layer）的固定神经元节点数而需要对输入图像进行额外的尺度调整问题。

本节简要介绍卷积神经网络的理论基础。

10.2.1　卷积操作

1. 卷积层

一般的卷积神经网络主要由多个卷积层构成。下面将对卷积层的定义与卷积操作的特点进行阐述。

（1）卷积层。在数学定义中，卷积操作是指经过翻转的滤波矩阵在输入信息的各维度所进行的滑动内积操作。对于二维空间，其表达式为

$$y(m,n) = [\boldsymbol{w} * \boldsymbol{x}](m,n) = \sum_{i=m-k}^{m+k} \sum_{j=n-k}^{n+k} x(i,j) w(m-i, n-j) \tag{10.1}$$

其中，$\boldsymbol{w}$ 表示 $(2k+1)\times(2k+1)$ 大小的滤波矩阵；$\boldsymbol{x}$ 表示输入信息；m、n 表示当前卷积操作的空间位置。在卷积神经网络中，卷积操作则没有考虑到滤波矩阵的翻转操作，表达式相应变为

$$y(m,n)=\sum_{i=m-k}^{m+k}\sum_{j=n-k}^{n+k}x(i,j)w(i-m,j-n) \tag{10.2}$$

多个具有相同维度与独立可学习权重的滤波矩阵组合构成一个卷积层。具有学习权重的滤波矩阵又被称为卷积核（convolution kernels），输入数据经过卷积层中的卷积计算后生成的输出信号称为特征图（feature maps）。图 10.2 为卷积操作示意图，从左至右分别为输入矩阵数据、卷积核、输出特征图。卷积核通过在输入的矩阵数据上滑动并进行卷积运算，得到最后的输出信息。

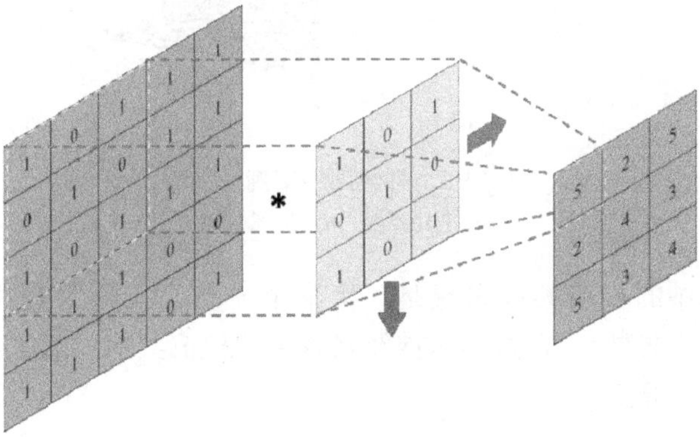

图 10.2　卷积操作示意图

图像处理中的卷积操作主要涉及的参数有卷积核大小（$kernel_w \times kernel_h$）、滑动步长（$stride_w, stride_h$）、0 填充个数（$padding_w, padding_h$）。对应于图 10.2 中的卷积操作，其卷积核大小、滑动步长、0 填充个数参数分别为 3×3、1 与 0。在经过卷积操作之后，输出特征分辨率（$R_{out}^w \times R_{out}^h$）与输入信息大小（$R_{in}^w \times R_{in}^h$）的关系为

$$R_{out}^w=\text{floor}\left(\frac{R_{in}^w+2\times padding_w-kernel_w}{stride_w}\right)+1 \tag{10.3}$$

$$R_{out}^h=\text{floor}\left(\frac{R_{in}^h+2\times padding_h-kernel_h}{stride_h}\right)+1 \tag{10.4}$$

其中，floor 表示向下取整运算。传统图像处理中的算子（如边缘锐化中的 Canny 算子、Sobel 算子、Laplace 算子等）都可看作是卷积层中不同种类的卷积核。不同的是，这些算子在图像运算过程中是固定不变的，而卷积神经网络中的卷积核则是通过多次的误差反向传播迭代步骤优化生成的。

（2）卷积操作的特点。卷积操作具有局部感知与权值共享两大特点。下面将对其进行详细介绍。

1）局部感知。在图像中，邻近间像素通常具有很强的相关性，而距离较远的像素间相关性则较弱。同时，随着网络深度的增加，节点的感受野也会相应增大，可以实现图像由局部特征到整体语义的感知。如图 10.3a 所示的全局感知，极大地增加了网络的计算量。图 10.2b 表示神经网络中的局部感知实例[1]。通过卷积的局部感知，每一个隐藏节点只与图像中的局部像素点连接，这样可以大大降低神经网络的参数量与计算量。

2）权值共享。虽然通过隐藏节点的局部连接方式，可以将连接数大幅降低，但仍需要继续降低网络参数量。如图 10.4a 所示的局部连接，每一个隐藏节点都具有独立的权值参

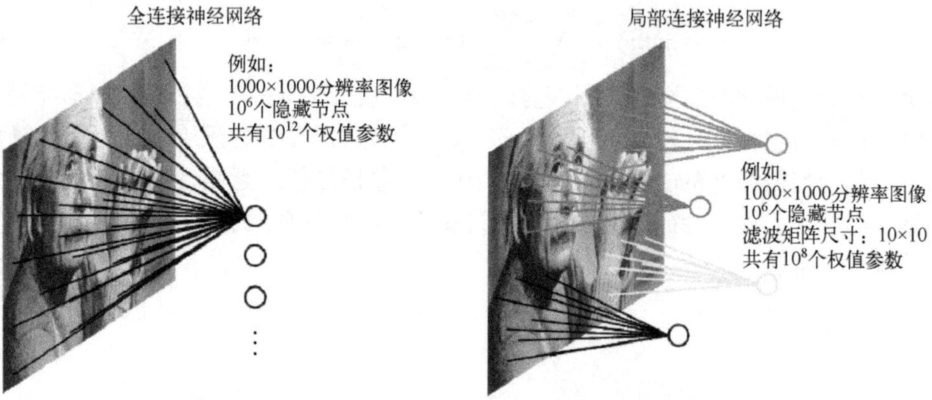

a) b)

图 10.3 神经网络实例（一）

a）全局感知 b）局部感知

数[1]。卷积神经网络中的权值共享思想是，将某个节点的权值参数共享给其他节点（见图 10.4b 的节点间权值共享）。通过卷积神经网络中的权值共享思想，可以进一步降低卷积神经网络的参数量与计算量。

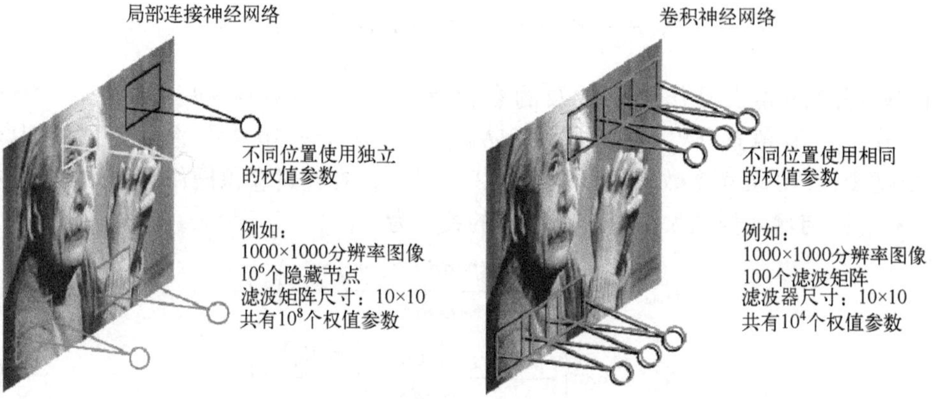

a) b)

图 10.4 神经网络实例（二）

a）局部连接 b）权值共享

综合卷积操作的以上两个特征，卷积神经网络中的卷积操作可以看作是使用具有完全相同参数的卷积模板进行局部连接的内积计算方式。

10.2.2 池化操作

在卷积神经网络中，除了卷积操作之外，还包括另一种重要的操作方式，称为池化（pooling）操作。池化计算可以通过降低特征图分辨率来减少后续卷积操作的计算量，同时又在一定程度上保留了卷积操作所提取特征的平移、旋转和尺度不变性。当前常用的池化方式有最大值池化（max pooling）与平均值池化（average pooling）。以步长（stride）为 2 的 2×2 池化为例，其计算方式如图 10.5 所示。其中，最大值池化操作是将邻域内的像素值取最大值存入池化特征，而平均值池化操作则是将邻域内的像素值取平均值存入池化特征。由于最大值池化操作可以保留特征图中的像素值，故其提取到的池化特征相比于平均值池化特征，可以更好地保留原始特征下的平移及尺度不变性。目前，卷积神经网络中更多的是使用最大值池化操作。

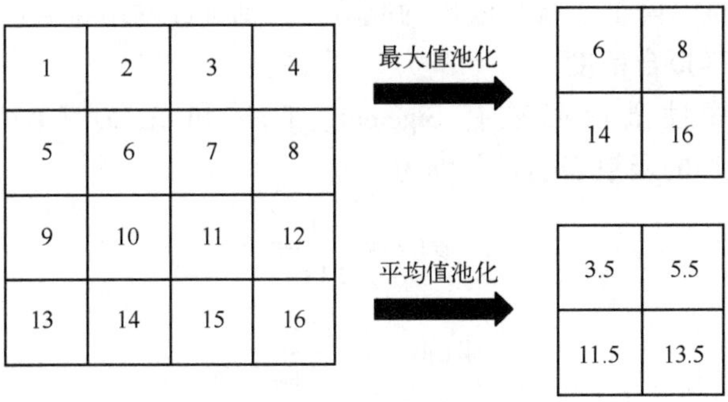

图 10.5　池化层操作示意图

10.2.3　空洞卷积

在卷积神经网络中，由于池化层中的步长限制，特征图的空间分辨率会随着池化层的使用而逐渐降低，从而丢失有意义的空间信息。虽然可以使用更多卷积层来构建更深的网络模型，但其感受野区域只能随着卷积层的增多而线性扩展。

相比于一般的卷积层，空洞卷积[2]（atrous convolutions 或 dilated convolutions）能在指数级地扩展感受野的同时，仍保持特征图的分辨率大小而不增加额外的参数数量，并且在近年的实例分割任务中取得了良好的效果。针对图像特征提取，二维空洞卷积的定义为

$$y(m,n) = \sum_{i} \sum_{j} x(m + r \cdot i, n + r \cdot j) w(i,j) \tag{10.5}$$

其中，$y(m,n)$表示空洞卷积中输入特征$x(m,n)$与卷积核$w(i,j)$所产生的输出结果；r表示空洞卷积中的扩张率（dilated rate）。从式（10.5）中可知，该卷积核等同于在通用卷积核中的相邻两个感受神经元之间插入了$r-1$个零。

如图 10.6 所示为一个扩张率为 2 的空洞卷积操作。该卷积核的感受野与普通的 5×5 卷积核相同，但却只含有与普通 3×3 卷积核相同的学习参数。

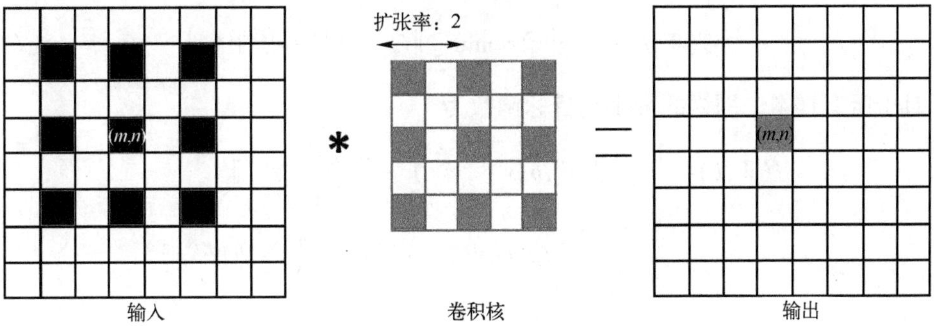

图 10.6　空洞卷积示意图

10.2.4 非线性激活函数

非线性激活函数的引入有助于神经网络实现对输入与输出关系的非线性映射拟合，并且限制了信号的强度范围，降低了数据溢出的风险，否则神经网络将会退化为线性系统，并且层数变化也很难改变其拟合精度。

当前常用的非线性激活函数有 Sigmoid、Tanh 和 ReLU（Rectified Linear Units）。Sigmoid、Tanh 和 ReLU 的函数表达式分别为

$$\sigma(z)=\frac{1}{1+\mathrm{e}^{-z}} \tag{10.6}$$

$$\mathrm{Tanh}(z)=\frac{\mathrm{e}^{z}-\mathrm{e}^{-z}}{\mathrm{e}^{z}+\mathrm{e}^{-z}} \tag{10.7}$$

$$\mathrm{ReLU}(z)=\max(0,z) \tag{10.8}$$

Sigmoid 函数输出信号强度被限制在区间$(0,1)$内，易求导，但由于其本身在趋近于无穷时的饱和特性，在误差反向传播时容易出现梯度消失的现象；Tanh 函数输出信号强度被限制在区间$(-1,1)$内，相比于 Sigmoid 函数的收敛速度更快，但仍然没有解决梯度消失的问题；ReLU 函数输出信号强度的取值范围为$[0,+\infty)$，并且当信号 $z>0$ 时其导数值恒为 1，有效避免了 Sigmoid 函数与 Tanh 函数的梯度消失问题。同时，当信号 $z<0$ 时将被截断，体现了该函数的非线性特征。

10.2.5 反向传播算法

反向传播算法于 1975 年由 Paul Werbos 提出，通过对网络中损失函数梯度的反向传播，解决神经网络中的权重更新问题。反向传播算法中的每次迭代更新主要包含两个阶段：前向信息传播与反向权重更新。假设网络要对 m 个样本$\{(x^{(i)},y^{(i)})\}|_{i=1}^{m}$进行训练，其中 $x^{(i)}$ 表示第 i 个样本的输入数据，$y^{(i)}$ 表示第 i 个样本的标签数据。那么对于样本集中的每一个样本，训练的网络映射可抽象为

$$\overline{y^{(i)}}=f(x^{(i)};W,b)=f_{W,b}(x^{(i)}) \tag{10.9}$$

其中，W、b 分别为网络的权重与偏置项。其优化的目标为

$$J(W,b;x^{(i)},y^{(i)})=\min_{W,b}\frac{1}{2}\|f_{W,b}(x^{(i)})-y^{(i)}\|^2 \tag{10.10}$$

于是，对于所有样本，网络的最小化目标函数为

$$\begin{aligned}J(W,b)&=\frac{1}{m}\sum_{i=1}^{m}J(W,b;x^{(i)},y^{(i)})+\frac{\lambda}{2}\sum_{l=1}^{L-1}\|W^{(l)}\|_{\mathrm{F}}^2\\&=\frac{1}{m}\sum_{i=1}^{m}\frac{1}{2}\|f_{W,b}(x^{(i)})-y^{(i)}\|^2+\frac{\lambda}{2}\sum_{l=1}^{L-1}\|W^{(l)}\|_{\mathrm{F}}^2\end{aligned} \tag{10.11}$$

其中，$\sum_{l=1}^{L-1}\|W^{(l)}\|_{\mathrm{F}}^2$ 称为正则项（regularization term）或权重衰减项（weight decay term），用来控制各层权值矩阵的元素大小，防止网络因权值矩阵过大而出现过拟合的问题。通过链式求导法则，网络中各参数的更新公式为

$$W_{ij}^{(l)} = W_{ij}^{(l)} - \alpha \frac{\partial J(W,b)}{\partial W_{ij}^{(l)}} \tag{10.12}$$

$$b_i^{(l)} = b_i^{(l)} - \alpha \frac{\partial J(W,b)}{\partial b_i^{(l)}} \tag{10.13}$$

其中，α 为学习率（learning rate），用来控制权重和偏置项的更新增益。

10.2.6 卷积神经网络的发展历程

1989 年，Yann LeCun 提出了第一个真正意义上的卷积神经网络（Convolutional Neural Network，CNN），并在此基础上于 1997 年提出 LeNet-5，用于对手写字符的识别。早期的卷积神经网络主要用于解决人脸检测、人脸识别、字符识别等问题，但是由于缺乏大规模训练样本以及硬件计算能力的限制，并没有成为当时人工智能领域的主流方法。2007 年，斯坦福大学华人教授李飞飞创办 ImageNet 项目，并于 2009 年开源了 ImageNet 图像数据集，提供了支持网络训练的大规模样本，为卷积神经网络的爆发式发展奠定了数据基础。2012 年，Geoffrey Hinton 的学生 Alex Krizhevsky 提出了 AlexNet 网络，其分类成绩远超过第二名的基于 SVM 的传统方法。其中提出的 ReLU 与 Dropout 机制，对未来卷积神经网络的发展具有重要意义。卷积神经网络自此开始进入快速发展时期，并在近几年取得了丰富的研究成果，如谷歌公司相继提出的 GoogLeNet 网络与 Inception 机制（Inception-V1、Inception-V2、Inception-V3、Inception-V4、Xception），牛津大学视觉组（Visual Geometry Group）提出的 VGG 网络，何凯明提出的残差网络（Residual Network，ResNet）与改进的 ResNeXt 网络，Christian Szegedy 提出的 Inception-ResNet V1/V2，以及 Huang 等人提出的 DenseNet 等经典的卷积神经网络模型。

10.2.7 深度学习开发框架

随着深度学习的快速发展，为了减少网络设计的工作量，各大科技巨头与知名高校［如谷歌（Google）、微软（Microsoft）、脸书（Facebook）、加州大学伯克利分校（University of California，Berkeley）、加拿大蒙特利尔大学（Université de Montréal）等］推出了开源的深度学习开发框架，其中具有影响力的开源框架有 Caffe、TensorFlow、PyTorch、Caffe2（2018 年与 PyTorch 合并）、Keras、CNTK、MXNet、Torch7、Theano 等。通过表 10.1 可知，当前使用量最多的深度学习开发框架为 TensorFlow。PyTorch 在最近两年内的使用人数快速增加。本节对 TensorFlow 与 PyTorch 两种开发环境进行简要介绍。

表 10.1 2019 年深度学习框架排行榜（Github 项目数及增长率）[①]

框　架	Github 过去两年增长率（%）		2019 年 7 月		2017 年 9 月		发布时间	公司	开发语言
	点赞	调用	点赞	调用	点赞	调用			
PyTorch	303%	394%	29635	7186	7361	1456	2016	Facebook	C++，Lua
TensorFlow	87%	121%	130540	75929	69781	34355	2015	Google	C++
PaddlePaddle	71%	72%	9246	2484	5405	1447	2016	Baidu	C++
MXNet	56%	47%	17316	6145	11127	4179	2017	Apache	C++

（续）

框　架	Github 过去两年增长率（%）		2019 年 7 月		2017 年 9 月		发布时间	公司	开发语言
	点赞	调用	点赞	调用	点赞	调用			
D14j	53%	31%	10966	4697	7175	3590	2014	Eclipse	Java
Caffe2	50%	73%	8458	2130	5628	1233	2017	Facebook	C++
Caffe	41%	39%	28495	17204	20155	12371	2014	Berkeley vision	C++
CNTK	31%	35%	16258	4318	12366	3190	2016	Microsoft	C++
Theano	28%	9%	8834	2493	6902	2290	2007	MILA	Python
Keras	—	—	42504	16187	—	—	2015	Google	Python
Chainer	—	—	4887	1294	—	—	2015	Chainer	Python

① 内容来源 http://ai.51cto.com/art/201908/600692.htm。

TensorFlow 是谷歌公司于 2015 年 11 月 9 日发布的开源深度学习框架。其可以处理视频图像与音频分析、推荐系统和自然语言处理等任务，并支持跨操作系统平台，甚至支持移动设备终端，是当前发展最成熟的主流深度学习应用框架。TensorFlow 由于其高度的灵活性与可移植性、支持多种编程语言、丰富的算法库、完善的描述文档，被广泛运用于学术界与工业界，如英特尔（Intel）、高通（Qualcomm）、DeepMind、英伟达（Nvidia）、AMD、优步（Uber）、联想（Lenovo）、小米等。当前最新公开的稳定版本号为 TensorFlow 2.0（网站 https://www.tensorflow.org）。

PyTorch 由 Facebook 的人工智能研究团队开发，并与 2017 年初在 Github 上开源，是一个基于 Torch 的 Python 机器学习库，并支持张量计算与图形处理器（Graphics Processing Unit，GPU）加速功能。为了加强竞争力与更好地定期维护更新，Facebook 于 2018 年 3 月底将 PyTorch 与 Caffe2 合并，统称为 PyTorch。相比于 TensorFlow 在运行前必须提前建立静态计算图，PyTorch 可以在执行程序时动态地生成与调整计算图，具有更好的灵活性，并且更加易于程序的调试（Debug）与扩展。当前最新公开的稳定版本的 PyTorch 可以通过其官方网站 https://pytorch.org 查到。

10.3 长短期记忆网络

长短期记忆网络[3]（Long Short-Term Memory，LSTM）由 Hochreiter 与 Schmidhuber 于 1997 年提出，是一种改进的时间递归神经网络。归功于 LSTM 中的门限结构（输入门、遗忘门和输出门）消除或者增加信息到细胞状态的能力，使得 LSTM 相比于循环神经网络（Recurrent Neural Network，RNN）能够记住更长时期的信息，从而更加适合于学习间隔相对较长的时间序列特征。

LSTM 的结构图如图 10.7 所示，其具有链式细胞循环形式，重复的模块中有四个特殊的结构。贯穿在图上方的水平实线为细胞状态，代表着长期记忆；矩形框是学习得到的神经网络层；圆圈表示运算操作；箭头则表示向量的传输方向。

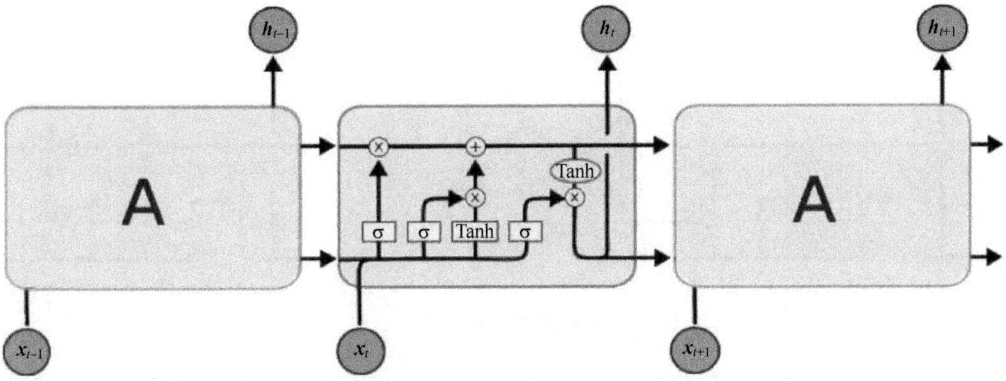

图 10.7　LSTM 结构图

LSTM 通过删除或增加神经元状态中的信息以保持长期记忆信息的机制是由被称为门限的结构控制的。门限结构能够让信息选择式通过，如图 10.8 所示，包含一个具有可训练参数的门限权重、一个 Sigmoid 层（图中用 σ 表示）和一个 point-wise 乘法操作（图中用×表示）。Sigmoid 层输出区间(0,1)内的数字，表征需要保留上层神经元信息的程度。一个 LSTM 单元中共有三个门限，以保护和控制神经元状态。第一阶段是遗忘门（forget gate），决定哪些信息需要从细胞状态中被遗忘；第二阶段是输入门（input gate），确定哪些新信息能够被存放到细胞状态中；第三阶段是输出门（output gate），确定细胞输出什么值。下面对 LSTM 中各个门限的结构和数学表达式进行分析。

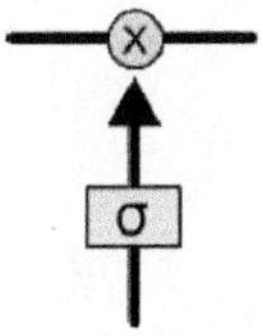

图 10.8　LSTM 门限结构图

10.3.1　遗忘门

LSTM 的第一步就是需要决定什么信息应该被神经元遗忘。如图 10.9 所示，遗忘门以 $t-1$ 层的输出 $\boldsymbol{h}_{t-1}$ 与 t 层的序列数据 $\boldsymbol{x}_t$ 为输入，通过一个具有可训练参数的“遗忘门层”与 Sigmoid 激活函数，得到遗忘门输出 $\boldsymbol{f}_t$。$\boldsymbol{f}_t$ 的取值在（0，1）区间，表示上一层细胞状态被遗忘的程度，其中“1”表示“完全保留上个状态”，“0”表示“完全遗忘上个状态”。遗忘门的抽象表达式为

$$\boldsymbol{f}_t=\sigma(\boldsymbol{W}_f\cdot[\boldsymbol{h}_{t-1},\boldsymbol{x}_t]+\boldsymbol{b}_f) \tag{10.14}$$

10.3.2　输入门

第二步需要决定神经元细胞中应保存的信息。如图 10.10a 所示，输入门包括两个部分，第一部分与遗忘门类似，以 $t-1$ 层的输出 $\boldsymbol{h}_{t-1}$ 与 t 层的序列数据 x_t 为输入，通过一个具有可训练参数的“输入门层”与 Sigmoid 激活函数，得到输入门的输出 $\boldsymbol{i}_t$；第二部分使用 Tanh 激

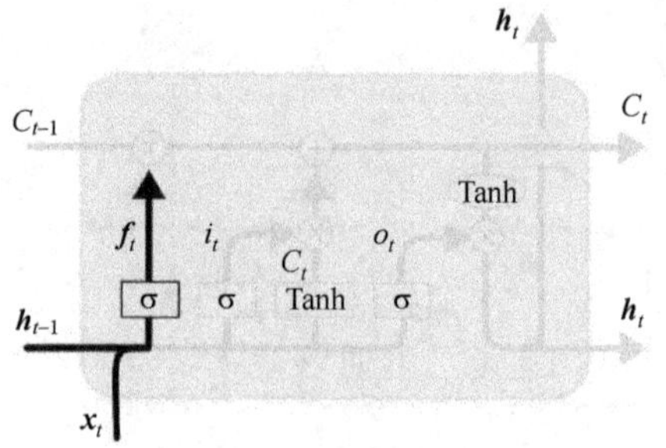

图 10.9　遗忘门

活函数，输出为 $\widetilde{C}_t$。$\widetilde{C}_t$ 可理解为本层神经元的中间输出信息（在 RNN 网络中为本层的输出），i_t 的取值在(0,1)区间，表示本层中间输出信息被保留的程度。输入门的抽象表达式如下。

$$\boldsymbol{i}_t=\sigma(\boldsymbol{W}_i \cdot [\boldsymbol{h}_{t-1},\boldsymbol{x}_t]+\boldsymbol{b}_i) \tag{10.15}$$

$$\widetilde{\boldsymbol{C}}_t=\mathrm{Tanh}(\boldsymbol{W}_C \cdot [\boldsymbol{h}_{t-1},\boldsymbol{x}_t]+\boldsymbol{b}_C) \tag{10.16}$$

如图 10.10b 所示，$\boldsymbol{h}_{t-1}$与序列数据 $\boldsymbol{x}_t$ 经过遗忘门与输入门的操作后，神经元的当前状态信息即可获取。本层的神经元状态 $\boldsymbol{C}_t$ 的抽象表达式为

$$\boldsymbol{C}_t=\boldsymbol{f}_t \cdot \boldsymbol{C}_{t-1}+\boldsymbol{i}_t \cdot \widetilde{\boldsymbol{C}}_t \tag{10.17}$$

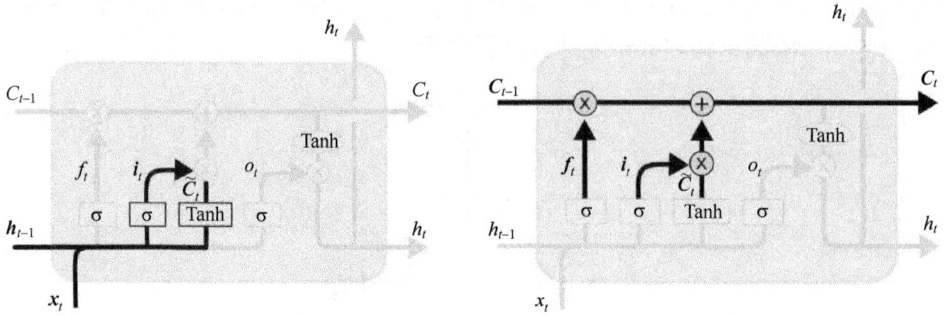

a)　　　　b)

图 10.10　输入门

a）第一部分　b）第二部分

10.3.3　输出门

最后一步决定神经元输出的信息。这个输出信息建立在本层神经元状态的基础上，但是需要一个滤波器来控制过滤该层的细胞状态。如图 10.11 所示，首先，使 $\boldsymbol{h}_{t-1}$与序列数据 $\boldsymbol{x}_t$ 通过 Sigmoid 层以决定哪一部分的神经元状态需要被输出；然后，将本层的神经元状态 $\boldsymbol{C}_t$ 经过 Tanh 激活函数［输出值取值在(−1,1)区间］并乘以 Sigmoid 门限的输出 $\boldsymbol{o}_t$。输出门的抽象表达式为

$$\boldsymbol{o}_t=\sigma(\boldsymbol{W}_o \cdot [\boldsymbol{h}_{t-1},\boldsymbol{x}_t]+\boldsymbol{b}_o) \tag{10.18}$$

$$\boldsymbol{h}_t=\boldsymbol{o}_t \cdot \mathrm{Tanh}(\boldsymbol{C}_t) \tag{10.19}$$

输出门的输出信息 $\boldsymbol{h}_t$ 将作为 t+1 层神经元的输入信息，并依次循环迭代，直至序列数据 $\boldsymbol{x}_t$

全部输入完毕。

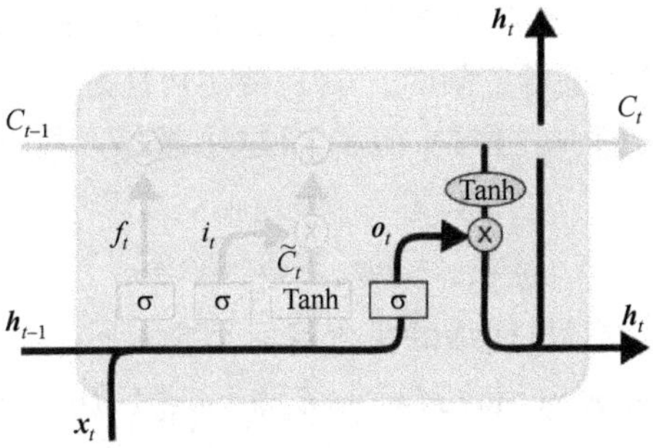

图 10.11 输出门

10.4 生成对抗网络

10.4.1 简介

生成对抗网络[4]（Generative Adversarial Network，GAN）最初是由加拿大蒙特利尔大学（Université de Montréal）的 Ian J. Goodfellow 提出，GAN 的思想可以理解为是其包含的生成模型（Generative model）与判别模型（Discriminative mode）通过一种类似二人零和博弈的过程，在训练过程中通过相互竞争让这两个模型同时得到增强。

生成模型 G 是一个样本生成器，不断学习训练集中真实数据的概率分布，通过输入的随机噪声生成真实世界中不曾存在的“假”图片（目的是提升所生成的“假”图片与训练集中的“真”图片的相似性）；判别模型 D 为一个二分类器，其功能是判断一个图片是否为真实图片，将生成模型 G 产生的“假”图片与训练集中的“真”图片区分开。通过判别模型 D 的不断校正，生成模型 G 在缺少大量先验知识的前提下也可以很好地学习与逼近真实数据的分布情况，并最终让生成对抗网络模型所生成的数据达到以假乱真的效果（即便 D 也无法区分 G 生成的图片与真实图片，即 G 和 D 达到某种纳什均衡状态）。

10.4.2 生成对抗网络的优化目标函数

在数据量充足的条件下，生成模型可以模拟如图像、语音、文本等高维数据的分布状况；针对数据量缺乏的场景，生成模型则可以帮助生成数据，提高数据数量。在生成对抗网络中，假设生成模型是 $G(z)$，其中 z 是一个随机噪声，而 G 将这个随机噪声转化为数据类型 x（以图片为例，这里 G 的输出就是一张图片）。D 是一个判别模型，对任何输入 x，$D(x)$的输出是(0,1)范围内的一个实数，即判断这个图片为真实图片的概率。令 P_r 和 P_g 分别代表真实图像的分布与生成图像的分布。对于判别模型 D，$D(x)$的输出越接近于 1 越好［$\log D(x)$越大越好］；对于通过噪声 z 生成的数据 $G(z)$而言，$D(G(z))$的输出越接近于 0 越好（判别模型能够完全区分“真”数据与“假”数据），所以

$$\log[1-D(G(z))] \tag{10.20}$$

也是越大越好。因此，针对判别模型 D 的目标函数如下：

$$\max_D E_{x\sim P_r}[\log D(x)]+E_{z\sim P_g}\{\log[1-D(G(z))]\} \quad (10.21)$$

类似地，在生成对抗网络中，生成模型的目标是让判别模型无法区分真实图片与生成图片，即在对生成模型 G 的参数进行更新时，$G(z)$ 要尽可能趋近于真实数据分布，即 $P_r=P_g$。因此 $D(G(z))$ 应趋近于 1，即 $\log[1-D(G(z))]$ 越小越好。故针对生成模型 G 的目标函数如下：

$$\min_G E_{z\sim P_g}\{\log[1-D(G(z))]\} \quad (10.22)$$

综合以上内容，可得生成对抗网络的优化目标函数如下：

$$\min_G \max_D E_{x\sim P_r}[\log D(x)]+E_{z\sim P_g}\{\log[1-D(G(z))]\} \quad (10.23)$$

10.4.3 生成对抗网络对目标函数的优化

上一节内容构造了生成对抗网络的优化目标函数。本节将定性分析目标函数的优化过程以实现生成模型与判别模型的博弈与参数学习。通常的优化方法的思路类似于期望最大化（Expectation Maximization，EM）方法，分别对生成模型 G 和判别模型 D 进行交互迭代，即先固定 G，优化 D；一段时间后，再固定 D，优化 G，直到过程收敛，达到纳什均衡状态。在参数的更新过程中，一般是在对 D 更新 k 次后，才对 G 更新 1 次。具体的参数更新过程请参考文献［4］。

优化目标函数的第一阶段只有判别模型 D 参与参数更新。将训练集中的样本 $x\in X$ 作为判别模型 D 的输入数据，输出取值$(0,1)$。该数值越大表示样本 x 为真实数据的可能性越大，当判别模型 D 的输出值为 1 时，表示输入样本中的数据全部为真实数据。所以在第一阶段的优化过程中，需要使得 D 的输出值尽可能逼近 1，以训练判别模型更加准确地分辨“假”数据与“真”数据。在第二阶段中，生成模型 G 参与参数更新。首先，将随机噪声 z 输入生成模型 G，使得 G 从真实数据集里学习概率分布并产生“假”的数据样本；然后，将生成的“假”数据样本输入判别模型 D，使得 D 的输出数值尽可能逼近 0，且 G 的输出数值尽可能逼近 1，即尽量在使判别模型 D 分辨生成模型 G 输出“假”数据的同时又可以改进生成模型，试图让判别模型 D 无法区分生成图片与真实图片。

10.4.4 一些经典的生成对抗网络模型

生成对抗网络的一个主要缺点是训练过程的不稳定性，且无法控制非条件型的生成模型所产生的“假”数据。例如，对于分辨率较高、包含较多像素图片的情形，基于前面提出的简单 GAN 方法就不太可控了。为了提高训练的稳定性，本章的参考文献［5］提出了条件型的生成对抗网络（Conditional Generative Adversarial Nets，CGAN），通过在 GAN 的生成模型 G 和判别模型 D 中增加一些条件性约束，以改进 GAN 在训练中的不稳定问题。在生成模型 G 和判别模型 D 中均加入条件约束 y 时，式（10.23）就变成带有条件概率的二元极小极大问题：

$$\min_G \max_D E_{x\sim P_r}[\log D(x|y)]+E_{z\sim P_g}\{\log[1-D(G(z|y))]\} \quad (10.24)$$

其中，条件变量 y 可以为标签或者是不同模态的数据。使用这个额外的条件变量，对于生成器对数据的生成具有一定的指导作用，可以看成是将无监督 GAN 变成有监督 GAN 的一种改进方法。

在生成对抗网络中，生成模型和判别模型都是由神经网络构成的，本章参考文献［4］中使用的是多层感知器（Multi-Layer Perceptron，MLP）。Radford 等人在文献［6］中提出了一种深度卷积生成对抗网络（Deep Convolutional Generative Adversarial Networks，DCGAN），将对抗网络与卷积神经网络相结合进行图片生成，实现了卷积神经网络的非监督学习。其中，判别网络中的所有池化（pooling）层均使用步幅卷积（步长大于 1 的卷积层）进行替换；而生成网络中的所有池化层则使用反卷积进行替换；在生成网络和判别网络上使用批规范化（Batch Normalization，BN）；在生成网络的所有层上使用 ReLU 非线性激活函数（除输出层使用 Tanh 激活函数外），在判别网络的所有层上使用 Leaky ReLU 非线性激活函数。与传统的生成对抗网络相比，DCGAN 具有更强大的生成能力，生成的图像具有多样性。

为了弥补 GAN 在训练中对超参数敏感的不足，Arjovsky 等人[7]提出了这个问题产生的机理和解决办法。他们认为问题出在目标函数的设计上，并且证明了 GAN 的本质是优化真实样本分布和生成样本分布之间的差异，并将这种差异性最小化。优化的目标函数是两个分布上的 Jensen-Shannon 距离，但如果两个分布的样本空间并不完全重合，这个距离是无法定义的。他们还提出了一种解决方案，使用 Wasserstein 距离代替 Jensen-Shannon 距离，并设计了一种新的算法 Wasserstein GAN（WGAN）。与原始 GAN 相比，WGAN 对超参数更加不敏感，训练过程更加平滑。

一些计算机视觉问题（如风格迁移、图像去模糊、超分辨率等）的本质可以理解为图像到图像的转换问题，其目标是使用一对成组的图像来训练输出图像和输入图像之间的映射关系。然而，传统方法无法处理训练图像不成对的问题（如风格迁移，可以是任意两张不同的图片）。Zhu 等人首次提出了 Cycle-consistent GAN（CycleGAN）方法[8]，在解决训练图像不成对问题上起到了重要的推动作用。CycleGAN 本质上是两个镜像对称的 GAN，构成了一个环形网络。两个 GAN 共享两个生成模型，并各自带一个判别模型，设有两个样本空间 X 和 Y。

首先，需要把 X 空间中的样本转换成 Y 空间中的样本，因此 GAN 所需实现的目标之一是学习从 X 到 Y 的映射关系。设 $F:X\to Y$，对应 GAN 中的生成模型［F 将 X 中的样本 x 转换为 Y 中的图片 $F(x)$］。对于生成的图片，需要 GAN 中的判别模型 D_Y 来判别它是否为真实图片，以构成生成对抗网络，则 GAN 的损失表达式为

$$E_{y\sim P_{\text{data}}(y)}[\log D_Y(y)]+E_{x\sim P_{\text{data}}(x)}\{\log[1-D_Y(F(x))]\} \tag{10.25}$$

其中，$P_{\text{data}}(y)$和 $P_{\text{data}}(x)$分别代表目标样本的分布与输入样本的分布。

其次，需要把 Y 空间中的样本转换成 X 空间中的样本，因此 GAN 所需实现的另一个目标是学习从 Y 到 X 的映射关系。设 $G:Y\to X$，对应 GAN 中的生成模型［G 将 Y 中的样本 y 转换为 X 中的图片 $G(y)$］。对于生成的图片，需要 GAN 中的判别模型 D_X 来判别它是否为真实图片，以构成生成对抗网络，则 GAN 的损失表达式为

$$E_{x\sim P_{\text{data}}(x)}[\log D_X(x)]+E_{y\sim P_{\text{data}}(y)}\{\log[1-D_X(G(y))]\} \tag{10.26}$$

随着深度学习的快速发展，近年来也不断涌现出很多有关生成对抗网络的研究成果，如 InfoGAN、f-GAN、Loss Sensitive GAN（LS-GAN）等。

10.5　深度学习在多传感器数据融合中的应用

10.5.1　文本情感分析中的多特征数据融合方法

卷积神经网络和循环神经网络在自然语言处理上得到广泛应用，但由于自然语言在结构上存在着前后依赖关系，仅依靠卷积神经网络实现文本分类有可能会忽略词的上下文含义，且传统的循环神经网络存在梯度消失或梯度爆炸问题，限制了文本分类的准确率。本节介绍一种卷积神经网络和双向长短期记忆网络（BiLSTM）特征融合的模型[9]。该模型利用卷积神经网络提取文本向量的局部特征，利用 BiLSTM 提取与文本上下文相关的全局特征，将两种互补模型提取的特征进行融合，解决了单卷积神经网络模型容易忽略词在上下文中的语义和语法信息的问题。提出的基于特征融合的文本情感分析方法处理流程如图 10.12 所示，可以概括为以下步骤：①输入文本信息，通过 Word2Vec 模型与 Skip-gram 模型构建词向量；②通过词向量构建句子矩阵，并以句子矩阵作为文本信息，输入至卷积神经网络中，获取文本的局部特征信息；③将词嵌入层的信息顺序输入 BiLSTM 中，提取与文本上下文相关的全局特征信息；④融合文本的局部特征信息与全局特征信息，并输入至特征融合模型中训练以得到文本情感分类。

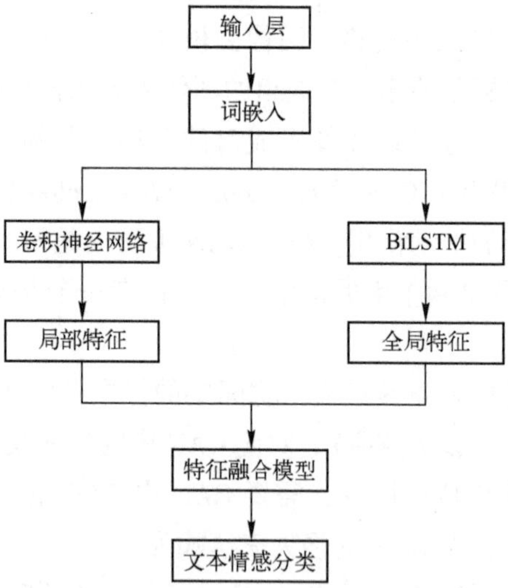

图 10.12　基于特征融合的文本情感分析方法处理流程

1. 词嵌入

深度学习方法进行文本分类的第一步是将文本向量化，利用词向量表示文本，作为卷积神经网络和 BiLSTM 网络模型的输入。Mikolov 等人基于神经网络语言模型（Neural Network Language Model，NNLM）提出 Word2Vec 模型，并给出了利用 Skip-gram 模型来构建词向量。Skip-gram 模型由输入层、映射层和输出层构成。Skip-gram 模型的输入是词 $\boldsymbol{W}(t)$ 在当前时刻的向量形式，输出是周围词的向量形式，通过当前词来预测周围的词。如果上下文窗口的大小设置为 4，将中间词 $\boldsymbol{W}(t)$ 映射为所对应的向量形式 $\boldsymbol{V}(\boldsymbol{W}(t))$，利用

$V(W(t))$预测出周围 4 个词所对应的向量形式 Context(w) = {$V(W(t+2))$, $V(W(t+1))$, $V(W(t-1))$, $V(W(t-2))$}，Skip-gram 模型计算周围词向量输出是利用中间词向量 $V(W(t))$的条件概率值求解：

$$P(V(W(i))|V(W(t))) \tag{10.27}$$

其中，$V(W(t)) \in$ Context(w)。

2. 卷积神经网络模型

在文本向量化操作后，使用卷积神经网络模型提取文本的局部特征。在使用卷积神经网络进行文本分类时，将词 $W(i)$对应的词向量 $V(W(i))$组成的句子映射为句子矩阵 S_j。如图 10.13 所示，其中 $V(W(i)) \in \mathbf{R}^K$，代表句子矩阵 S_j 中第 i 个词向量为 K 维词向量，$S_j \in \mathbf{R}^{m\times K}$，$m$ 代表句子矩阵 S_j 中句子的个数，句子矩阵 S_j 可以作为卷积神经网络语言模型的嵌入层向量矩阵。其中将句子矩阵表示为 $S_j = \{V(W(1)), V(W(2)), \cdots, V(W(m))\}$。卷积层使用卷积核大小为 $r\times K$ 的滤波矩阵对句子矩阵 S_j 执行卷积操作，提取 S_j 的局部特征：

$$c_i = f(F \cdot V(W(i:i+r-1)) + b) \tag{10.28}$$

其中，F 代表卷积核大小为 $r\times K$ 的滤波矩阵；b 代表偏置量；f 代表 ReLU 非线性操作函数操作；$V(W(i:i+r-1))$代表 S_j 中从 i 到 $i+r-1$ 共 r 行向量；c_i 代表通过卷积操作得到的文本局部特征。随着滤波器以步长为 1 从上往下进行滑动，走过整个 S_j，最终得到局部特征向量集合 C。对卷积操作得到的局部特征采用最大池化（Max-pooling）的方法提取值最大的特征以代替整个局部特征，通过池化操作可以大幅降低特征向量的大小。将所有池化后得到的特征在全连接层进行组合，并输出向量；将全连接层的输出输入到 softmax 分类器中进行分类，模型利用实际分类中的标签，通过反向传播算法进行参数优化。

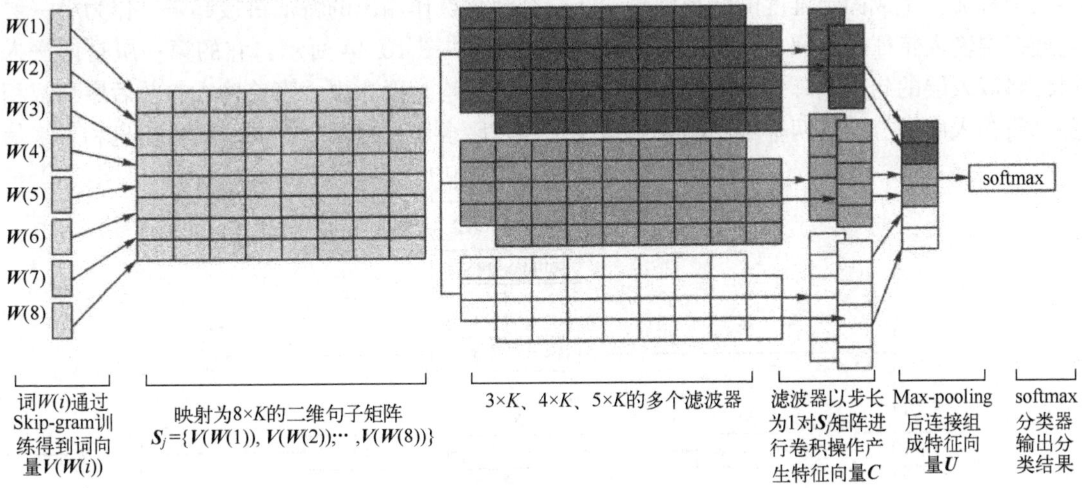

图 10.13 卷积神经网络模型示意图

3. BiLSTM 模型

由于句中一个词的语义不仅与该句中之前的词（历史信息）有关，而且与当前词之后的词信息也有着密切的关系。因此，使用 BiLSTM 代替 LSTM，以便充分考虑当前词的上下文语义信息。利用 BiLSTM 对句子矩阵 $S_j = \{V(W(1)), V(W(2)), \cdots, V(W(m))\}$学习，得到的文本特征具有全局性，充分考虑了词在文本中的上下文信息。如图 10.14 所示，

BiLSTM 的门限机制中各个门和记忆细胞的表达式如下。

遗忘门表达式：

$$\boldsymbol{Z}^f=\sigma(\boldsymbol{W}_f\cdot[\boldsymbol{V}(\boldsymbol{W}(i)),\boldsymbol{h}^{t-1}]+\boldsymbol{b}_f) \tag{10.29}$$

输入门表达式：

$$\boldsymbol{Z}^{in}=\sigma(\boldsymbol{W}_{in}\cdot[\boldsymbol{V}(\boldsymbol{W}(i)),\boldsymbol{h}^{t-1}]+\boldsymbol{b}_{in}) \tag{10.30}$$

$$\boldsymbol{Z}=\mathrm{Tanh}(\boldsymbol{W}_c\cdot[\boldsymbol{V}(\boldsymbol{W}(i)),\boldsymbol{h}^{t-1}]+\boldsymbol{b}_c) \tag{10.31}$$

细胞更新表达式：

$$\boldsymbol{C}^t=\boldsymbol{Z}^f\cdot\boldsymbol{C}^{t-1}+\boldsymbol{Z}^{in}\cdot\boldsymbol{Z} \tag{10.32}$$

$$\boldsymbol{Z}^o=\sigma(\boldsymbol{W}_o\cdot[\boldsymbol{V}(\boldsymbol{W}(i)),\boldsymbol{h}^{t-1}]+\boldsymbol{b}_o) \tag{10.33}$$

输出表达式：

$$\boldsymbol{h}^t=\boldsymbol{Z}^o\cdot\mathrm{Tanh}(\boldsymbol{C}^t) \tag{10.34}$$

其中，$\boldsymbol{Z}^f$、$\boldsymbol{Z}^{in}$、$\boldsymbol{Z}$、$\boldsymbol{Z}^o$ 分别代表遗忘门、输入门、当前输入单元状态和输出门；$\boldsymbol{h}^{t-1}$、$\boldsymbol{h}^t$ 分别代表前一层的隐含层状态和当前层的隐含层状态；$\boldsymbol{W}_f$、$\boldsymbol{W}_{in}$、$\boldsymbol{W}_c$、W_o 分别代表遗忘门的权重矩阵、输入门的权重矩阵、当前输入单元状态的权重矩阵和输出门的权重矩阵；$\boldsymbol{b}_f$、$\boldsymbol{b}_{in}$、$\boldsymbol{b}_c$、$\boldsymbol{b}_o$ 分别代表遗忘门偏置项、输入门偏置项、当前输入单元偏置项和输出门偏置项。

4. 卷积神经网络和双向长短期记忆网络特征融合模型

特征融合模型由卷积神经网络和双向长短期记忆网络融合而成。卷积神经网络部分的第一层是词嵌入层，将词嵌入层的句子矩阵作为输入，矩阵的列是词向量的维度；第二层是卷积层，进行卷积操作，提取句子的局部特征；第三层进行最大池化操作，提取关键特征，舍弃冗余特征，生成固定维度的特征向量，将三个池化操作输出的特征拼接起来，作为第一层全连接层输入特征的一部分。BiLSTM 模型的示意图如图 10.14 所示，它的第一层是词嵌入层，将嵌入层的句子矩阵作为输入；第二层和第三层均为隐含层，当前输入与前后序列都相关，将输入序列分别从两个方向输入到模型，经过隐含层保存两个方向的历史信息和未来信

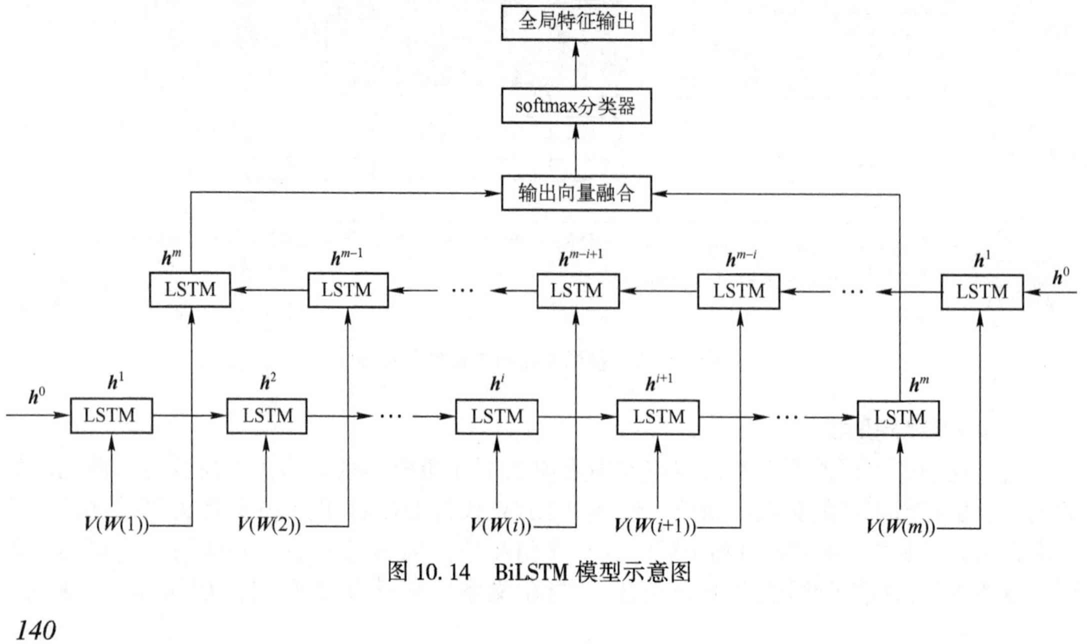

图 10.14　BiLSTM 模型示意图

息，最后将两个隐含层的输出部分拼接，得到最后 BiLSTM 的输出。将融合后的特征作为第一个全连接层的输入，在第一个全连接层与第二个全连接层之间引入 Dropout 机制，每次迭代放弃部分训练好的参数，使权值更新不再依赖部分固有特征，以防止过拟合，最后输入到 softmax 分类器输出分类结果。softmax 分类器将 $x^{(i)}$ 分类为类别 j 的概率为

$$P(\boldsymbol{y}^{(i)}=\boldsymbol{j}\mid\boldsymbol{x}^{(i)};\boldsymbol{\theta})=\frac{\exp(\boldsymbol{\theta}_j^{\mathrm{T}}\boldsymbol{x}^{(i)})}{\sum_{i=1}^{K}\exp(\boldsymbol{\theta}_j^{\mathrm{T}}\boldsymbol{x}^{(i)})} \tag{10.35}$$

10.5.2 图像融合中的多特征数据融合方法

多传感器数据（例如热红外和可见光图像）已被用于增强人类视觉感知、目标检测与目标识别方面的性能。其中，红外图像可捕获目标的热辐射信息，可见图像可捕获目标的反射光信息。这两种类型的图像可以提供具有互补属性的目标信息。在融合过程中，现有方法通常对不同的源图像使用相同的变换或表示方法，但是红外图像中的热辐射和可见光图像中的外观是两种不同现象的体现，不可能同时适用于红外和可见光图像。大多数现有方法中的融合规则仍是按照传统方法以人工方式设计规定的，并且变得越来越复杂，具有实施难度大和计算成本高的局限性。本节介绍一种基于生成对抗网络的红外图像与可见光图像融合算法 FusionGAN [10]，它将图像融合理解为保留红外热辐射信息与保留可见外观纹理信息之间的对抗博弈过程。其中，生成模型尝试生成以红外热辐射信息为主、附加可见光信息的融合图像；判别模型的目的则是使生成的融合图像具有更多的纹理细节，从而使融合图像可以同时保留红外图像中的热辐射信息和可见图像中的纹理细节信息。

1. 训练与测试过程

FusionGAN 训练过程如图 10.15 所示。首先，以通道数为基准，合并红外图像 I_r 与可见光图像 I_v，并输入至生成模型 G_{θ_G} 中。生成模型 G_{θ_G} 的输出图像称为融合图像 I_f。I_f 倾向于保

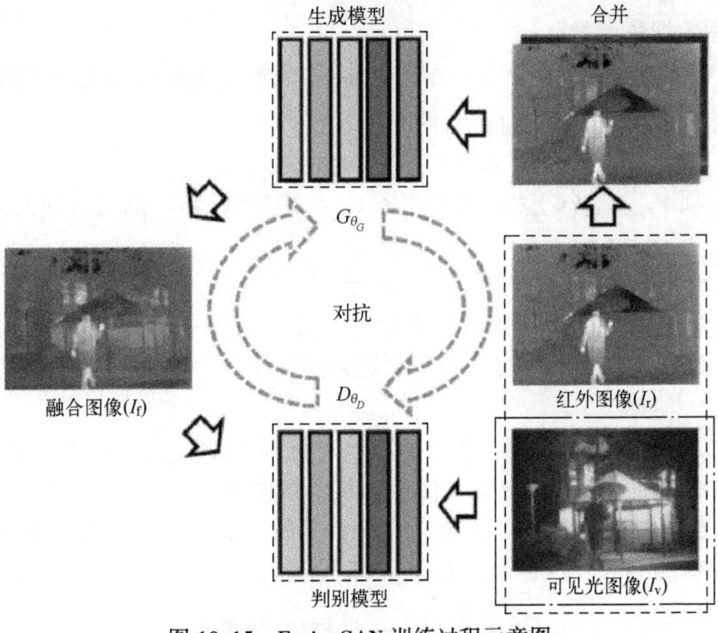

图 10.15　FusionGAN 训练过程示意图

留红外图像 I_r 的热辐射信息，同时又保留了可见光图像的梯度信息。然后，将融合图像 I_f 与可见光图像 I_v 输入至判别模型 D_{θ_D} 中，使其能够具有分辨融合图像 I_f 与可见光图像 I_v 的能力。因此，融合图像 I_f 将逐渐包含可见光图像中越来越多的精细纹理信息。在训练过程中，当生成模型 G_{θ_G} 的输出图像不能被判别模型 D_{θ_D} 区分时，则可认为生成模型 G_{θ_G} 输出的图像为真实融合图像。

FusionGAN 测试过程如图 10.16 所示。在测试或实际应用中，只需将融合图像 I_f 与可见光图像 I_v 在通道维度级联的图像输入到训练完成的生成模型 G_{θ_G} 中。生成模型 G_{θ_G} 的输出就是最终的融合结果。

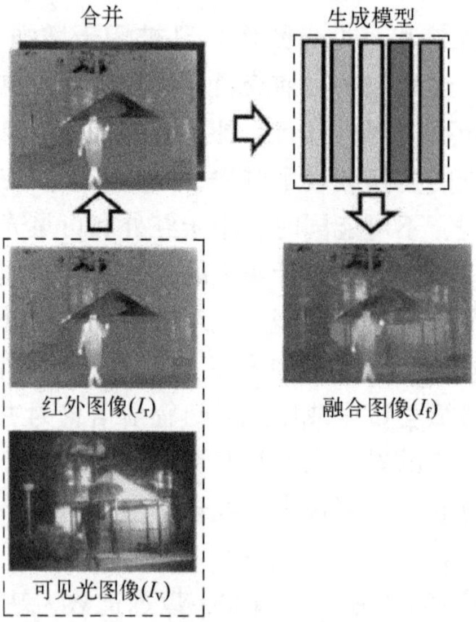

图 10.16　FusionGAN 测试过程示意图

2. 生成模型的损失函数

FusionGAN 中的损失函数由两部分组成：生成模型 G_{θ_G} 的损失函数与判别模型 D_{θ_D} 的损失函数。生成模型 G_{θ_G} 的损失函数 L_G 包含两项：

$$L_G = V_{\text{FusionGAN}}(G) + \lambda L_{\text{content}} \tag{10.36}$$

L_G 中的第一项 $V_{\text{FusionGAN}}(G)$ 表示生成模型 G_{θ_G} 与判别模型 D_{θ_D} 的对抗损失：

$$V_{\text{FusionGAN}}(G) = \frac{1}{N} \sum_{n=1}^{N} \left[D_{\theta_D}(I_f^n) - c \right]^2 \tag{10.37}$$

其中，I_f^n 表示对应红外图像 I_r^n 与可见光图像 I_v^n 的第 n 张融合图像，$n \in \{1,2,\cdots,N\}$；N 代表融合图像的总数量；c 表示生成模型 G_{θ_G} 判定判别模型 D_{θ_D} 所生成的“假”融合图像数据为真时的阈值。

L_G 中的第二项 L_{content} 表示内容损失，λ 表示对抗损失 $V_{\text{FusionGAN}}(G)$ 与内容损失 L_{content} 之间关系的超参数。由于红外图像的热辐射信息由其像素强度来表征，可见图像的纹理细节信息可以由其梯度来部分表征，因此要求融合图像 I_f 同时具有与红外图像 I_r 相似的强度以及与可见光图像 I_v 相似的梯度。内容损失 L_{content} 的表达式为

$$L_{\text{content}} = \frac{1}{HW}\left(\| I_f - I_r \|_F^2 + \xi \| \nabla I_f - \nabla I_v \|_F^2 \right) \tag{10.38}$$

其中，H 与 W 表示图像的高与宽所占像素的个数；∇表示梯度算子；ξ 为正实数超参数；$\|\cdot\|_{\mathrm{F}}$ 表示任意矩阵的 Frobenius 范数，它可以定义为矩阵各项元素的绝对值平方的总和：

$$\|\boldsymbol{A}\|_{\mathrm{F}}=\sqrt{\sum_{i}\sum_{j}|a_{i,j}|^{2}} \tag{10.39}$$

L_{content}的第一项用于将红外图像 I_{r} 的热辐射信息保留在融合图像 I_{f} 中；L_{content}的第二项则用于在融合图像 I_{f} 中保留可见图像 I_{v} 中所包含的梯度信息。

3. 判别模型的损失函数

通过分析生成模型 G_{θ_G}的损失函数 L_G 可知，如果没有判别模型 D_{θ_D}仍然可以获得融合图像，并将红外图像中的热辐射信息和可见光图像中的梯度信息进行保留。然而，仅此是不够的，因为仅使用梯度信息无法完全表征可见光图像中的纹理细节。因此，可以通过生成模型 G_{θ_G}和判别模型 D_{θ_D}之间的博弈，基于可见光图像 I_{v} 来调整融合图像 I_{f}，从而使 I_{f} 包含更多纹理细节。判别模型 D_{θ_D}的损失函数表达式为

$$L_D=\frac{1}{N}\sum_{n=1}^{N}[D_{\theta_D}(I_{\mathrm{v}})-b]^2+\frac{1}{N}\sum_{n=1}^{N}[D_{\theta_D}(I_{\mathrm{f}})-a]^2 \tag{10.40}$$

其中，a 和 b 分别表示融合图像 I_{f} 与可见光图像 I_{v} 的标签；$D_{\theta_D}(I_{\mathrm{v}})$与 $D_{\theta_D}(I_{\mathrm{f}})$分别表示可见图像和融合图像的分类结果。

10.6 本章小结

本章首先介绍了深度学习的快速发展以及对当前数据融合算法产生的深远影响。然后，分别介绍了深度学习中三种重要的网络：卷积神经网络、长短期记忆网络和生成对抗网络。最后，讨论了基于深度学习的文本情感分析与“红外-可见光”图像特征融合方法。文本情感分析中的多特征数据融合方法采用的是一种卷积神经网络和双向长短期记忆（BiLSTM）特征融合的模型。利用卷积神经网络提取文本向量的局部特征，利用 BiLSTM 提取与文本上下文相关的全局特征，将两种互补模型提取的特征进行融合，解决了单卷积神经网络模型容易忽略词在上下文中的语义和语法信息的问题，也有效避免了传统循环神经网络梯度消失或梯度爆炸问题。实验结果表明，该特征融合模型能够有效提升文本分类的准确率。此外，还介绍了“红外-可见光”图像融合中的多特征数据融合方法 FusionGAN，该方法在生成模型和判别模型之间建立了对抗机制，其中生成模型旨在生成具有主要红外强度以及附加可见梯度的融合图像，判别模型旨在使融合图像具有比现有不可见图像更多的细节信息，使得最终的融合图像可以同时具有红外图像中的热辐射信息与可见光图像中的纹理。大量实验结果表明，FusionGAN 提出的融合策略可以生成清晰的融合图像，从而尽量避免受到红外信息上采样引起的噪声影响。

参考文献

[1] LECUN Y, BENGIO Y, HINTON G. Deep learning [J]. Nature, 2015, 521 (7553): 436.

[2] YU F, KOLTUN V. Multi-scale context aggregation by dilated convolutions [J/OL]. (2016

-4-30) [2020-02-17]. https://arxiv. org/pdf/1511. 07122. pdf.
[3] HOCHREITER S, SCHMIDHUBER J. Long short-term memory [J]. Neural computation, 1997, 9 (8): 1735-1780.
[4] GOODFELLOW I J, POUGET - ABADIE J, MIRZA M, et al. Generative Adversarial Networks[C]//Advances in Neural Information Processing Systems. Cambridge: MIT Press, 2014.
[5] MIRZA M, OSINDERO S. Conditional generative adversarial nets [J/OL]. (2014-11-06) [2020-02-17]. https://arxiv. org/pdf/1411. 1784. pdf.
[6] RADFORD A, METZ L, CHINTALA S. Unsupervised representation learning with deep convolutional generative adversarial networks [J/OL]. (2016-01-07) [2020-02-17]. https://arxiv. org/pdf/1511. 06434. pdf.
[7] ARJOVSKY M, CHINTALA S, BOTTOU L. Wasserstein GAN [J/OL]. (2017-12-06) [2020-02-17]. https://arxiv. org/pdf/1701. 07875. pdf.
[8] ZHU J Y, PARK T, ISOLA P, et al. Unpaired image-to-image translation using cycle-consistent adversarial networks[C]//Proceedings of the IEEE International Conference on Computer Vision (ICCV). 2017: 2223-2232.
[9] 李洋，董红斌．基于 CNN 和 BiLSTM 网络特征融合的文本情感分析 [J]. 计算机应用，2018，38（11）：29-34.
[10] MA J Y, YU W, LIANG P, et al. FusionGAN: A generative adversarial network for infrared and visible image fusion [J]. Information Fusion, 2019, 48: 11-26.

习题与思考

1. 对于任意一个卷积层中的卷积核，需要占用多少内存（所需超参数的数量，不考虑偏置项）？

2. 对于一个给定的视频，思考可以使用深度学习中的哪些网络（如卷积神经网络、LSTM、生成对抗网络等）融合视频中目标的空间信息与运动信息？

3. 在 10.5 节中介绍的多特征数据融合方法中，两类不同模态的特征通过级联方式进行融合并作为分类器的输入，是否还有更好的方法将不同模态的数据进行融合？

第 11 章　多传感器数据融合机器人平台的设计与实现

机器人是最早引入数据融合技术的领域之一。随着机器人技术的不断发展，越来越多的机器人服务于高度动态、不确定与非结构化的环境中，对机器人的环境感知和智能决策能力也提出了更高的要求。为应对新的挑战，现代智能机器人系统通常配有数量众多、类型丰富的传感器系统以满足感知特性互补和多余度感知的需求，为开展多传感器数据融合技术应用与研究创造了广阔的空间。本章从数据融合理论研究的视角出发，对用于多传感器数据融合实验验证的机器人平台构建方法予以讨论，围绕服务多传感器数据融合算法验证这一核心目标，先介绍基于 ROS 平台的机器人软件设计，然后通过实例讨论支撑软件平台的机器人硬件方案设计，最后简要介绍几项基于机器人平台开展的数据融合研究供读者参考。

11.1　多传感器数据融合机器人平台的软件设计

11.1.1　机器人操作系统简介

从学术研究的角度出发，一个优秀的机器人软件系统应优先具有简单灵活和易维护的特点，而对软件运行效率和可靠性的要求则可适当放宽。机器人系统的软件承载着决策、通信、感知、规划等诸多任务，横跨众多研究领域，但研究人员往往仅关注整体系统的某一细分部分。这意味着为了对自己研究领域的算法进行验证，需要对他人编写的功能模块进行移植，从头构建一个完整的机器人软件系统，而这样做极大地增加了研究人员的工作量。为解决此问题，2006 年起 Willow Garage 等人开始着手构建面向机器人研究的开源软件平台，称为机器人操作系统（Robot Operating System，ROS），相关研究成果于 2009 年在 IEEE 的机器人与自动化国际会议（International Conference on Robotics and Automation，ICRA）上发表，引起了巨大的轰动[1]。ROS 是建立在 Linux 操作系统之上的一个软件系统，它采用了模块化的思路将机器人的各个功能组件拆分到独立运行的 ROS 节点中，配合基于 TCP/IP 的节点交互机制，将复杂的软件功能解耦，大大降低了开发新算法的工作量。此外，ROS 系统规定了节点之间通信的消息格式，这样一来，所有基于 ROS 构建的功能模块均使用相同的输入/输出格式，实现了信息接口的规范化，极大地减轻了算法移植和整体系统构建的工作量。ROS 系统一经公开发布便获得了世界各大知名机器人实验室的大力支持，涌现了一大批基于 ROS 平台构建的机器人实体，如 PR2、TurtleBot 等[2]。经过多年的持续开发，ROS 已经成为机器人学术研究领域的主流软件平台，随着后续 ROS2 系统对可靠性和实时性的持续改进，ROS 系统在工业领域也将具备越来越高的竞争力。因此，基于 ROS 搭建用于研究的机器人软件系统具备很大优势。

为方便后续说明，在此先简要介绍 ROS 系统的主要组织架构和重要概念[⊖]。图 11.1 展示了基于 ROS 架构实现的一个简化的图像采集与处理软件的组织结构。ROS 系统的原子组件是功能包，功能包是 ROS 系统规定的一种具有特定结构的文件集合，用于实现一项特定的功能。ROS 节点就包含于功能包中，一个功能包可以包含多个节点，图 11.1 中，相机节点由图像采集功能包提供，图像处理节点由图像处理功能包提供。功能包有两个重要概念：消息和服务。消息用于功能包间传递数据，消息发布到主题（topic）中。消息具有 ROS 统一规定的数据格式，称消息类型。服务类似于消息，用于实现节点间的请求/响应通信。ROS 还提供节点管理器（master）用于管理节点，参数服务器（parameter server）用于为节点提供配置信息。此外，ROS 还针对开发工作准备了一组功能包，它们是开展 ROS 开发的重要支撑，主要包括用于可视化显示的 RVIZ、用于显示节点间关系的 rqt_graph、用于消息录制和查看的 rqt_bag、用于建立坐标变换关系的 tf 等。

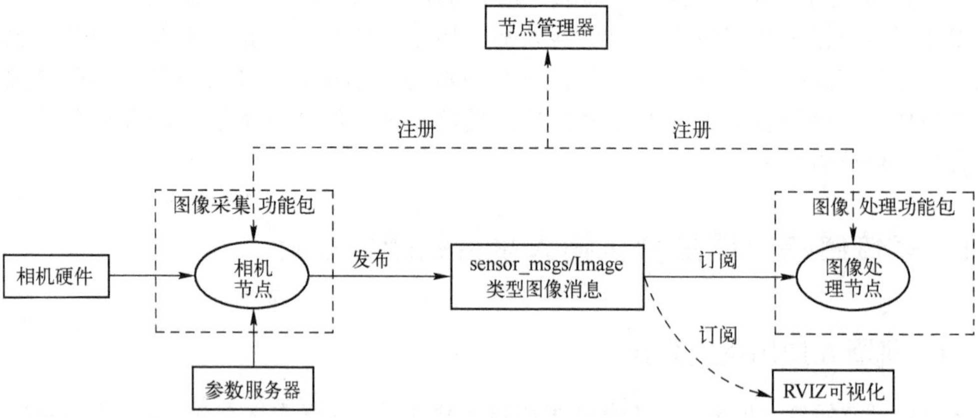

图 11.1　ROS 系统的主要组织架构

基于 ROS 开发的机器人软件整体架构如图 11.2 所示。ROS 系统本身运行在 Linux 系统上，其核心服务是节点的调度与通信保障。在核心服务上，ROS 提供以 C++和 Python 接口为主要支持的编程接口，供用户编写的节点代码调用。ROS 的多语言支持使得用户能够有机会选择最适当的语言来实现编程逻辑，如对接近底层 I/O 的驱动节点或点云处理等高性能计算节点可选择使用 C++语言编写，而人机交互界面、图像处理、深度学习等节点，使用 Python 技术栈构建则更为方便。得益于 ROS 的模块化机制和统一的数据结构规定，使用不同语言编写的代码能够有机结合起来，也使得开发者可以很方便地将已有代码集成移植到 ROS 系统中。顶层应用层的主要工作是调用和配置任务所需功能节点，实现最终目的。ROS 推出了一套称为 launch 的自动化脚本系统，给用户提供便捷的配置、启动功能节点的方法。

⊖ 目前，ROS 官方推荐的软件版本是 2018 年 3 月发布的 ROS Melodic，该版本将在 2023.3 前获得持续维护。ROS Melodic 版本推荐在 Ubuntu 18.04 系统上进行安装，本书的介绍正是基于此版本。

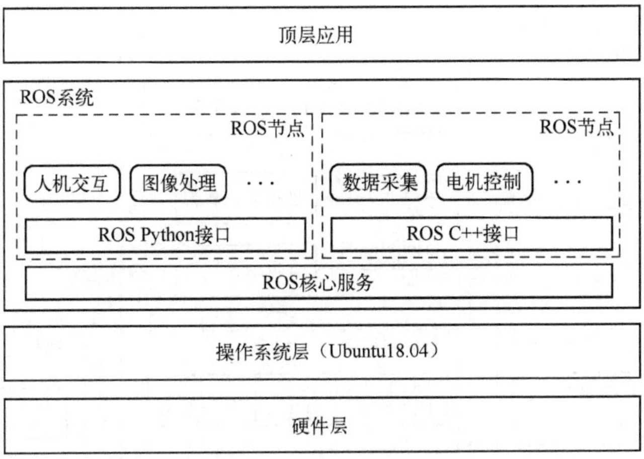

图 11.2　基于 ROS 开发的机器人软件整体架构

11.1.2　基于 ROS 的机器人软件设计方法

对数据融合领域的研究人员来说，主要编码工作集中于数据融合节点的编写和最终顶层应用的整合，而对于实时地图构建、路径规划、底盘驱动等辅助功能，则可以通过调用其他学者编写的功能包来实现，这充分体现了接入 ROS 的生态优势。为说明如何有效利用 ROS 生态提供的现有组件来简化机器人软件系统设计，并简介 ROS 提供的常用功能包属性，下面给出一个面向数据融合算法验证的移动机器人软件系统的参考设计，为读者提供对 ROS 系统可用组件的定性认知。

如图 11.3 所示，该系统的节点可大致分为感知、计算和交互执行三大类。

1. 感知类节点

感知类节点的主要工作是驱动硬件，进行数据预处理，转换成 ROS 规定的消息格式[⊖]发布，该类节点通常由硬件制造方提供，ROS 硬件的选型将在下一节中详细讨论。通常，按照传感器数据流量的不同，摄像头、激光雷达等高速设备通常直接连接到运行 ROS 软件的主机，而 IMU、超声波传感器等低速设备则常接驳于辅助的嵌入式处理器上（如 STM32、Arduino）。ROS 提供 rosserial 功能包用于辅助的嵌入式处理器与 ROS 主机的通信，该功能包可使得在嵌入式处理器上运行的传感器节点与在主机上运行时等效。

2. 计算类节点

计算类节点主要执行图像处理、决策、导航规划、数据融合等任务，是软件系统智能的核心，亦是多传感器数据融合的主要着力点，ROS 对主要任务类型均发展了相应的功能包予以支持。

（1）图像处理。在图像处理领域，业界已形成了以 OpenCV 和 PCL 为代表的软件体系，因此 ROS 在此方面主要提供消息接口。针对二维图像处理类任务，ROS 的 cv_bridge 功能包提供了 ROS 图像消息类型和 OpenCV 图像类型之间的互转换服务；对于深度点云数据处理，ROS 提供 pcl_conversions 功能包来完成 ROS 点云消息类型与主流点云运算库 PCL 的点云类型之间的互转换。

⊖ 传感器消息类型在 sensor_msgs 中定义，详情请见 http://wiki.ros.org/sensor_msgs。

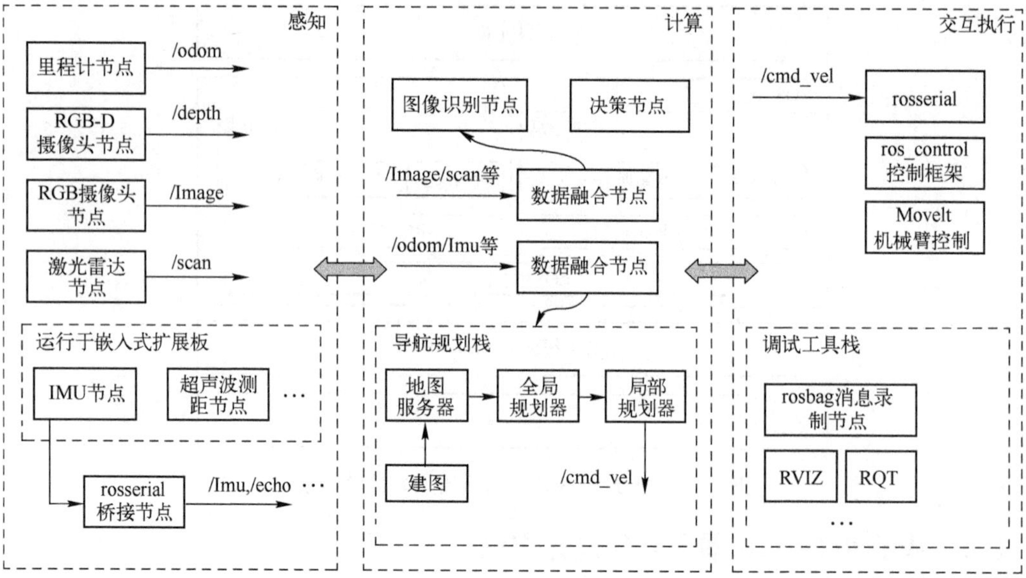

图 11.3　ROS 系统设计范例框图

（2）决策。在机器人领域，状态机是实现机器人自主决策的最主要手段之一，它具有简单可靠、易于维护的特点。ROS 系统的 executive_smach 功能包集提供了对状态机软件包 Smach 的良好支持。Smach 是一种基于 Python 的可伸缩的分级状态机库，极大地降低了机器人决策逻辑编码的复杂度。Smach 还预定义了大量状态和容器，可便捷地将 ROS 系统的话题和服务转化为状态。

（3）导航规划。ROS 为移动机器人导航规划提供了一套完善的技术方案。具体来说，移动机器人的导航定位包括四大主要问题：一是构建一张完整的高精度全局地图。机器人需要在该地图下完成自动导航，这是进行自动导航的必要且重要的前提。ROS 提供 hector、gmapping 等工具包进行 slam 自动建图，由 map_server 提供对地图存取的完善支持。二是明确机器人的起始状态和期望的最终位姿，这可由 ROS 中 RVIZ 工具提供的可视化指定予以实现。三是在移动中实时确定机器人位姿。ROS 的 amcl、laser_scan_matcher 等功能包提供了多种途径的定位方法。四是根据机器人在地图上的当前位姿和目的地位姿，规划出一条完美的移动路径，使其可以从当前位置移动到目的位置。这一路径规划问题又可细分为全局路径规划和局部路径规划。ROS 中的局部路径规划包有 teb_local_planner、dtw_local_planner 等，支持自行车模型、阿克曼模型等常见的运动模型；全局路径规划包 global_planner 则对经典的 A^* 算法和 D^* 算法进行了实现。

（4）数据融合。ROS 具有一系列适合实现数据融合算法的特性。具体来讲，ROS 本身模块化、节点化的机制便为传感器冗余等试验创造了先决条件，ROS 的消息机制也很好地解决了多异步传感器数据帧对齐的问题。ROS 的消息记录有精确的时间戳，便于数据的时间对齐。ROS 提供的 message_filters 功能包服务于数据融合的数据对齐需求。该功能包提供了消息对齐滤波器（Time Synchronizer），能按约定的策略收集来自不同传感器的异步数据帧，合成一帧时间对齐的多元数据帧。具体支持的对齐策略有严格时间匹配、近似时间匹配、最长等待时间等。在具体融合算法方面，国内外学者基于 ROS 开源了一批优秀的功能包。苏黎世联邦理工学院的 Lynen 等人研发的 ethzasl_msf_sensor_fusion 工具包[3]是基于扩展卡尔曼滤波（EKF）的多传感器融合（msf）框架，它能够处理不同传感器类型的延迟、相对和绝对测量，同时允许对传感器进行在线自校准。该工具的模块化特性允许其在操作过程中无缝处理附加/丢失的传感器信号，同时采用迭代卡尔曼滤波（IEKF）更新增强的状态缓冲方案，可以对预测进行有效的重新线性化，从而使两个绝对值获得接近最佳的线性化点和相对状态更新。Moore 等人[4]开发的 robot_localization 工具包是一组通用状态估计节点的集合，可以实现三维空间中移动机器人的非线性状态估计的需求。它包含两个状态估计节点 ekf_localization_node 和 ukf_localization_node，分别实现了扩展卡尔曼滤波和无迹卡尔曼滤波。此外，robot_localization 还提供 navsat_transform_node，对集成 GPS 数据进行专门支持。

3. 交互执行类节点

交互执行类节点的主要任务是处理包括输入、输出、可视化调试在内的人机交互工作，并包含底层控制和执行器驱动节点，控制和驱动执行器执行计算节点发送的指令。针对通用的机器人控制需求，ROS 设计了 ros_control 可扩展控制框架，它包含一系列控制器接口、传动装置接口、硬件接口、控制器工具箱。针对机械臂控制，ROS 的 MoveIt 工具包则可提供基本的机械臂运动规划和控制功能。虽然 ROS 提供了一套强大的底层控制软件包，但对从事数据融合算法研发的人员来说，深入控制器设计通常是不必要的，且考虑到底层控制算法与硬件配置强相关，具有可靠性、实时性要求高的特点，底层的控制算法更多是在嵌入式控制器中实现，因此使用 rosserial 等桥接工具包转发 ROS 控制命令到硬件设备的通信接口是较优选项。在可视化调试方面，ROS 提供 rqt 系列可视化工具进行高效调试。rqt 系列工具采用插件化模式，这使得开发者可以对插件进行自行组合，使用于人机交互的机器人控制面板成为可能。RVIZ 则是一套用于机器人优化的可扩展的可视化工具，它能够帮助开发者实现所有可监测信息的图形化显示，开发者也可以在 RVIZ 的控制界面下，通过按钮、滑动条、数值等方式，控制机器人的行为。

总的来看，基于 ROS 开展机器人软件系统设计，充分利用 ROS 已有的优质软件资源是提升机器人软件系统设计质量和设计效率的有效手段，读者可参考本章的文献［5］和［6］了解关于 ROS 的更多内容。

11.2 多传感器数据融合机器人平台的硬件设计

本节结合北京理工大学自动化学院所设计制作的“灵智-1”机器人硬件方案，介绍 ROS 机器人硬件平台的整体设计和关键设备选型。“灵智-1”机器人是笔者所在实验室针对数据融合算法实验验证需求而自行设计和开发的一款基于 ROS 平台的实验用机器人，它具有成本低廉、设备承载力强、扩展性好、主控单元先进等特点。

11.2.1 总体硬件方案

与商用机器人不同，实验用机器人的硬件方案的变动通常较为频繁，如用于数据融合实验的机器人通常会频繁变更其传感器组合，因此实验用机器人的一项特殊的设计约束是要保证能够在未来一段时间内都可以满足不断变动的任务要求，这便要求机器人硬件具有可扩展性，应尽量使用通用件组装，避免专用零件，并在供电、驱动、设备安装空间、承载力方面保持充足的冗余，以适应变化的需求。

“灵智-1”机器人为一轮式移动机器人，由底盘、型材框架、亚克力载物板、供电系统、传感器系统、主控系统组成，如图 11.4 所示。该款机器人的总体任务场景是面向室内服务型机器人，所进行的实验类别主要有室内定位导航、语音识别与音源定位、基于视觉的环境语义理解、基于情感感知计算的人机智能交互等内容。针对拟定的任务要求，机器人在感知设备方面初步选配有激光雷达、RGB-D 深度相机、IMU、超声波传感器、传声器阵列这五类传感器。在机械结构设计方面，“灵智-1”机器人充分考虑了可扩展性和任务对传感器布放高度的要求，采用标准的 6 系 2020 铝型材为主支撑框架。2020 铝型材重量轻、强度大，配套紧固件和连接器均为标准件，具有很高的定制自由度。铝型材骨架上安装亚克力材质插板形成分层空间，亚克力材质的加工打孔较为方便，有利于传感器布放。考虑到该机器人的研究方向并非行走机构，故其行走底盘采用成品麦克纳姆全向底盘。采用麦克纳姆行走机构有两点考虑，一是基于麦克纳姆运动模型的融合定位研究前景较好，二是麦克纳姆全向底盘能在平面移动中保持车头指向的任意性，便于安装在机器人上的深度摄像头等有向传感器对目标进行持续跟踪。考虑到服务型机器人对人机交互的需求较高，机器人安装有 14 in（1 in = 0.0254 m）触控显示器，配合基于 ROS 的 rqt 工具包编写的控制界面，可实现直接、简洁的人机交互。在供电系统方面，机器人充分考虑冗余配置，按 100 W 负载连续工作 4 h 或 50 W 负载连续工作 8 h 设计，选用 400 W · h 的锂电池及工业级的模块化开关电源形成 +12 V、+5 V、+3.3 V 的电源轨，其中+12 V 电源轨采用双路设计进行动力电隔离，保证电子设备供电质量。机器人选用 Nvidia Xavier 处理器作为主控设备运行 ROS 系统，具有很强的图形处理能力，主控还配有 Arduino 扩展板辅助提供接口支持。此外，考虑到室内无线信号遮挡较为严重，“灵智-1”机器人安装有 6 dB 增益天线。关于主控选型和关键传感器的选型依据及方法将在下一节中详细阐述。除机器人主机外，为更好地服务研究开发，“灵智-1”机器人还配有 NAS 服务器和监控上位机，整个系统如图 11.5 所示。其中 NAS 服务器负责存储“灵智-1”机器人调试过程中产生的 rosbag 消息包，以及监控上位机运行 ROS 可视化控制节点和仿真节点。所有节点均通过运行于机器人主机上的管理节点（master）管理，充分发挥了 ROS 系统的分布式优势，分摊了机器人主机的计算和存储负担，提高了研究和开发效率。

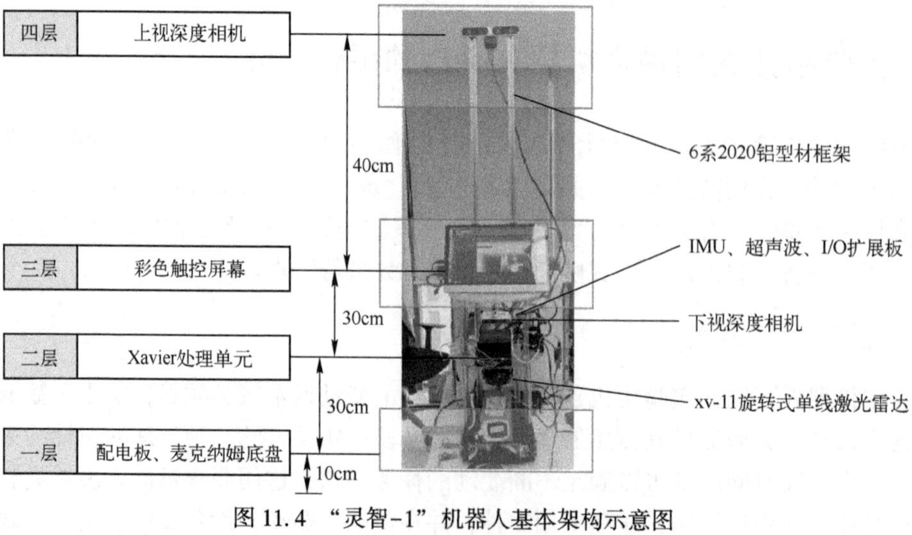

图 11.4 “灵智-1”机器人基本架构示意图

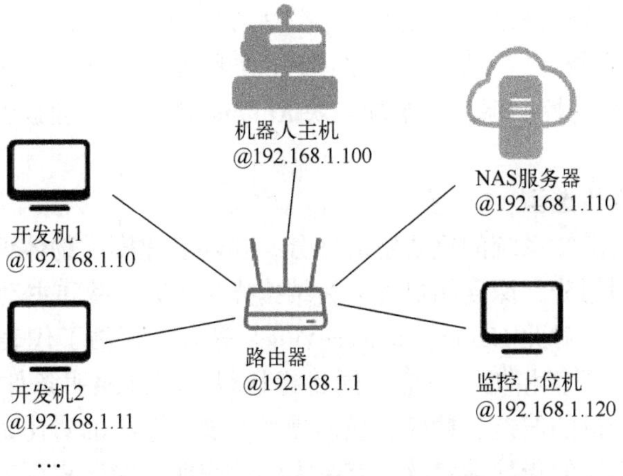

图 11.5 灵智-1 机器人的通信系统架构图

11.2.2 关键硬件设备选型

1. 主控设备选型

ROS 机器人的主控设备用于运行 ROS 节点，其性能选择与任务要求密切相关。当前主流 ROS 主机有树莓派、工控机（无独立显卡）、笔记本计算机（有独立显卡）、Nvidia Jetson TX2、Nvidia Jetson Xavier 等。为更清晰地展示各类主机的优缺点，我们分别从计算性能、图形性能、体积与重量、成本、功耗、软件兼容性和接口支持 7 个方面进行对比，绘制了如图 11.6 所示的雷达图（1~5 分，越高越好）。

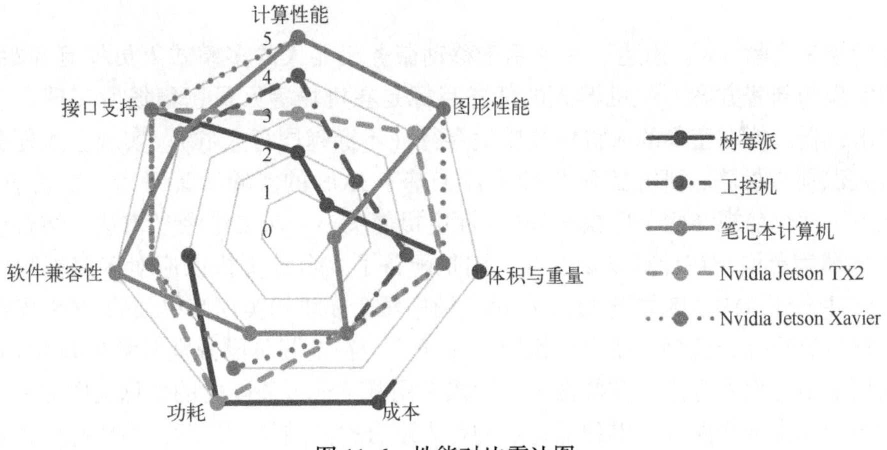

图 11.6 性能对比雷达图

树莓派是一型采用低功耗 ARM 处理器的 Linux 单板计算机，其显著优势是极低的功耗和成本，但性能较差，适合对性能要求不高的小型机器人。树莓派的另一显著特点是配备一组 GPIO 接口，便于接配 IMU 和超声波传感器等设备。工控机和笔记本计算机均基于传统 X86 架构，具有最佳的软件兼容性和不俗的性能，但功耗稍大，适合对体积与重量不敏感的大型机器人使用。Nvidia Jetson 系列是英伟达公司专为边缘人工智能计算研发的 Linux 单板计算机，基于 ARM 架构，软件兼容性稍逊于传统 X86 机型，但功耗和性能较为平衡，在体积与重量方面具有较大优势，特别是，Jetson 系列内置支持 CUDA 技术的 GPU 单元，具有强大的图形计算和深度神经网络运算能力，十分适合对图像处理能力要求较高的中小型机器人平台选用。由于“灵智-1”机器人对图形处理和智能推理能力的要求较高，故选用 Nvidia Jetson Xavier 作为主控制器，并搭配一块 Arduino 嵌入式处理板卡提供更为丰富的接口支持。

2. RGB-D 深度相机选型

深度相机是机器人感知系统的重要组成部分，在环境建模、物体识别等方面具有极为重要的作用。按技术原理划分，深度相机可分为结构光型、ToF 型和主动双目视觉型。三类传感器有各自的适用场景，对此 Halmetschlager-Funek 等人[7]评估了代表三种主要传感器技术的 10 种不同的 RGB-D 深度相机，考虑不同目标材料、不同照明条件以及来自其他传感器干扰的影响，对深度相机的偏差、精度、横向噪声开展了系统的对比试验，得出了在有关给定应用中使用何种传感器的指导性建议。其基本结论表明，对于表面表示质量比深度测量偏差更重要的近距应用（如近距离物体建模和识别），结构光相机表现更佳。而对于大于 4 m 的大距离情景，即使光照强度较大，ToF 原理传感器（如微软的 Kinect V2）仍能获得最可靠的测量结果。

“灵智-1”机器人配有上视和下视两台深度相机，分别用于对近距动作的识别和地形的评估，均选用结构光型。上视相机选用低成本相机中综合性能较为均衡的奥比中光深度相机，下视相机安装空间较小，对在复杂反射材质下 1 m 以内深度测量的精度要求较高，故选用 Intel Realsense 系列深度相机。

11.3 基于机器人平台的多传感器数据融合研究

本章的参考文献［8］描述了一种用于移动服务机器人的多模式人员检测和跟踪框架，以及它的实现与部署方案。该机器人的任务目标是在机场等人员密集场所实现自动引导服务，这要求机器人能在密集的人群中礼貌地穿行（不穿越同行人群）。实现上述任务的核心算法是行人识别与跟踪。研究团队自行设计了基于 ROS 的实验验证平台，在传感器方面，该平台配备了两个前视和两个后视 RGB-D 深度摄像头，一对二维激光雷达，结合使用时可提供 360°的覆盖范围；在计算设备方面，则是配备了 4 台计算机以应对多路视频处理的计算负担。软件设计结构框图如图 11.7 所示，图中每个模块均实现为单独的 ROS 节点。

算法整体流程分为检测、融合、跟踪三个阶段。在检测阶段分别对激光和 RGB-D 两类传感器使用了多种检测方法。在数据融合阶段使用基于最近邻匹配的数据关联方法对检测阶段的多种检测输出进行融合，得到更稳定的行人融合检测结果。最后，在跟踪阶段进行个体和群体跟踪。该自制机器人平台充分利用了 ROS 平台的特性大大减轻了实际算法验证的工作量，主要体现在如下方面：

（1）借助 ROS 内建的模块化分布式机制，将计算节点分布于 4 台联网的计算机，避免了显式的并行化编程。

（2）利用 ROS 多语言支持与 RVIZ 工具链，简化了数据可视化的工作量。

（3）利用 ROS 提供的 tf 等工具包简化了多源数据的时、空对齐。

本章的参考文献［9］研究了用于移动机器人城市搜救任务的状态估计系统。该文献设计和评估了一种数据融合系统，针对六自由度的方向和位置估计引入了基于扩展卡尔曼滤波

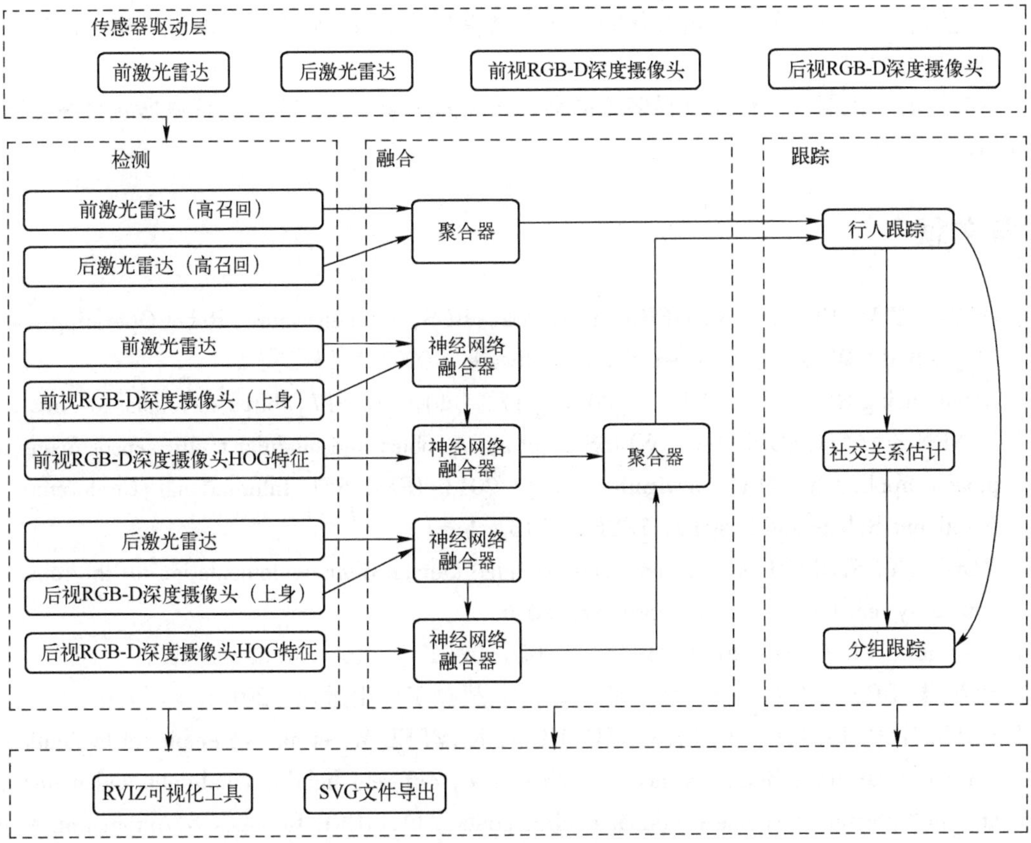

图 11.7　移动机器人的软件设计结构框图[8]

的新颖融合方案，并在配备有 IMU、里程计、全向相机和激光雷达的 ROS 系统实验机器人上进行了实验验证。为获得准确的位姿参考，实现对融合位姿估计算法的评估验证，研究人员还分别采用了 Vicon 和 Leica 系统在室内外实验中提供绝对位姿真值，所有传感器消息数据均采用 rosbag 录制并打包公开，是开展融合位姿估计算法实验验证的一手资源。

本章的参考文献［10］对基于视觉的融合对象检测进行了研究，提出了一种机器人环境中的主动视觉目标检测系统，该系统使用安装在机器人头部的 3D 摄像机和手部的 RGB 摄像机协同进行对象检测。所提出的算法可实现在头部主相机的对象检测置信度较低时，动态地调用手持摄像机的观测视角，基于 Dempster-Shafer 证据理论结合手-头两路信号进行融合对象检测。研究人员在基于 ROS 的 PR2 机器人上对所提出的算法进行了实验验证。实验结果表明，与传统的单相机配置相比，对象识别性能有了显著提高，且适用于处理包含部分遮挡的情况。

11.4　本章小结

本章从非机器人领域研究者的视角，对基于 ROS 系统搭建定制化机器人平台服务数据融合算法验证进行了简要说明，对整体构建思路予以介绍。特别是，对 ROS 系统所提供的软件功能包进行了较为全面的解读，帮助读者了解 ROS 所能提供的软件服务，供读者设计时参考选用。在硬件部分，通过实际的设计案例说明了在构建硬件平台的过程中可能遇到的问题和解决方案。

总的来看，机器人平台既是很多数据融合研究的问题来源，亦是进行数据融合算法验证实验的良好手段。

参考文献

[1] QUIGLEY M, CONLEY K, GERKEY B, et al. ROS: an open-source Robot Operating system [C]//ICRA Workshop on Open Source Software. 2009, 3 (3.2): 5.

[2] Robots using ROS [EB/OL]. (2020-02-17) [2020-02-17] https://robots. ros. org/.

[3] LYNEN S, ACHTELIK M W, WEISS S, et al. A robust and modular multi-sensor fusion approach applied to MAV navigation [C]//2013 IEEE/RSJ International Conference on Intelligent Robots and Systems. IEEE: 2013.

[4] MOORE T, STOUCH D. A generalized extended kalman filter implementation for the robot operating system [M]. Berlin: Springer, 2016.

[5] Ros wiki [EB/OL]. (2020-02-17) [2020-02-17] http://wiki. ros. org/.

[6] 胡春旭 . ROS 机器人开发实践 [M]. 北京：机械工业出版社，2018.

[7] HALMETSCHLAGER-FUNEK G, SUCHI M, KAMPEL M, et al. An empirical evaluation of ten depth cameras: Bias, precision, lateral noise, different lighting conditions and materials, and multiple sensor setups in indoor environments [J]. IEEE Robotics & Automation Magazine, 2018, 26 (01): 67-77.

[8] LINDER T, ARRAS K O. People detection, tracking and visualization using ros on a mobile service robot [M]. Berlin: Springer, 2016.

[9] KUBELKA V, OSWALD L, POMERLEAU F, et al. Robust data fusion of multimodal sensory information for mobile robots [J]. Journal of Field Robotics, 2015, 32 (04): 447-473.

[10] HOSEINI A S P, NICOLESCU M, NICOLESCU M N. Active object detection through dynamic incorporation of Dempster-Shafer fusion for robotic applications[C]//Proceedings of the 2nd International Conference on Vision, Image and Signal Processing. 2018.

习题与思考

试举出一个基于机器人平台的多传感器数据融合应用场景、所需传感器以及具体实现的功能。